# 半分の時間で 3倍の説得力に仕上げる PowerPoint活用 企画書作成術

小湊 孝志 著

この本の、
本文の編集、
デザイン、DTPはすべて
PowerPointで
行いました。

**注意**

- 本書に記載のソフトウェアの情報については、2017年1月現在のものにもとづいています。Microsoft PowerPointについては、2013 for Windowsを基本に記述しています。PowerPoint 2010で、個別の設定が必要な機能については対処法を記載しています。
- 本書に記載のソフトウェアについては、その機能や動作を保証するものではありません。
- 本書に記載されている会社名、製品名などは、一般に各社の商標もしくは登録商標です。スライドのサンプル例として記載している会社名、製品名、ロゴマーク、キャラクターなどは架空のものであり、実在するものとは一切関係ありません。
- 本書中では™および®マークは省略させていただいております。

# はじめに

今やビジネスから教育の現場まで、欠かせないものになっているPowerPoint。その使用シーンはさまざまに広がっており、プレゼンテーション観点での印象深いスライド作りを解説した本も多く出版されています。とはいえ、日常的にビジネスの現場で求められる企画書や提案書は、都合よくシンプルなスライドばかりではありません。

一般的にスライドは、情報が複雑になればなるほど、相手に理解してもらうことが難しくなります。にもかかわらず、テキストが意図しないところで改行されたり、レイアウトが揃っていなかったり、図形の大きさもまちまちだったり、箇条書きさえ揃っていなかったり…。そんなスライドが蔓延した結果、「パワポっぽい」とは、決してほめ言葉として使われていません。

では、普段からPowerPointを使っている方で、具体的に使い方を教えてもらって、細かい操作方法を理解している方はどのくらいいるでしょうか？ 思い通りのレイアウトができなくて、資料作りにかけている時間の半分を、試行錯誤に費やしていませんか？

私自身、グラフィックデザイナーとして25年以上の経験の中で、PowerPointは、扱いにくいという先入観もあり、長い間使ったことのないツールでした。しかし、使えば使うほど、その機能は豊富で、文字組みの制御のしやすさだけでなく、画像の加工機能、さまざまなデータ形式への展開性など、PowerPointは魅力にあふれています。

本書では、PowerPointの操作の基本から一歩踏み込んで、文字や色、図形といった要素に対して、機能の紹介にとどまらず「何ができるか」を、詳しく解説します。目的に応じた機能をきちんと理解して操作すれば、時間も短縮できるだけでなく、今までの何倍も資料が印象的になるはずです。資料がきれいになることで、正しいコミュニケーションを促し、次のステップへ議論を進め、ビジネスの強力な味方になることでしょう。

小湊 孝志

# 目次

## ●本書を読む前の確認：リボンのタブ一覧

本書では、PowerPointの効率的で正確な操作をマスターできるように、
企画書や資料作成のさまざまな局面に合わせて、文字、色、図形、画像、
表示、外部提出といった切り口から解説をしています。
パソコン、Windowsの基本的な操作ができることを前提にしていますが、
PowerPointの操作の基本である、画面の上部に表示される「リボン」に
ついて、再確認しておきます。
各章では、個別の機能について、どのタブのどの部分から呼び出すのかを、
あらためて紹介しますが、まず最初に、それぞれの「タブ」によって、
何ができるのかを覚えておきましょう。

## ホーム

ドキュメントの設定をする　　テキストの設定をする　　図形の設定をする　　特定の文字列を検索

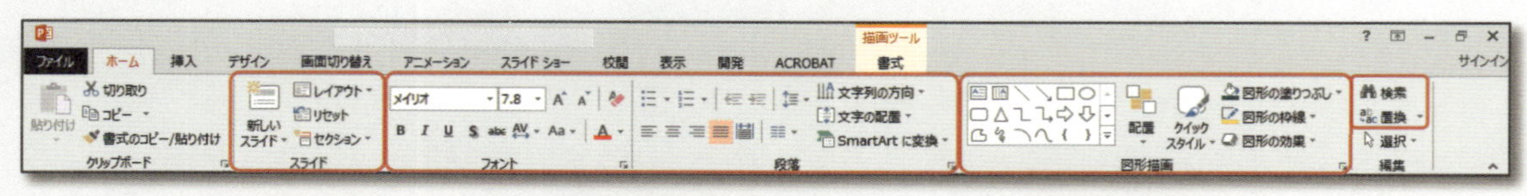



新しいスライドの挿入やドキュメントのレイアウトを選ぶなどの初期設定をします。また、図形を選択すると、「描画ツール：書式」がアクティブになり、文字や図形の描画などの基本的な操作もできます。特定の文字列をチェックできる「検索」もこのタブから呼び出します。

**Point** リボンのタブごとの機能を覚えて、的確に切り替えられるように

## 描画ツール：書式

図形の詳細を設定する　　文字の詳細を設定する　　オブジェクトのレイアウトを編集する

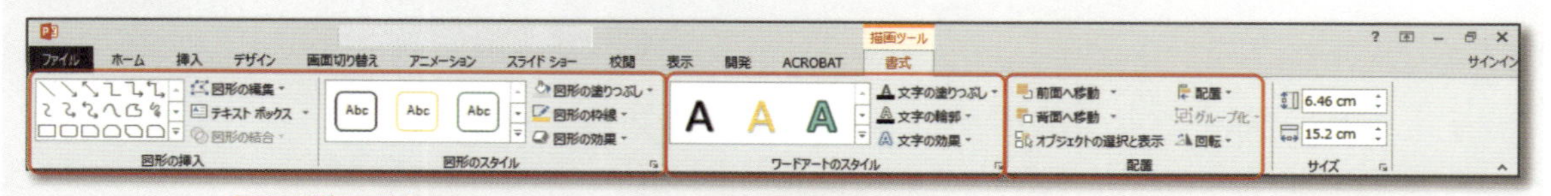



テキストボックスや、図形を選択した状態で、「書式」タブに切り替えた状態です。図形の色や効果、文字の色や効果などの設定のほか、オブジェクトの配置にかかわる操作ができます。

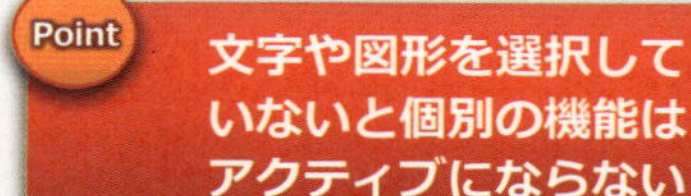

Point
文字や図形を選択していないと個別の機能はアクティブにならない



## 図ツール：書式

画像の加工をする　　影やぼかしなどの画像のスタイルを設定する　　オブジェクトのレイアウトを編集する　　トリミングをする

挿入した図（JPEGやPNGなどの画像）を選択した状態で、「書式」タブに切り替えた状態です。画像の色みの調整やトリミングなどの加工が、画像編集ソフトを使わずに行えます。

Point
図形と図（画像）では編集に使うタブが違う

## 挿入

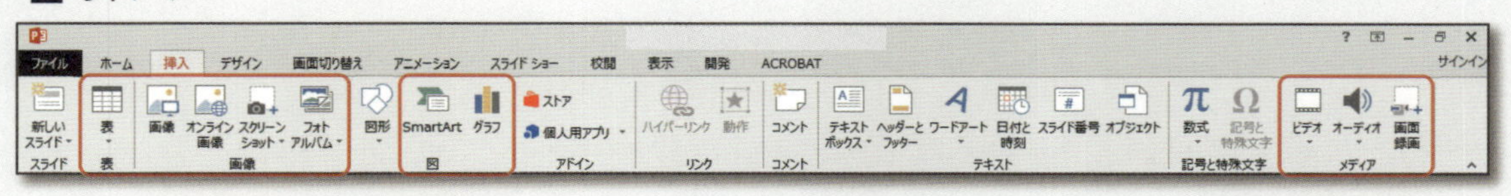


表や画像の挿入　グラフやSmartArtの挿入　動画や音声の取り込み

表や画像、グラフ、動画などをスライドに挿入します。チャート図を簡単に作成する「SmartArt」も、このタブから呼び出します。

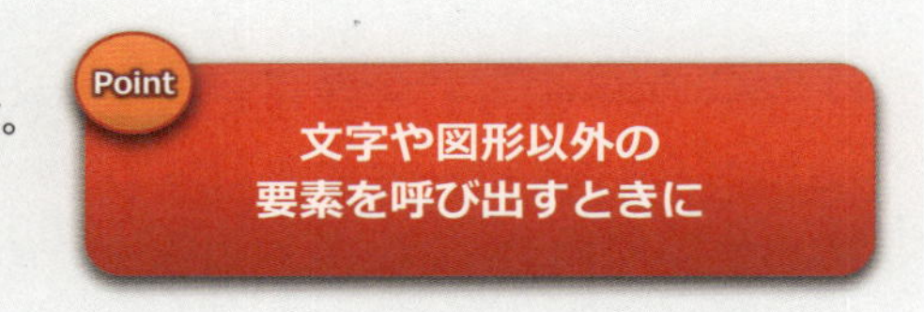

Point
文字や図形以外の
要素を呼び出すときに


## 表示

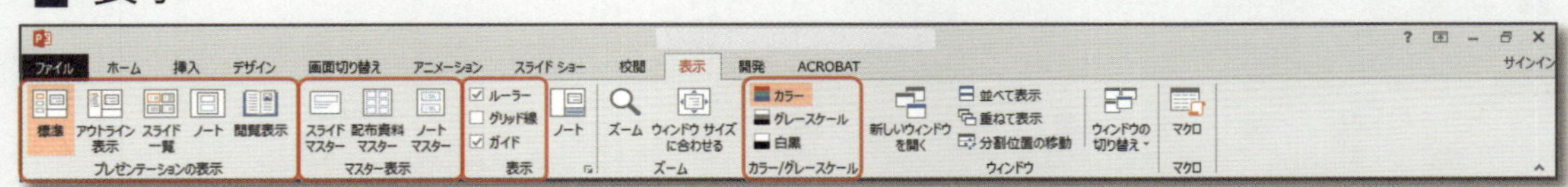


スライドの表示の切り替え　マスター表示の切り替え　ガイド、ルーラーなど　カラー表示

作業スライドを一覧表示やノート表示などのさまざまな表示に切り替えたり、カラー表示とグレースケール表示、スライドマスターへの切り替えをします。レイアウトの補助になるガイドやグリッド線、テキストの制御に使うルーラーもこのタブで呼び出します。

Point
スライド作成中も、適宜
表示を切り替えて設定を
見直すと効率的

## デザイン

スライドのデザインを選択する　スライドのサイズを設定する

スライドのデザイン（テンプレート）を選んだり、16:9や4:3などのサイズを設定します。デフォルトのデザインだけでなく自分で作成したテンプレートのテーマを登録しておいて呼び出すこともできます。

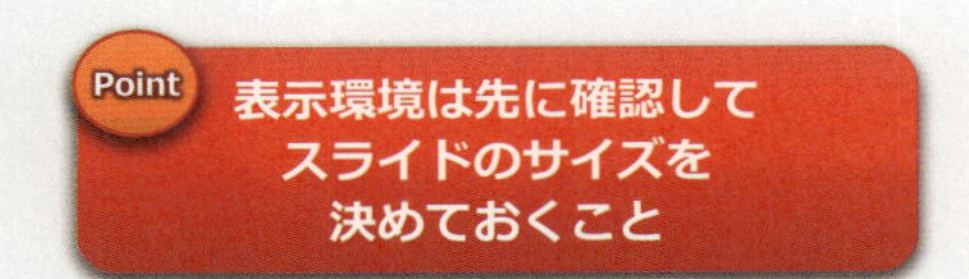

## 校閲

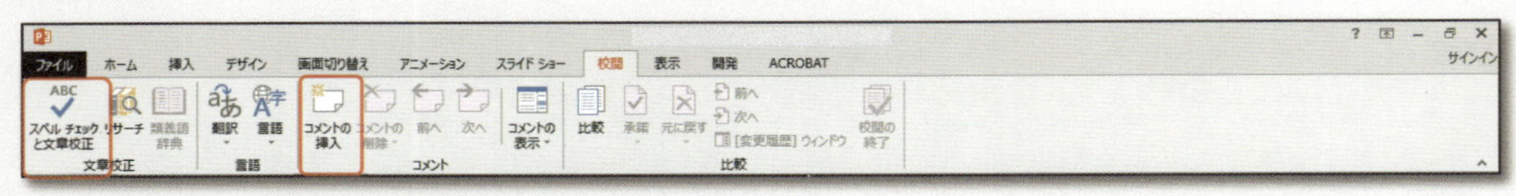


スペルチェック　　コメントの挿入

スライド内のスペルチェックや文章校正、コメントの挿入をします。ビジネス文書においては、人名や社名、製品名などの誤植が致命傷になることもあります。「ホーム」タブの「検索」「置換」と、校閲機能を活用して誤植を減らしましょう。

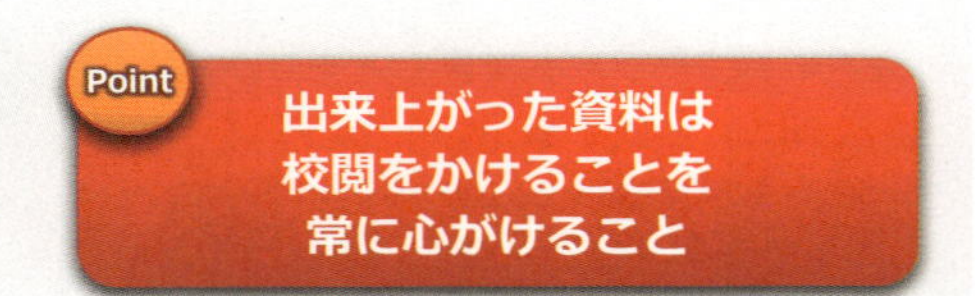

Point
出来上がった資料は
校閲をかけることを
常に心がけること


## 画面切り替え、アニメーション、スライドショー

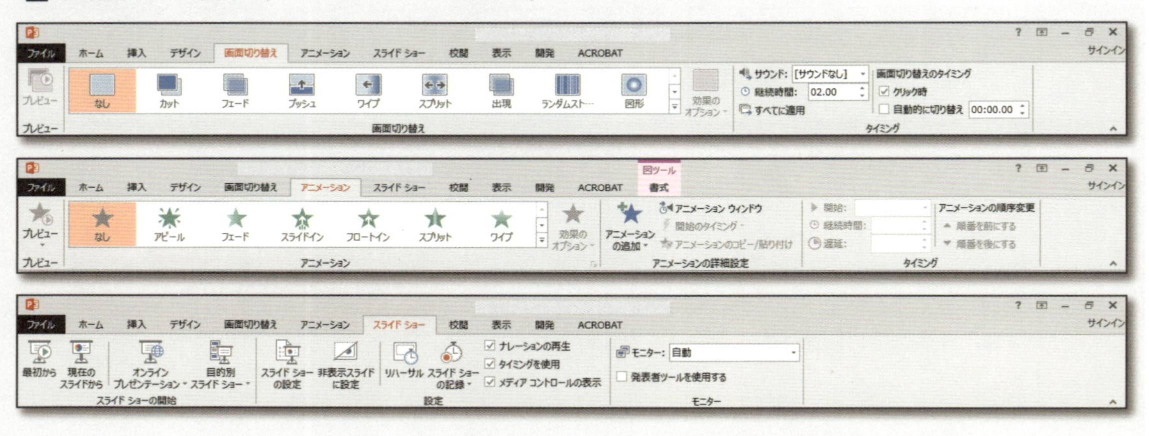


プレゼンテーション時の画面の切り替えや個別のオブジェクトのアニメーション、スライドショーの再生の設定など、動きや演出を設定します。

※本書では、PowerPointの動きの機能については解説していません。

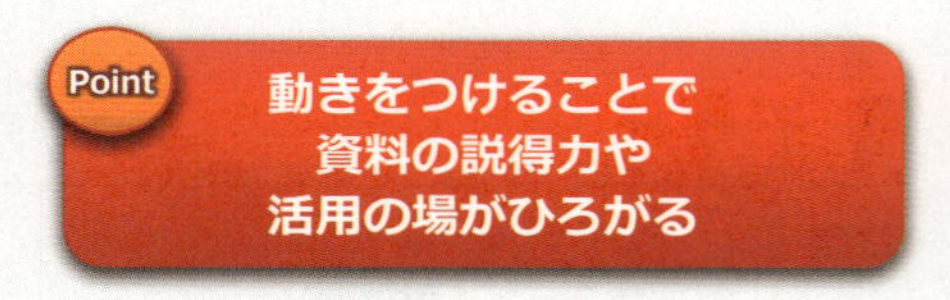

Point
動きをつけることで
資料の説得力や
活用の場がひろがる

# 1 パッと見て伝わる文字の使い方

## 文字組みが暴れない、テキストボックスの正しい設定を学ぶ

# 文字の組み方を整えれば
# こんなに読みやすい。

before

## 人気のある犬種について

### 柴犬

体高40cm前後の小型犬に分類される日本犬。日本の天然記念物にも指定されている犬種。主人に忠実な性格。毛色には「白柴」、「黒毛」などがあり、国内にとどまらず海外でも人気。

### チワワ

メキシコが原産国であるが、超小型犬として日本の住宅事情にもマッチして人気が高い。品種改良により、毛色も多種多様である。CMや映画などのキャラクターにもよく登場する。体格が小さいため、寒さに弱く、体温の維持など飼育には細心の注意が必要とされる。

### ブルドッグ

イギリスで、牛と戦わせるために、人の手で生み出された犬種。見た目や漫画などでの印象とは違って性格は温厚である。近年では、パグやテリアとの交配で生まれたフレンチブルドッグの人気が高い。

# パッと見て伝わる文字の使い方

文字組みが暴れない、テキストボックスの正しい設定を学ぶ

文字の読みやすさに配慮することは、資料作成の基本です。だらだらと長い文章は読む気をなくす原因になります。また、単語の途中で改行されたり、文字の大きさのバランスがバラバラだったりすると読み手は集中力をなくしてしまいます。こういった現象のほとんどは、「テキストボックス」の設定が正しくされていないことに原因があります。

力技でオブジェクトを重ねるなどの解決法では、データを煩雑にしてしまい、さらに編集しにくいものにするだけです。テキストの改行設定や、図形内での余白の設定などを正しく行うことで、整然としたレイアウトにすることができます。

## テキストボックス

テキストを選択して**右クリック→図形の書式設定→図形のオプション→テキストボックス**を表示します。文字の組み方を調整するさまざまな機能があります。最初は煩雑に感じるかもしれませんが、文字の整っていないスライドは読む気をなくす最大の要因といっても過言ではありません。基本として必ず押さえておきましょう。

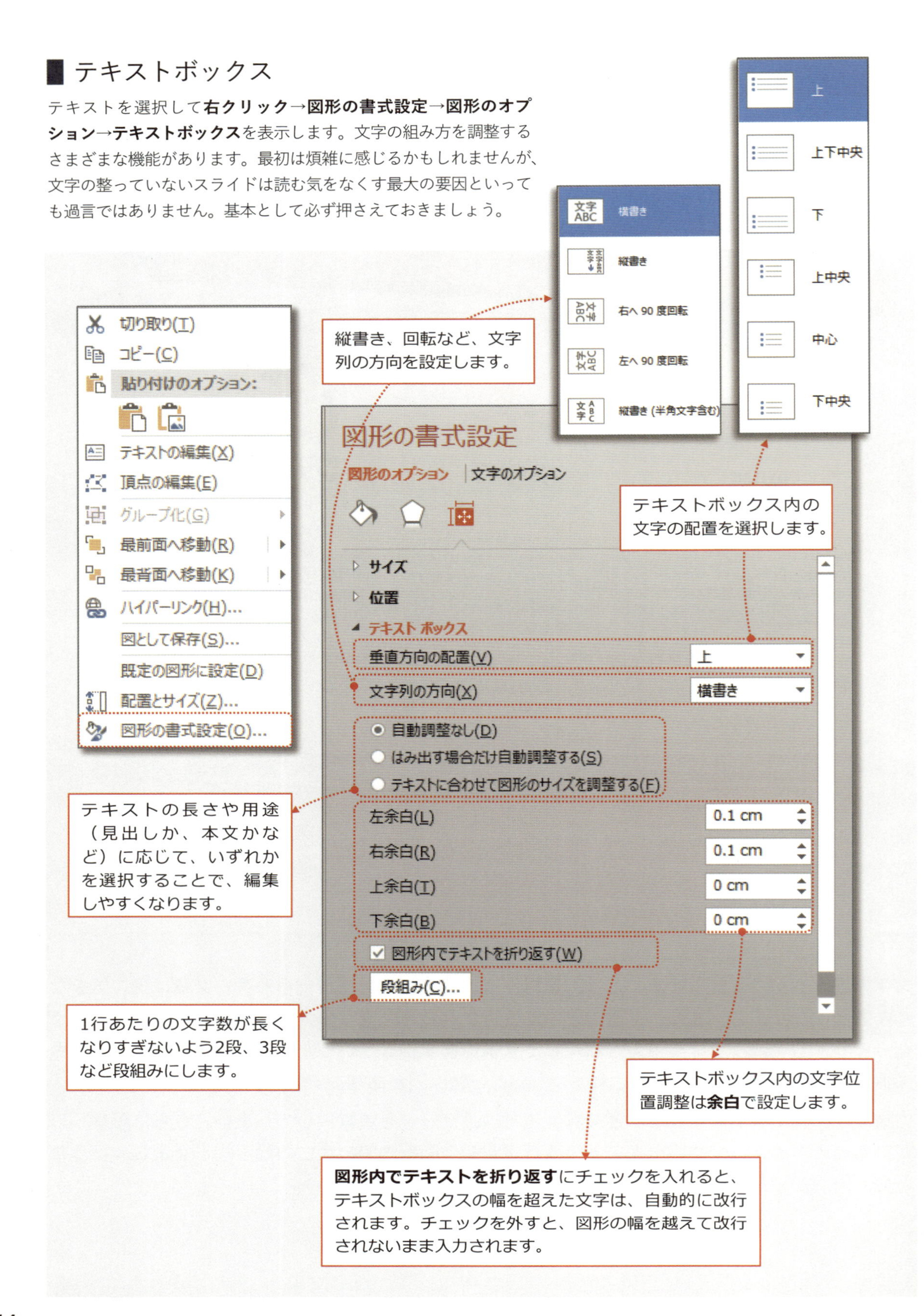

縦書き、回転など、文字列の方向を設定します。

テキストボックス内の文字の配置を選択します。

テキストの長さや用途（見出しか、本文かなど）に応じて、いずれかを選択することで、編集しやすくなります。

1行あたりの文字数が長くなりすぎないよう2段、3段など段組みにします。

テキストボックス内の文字位置調整は**余白**で設定します。

**図形内でテキストを折り返す**にチェックを入れると、テキストボックスの幅を超えた文字は、自動的に改行されます。チェックを外すと、図形の幅を越えて改行されないまま入力されます。

### ●自動調整なし

フォントサイズは変わらず、文字数が増えた分だけ、テキストボックスからはみ出していきます。図形のサイズは、任意で拡大できるので、色を敷いた領域に文字以外の要素などをレイアウトするときに向いています。

基本は、この設定 Point

この十数年、健康とエコの二つのブームに乗って、中高年を中心に人気の高まっているロードバイク。

この十数年、健康とエコの二つのブームに乗って、中高年を中心に人気の高まっているロードバイク。究極ともいえる機能美はもちろん、テレビ放送で身近になったヨーロッパのプロサイクリングチームのカラフルなジャージも・・・・

文字数が増えた分だけ、ボックスからはみ出す。図形のサイズは、任意で拡大できる。

### ●はみ出す場合だけ自動調整する

文字数が増えて、テキストボックスがいっぱいになると、ボックスに収まるようにフォントサイズが自動的に縮小されます。レイアウトを変えずに1行で収めたいタイトルなどには適しています。

売り上げを上昇させるための課題

売り上げと利益を上昇させるための三つの課題

文字数が増えるとフォントサイズが縮小される。

A → A

### ●テキストに合わせて図形のサイズを調整する

文字数が増えるにしたがって、フォントサイズは変えずに、文字を図形内に収めるように図形のサイズが自動調整されます。テキストの領域がわかりやすいので長めの本文などで使用するとよいでしょう。

メキシコが原産国であるが、超小型犬として日本の住宅事情にもマッチして人気が高い。

メキシコが原産国であるが、超小型犬として日本の住宅事情にもマッチして人気が高い。品種改良により、毛色も多種多様である。CMや映画などのキャラクターにもよく登場する。

文字数が増えるのに合わせて、図形が自動的に拡大。

### ■正しい設定できれいに揃える

図形の変化をごまかすために、色や枠線のないテキストボックスと図形を重ねる例が多くみられますが、いたずらにオブジェクトを増やすことになり、選択漏れなど、編集が煩雑になります。

**自動調整なし**にすると、テキストのボリュームにかかわらず、図形の大きさは変わりません。
さらに**図形内でテキストを折り返す**のチェックを外すことで、改行されずに1行で表記されます。

## 余白の設定

図形の中で文字の配置をずらしたいときも、図形とテキストボックスを二つ重ねないで、**余白**で位置を調整します。デフォルトの設定に任せたままではなく、余白を調整することでレイアウトに合わせて文字の位置を変えましょう。

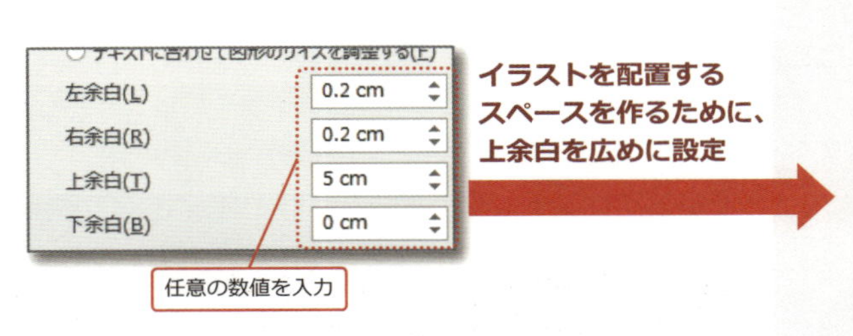


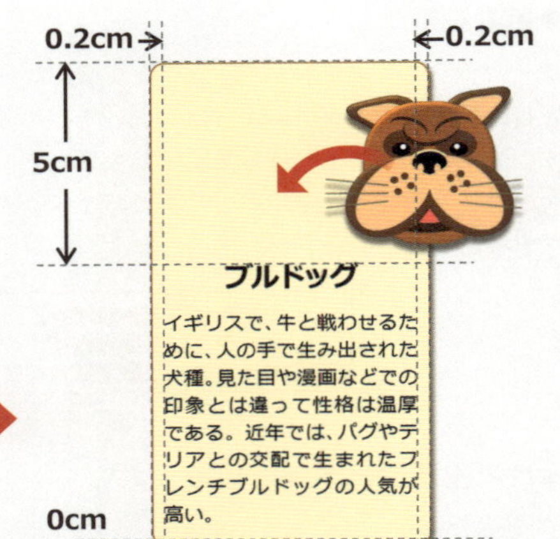


## フォントは「声」で選ぶ

OSのバージョンアップとともに、PowerPointでも、デフォルトでたくさんのフォントが選べるようになってきました。ただ、無秩序にたくさんの種類のフォントを使って資料を制作すると、統一感がなく印象が散漫になりやすいので、なるべく一つのフォントで統一するのが望ましいといえます。

ではどんなフォントを選べばよいか。文字は「言葉」です。文字からイメージする「声」を想像して見つめてみると、おのずとフォントが決まってくるでしょう。その中で「メイリオ」が、クセがなくて読みやすく、企画書や提案書などに適した、扱いやすいフォントといえます。

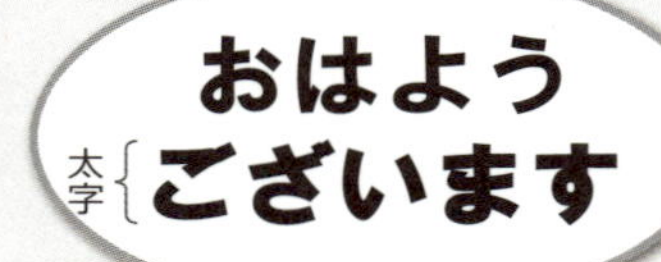

力強く硬質な男性的イメージ。デザイン的には線の太さが均一で読みやすいが、太字（B）にすると輪郭がつぶれて読みにくくなる。

おはよう
太字{ございます

明朝体

流麗で柔らかい女性的なイメージ。上品で繊細な印象だが、プロジェクター表示などでは輪郭が痩せて読みにくくなることも。

おはよう
太字{ございます

POP体

楽しさは表現できるが、子供っぽいイメージにもなる。使いみちを誤るとふざけた印象を与えるため、注意が必要。

おはよう
太字{ございます

メイリオ

- 線が均一で、縦横のラインが揃ったクセのないフラットな印象
- フトコロが広く小さな文字でも読みやすい
- 太字（B）にしても輪郭がつぶれずにきれいなので、見出しと本文といったメリハリがつけやすい
- **和文と欧文のプロポーションのギャップが小さく、バランスがよい**

## 英数字の入力は必ず半角入力で

PowerPointには、自動的に単語のスペルミスをチェックする機能があり、ミススペルをした部分には、赤い波線が表示され、ひと目でわかるようになっています。しかし、このスペルチェック機能は、正しく「半角入力」された英単語にしか機能しません。本来アルファベットには半角しかないので、「全角入力」は欧文として認識されないためです。一般的な和文フォントではアルファベットのプロポーションの横幅が狭いものが多いため、全角変換でバランスを取っている例が多くみられます。このような場合にはスペルチェックが機能しないので注意しましょう。またスライドマスターで、英数字用のフォントを別に指定していても、「全角変換（F9）」してしまうと、和文フォントになってしまい、やはりスペルチェックが機能しません。（英語、日本語以外のスペルチェックをする場合は、**ファイルタブ→オプション→言語**から、その言語をインストールする必要があります。）

**Point 英数字は正しく半角入力すること**

**■MS Pゴシックの例**

| いまやマラソンのトレーニングには常識となっているLSD(Long Slow Distanse)を、冬季の練習のメインメニューとして取り入 | いまやマラソンのトレーニングには常識となっているＬＳＤ（Ｌｏｎｇ　Ｓｌｏｗ　Ｄｉｓｔａｎｓｅ）を、冬季の練習のメインメニューとして取り |
|---|---|

正しくは「Distance」です。左のように正しく半角入力されているとスペルミスの箇所には赤い波線が表示されますが、右のように全角入力だと機能せず、スペルミスがスルーされてしまいます。

**■メイリオの例**

| いまやマラソンのトレーニングには常識となっているLSD(Long Slow Distanse)を、冬季の練習のメインメ | いまやマラソンのトレーニングには常識となっているＬＳＤ（Ｌｏｎｇ　Ｓｌｏｗ　Ｄｉｓｔａｎｓｅ）を、冬季の練 |
|---|---|

メイリオは、半角で入力した英数字と和文とのバランスがよいフォントです。反対に全角入力すると、文字間が広くアンバランスになります。

赤い絨毯Red carpet
メイリオ　メイリオ（半角）

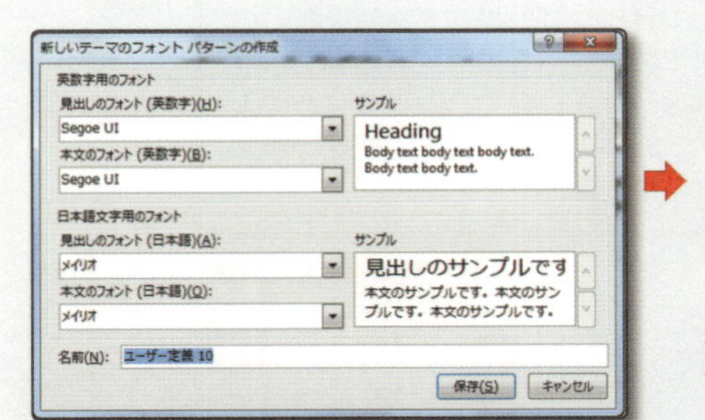


赤い絨毯Red carpet
メイリオ　Segoe UI

赤い絨毯Ｒｅｄ　ｃａｒｐｅｔ
メイリオ　メイリオ（全角）

和英組み合わせてフォントパターン（117ページ）を作っても、全角変換してしまうと、和文フォントになってしまいます。

◆ **メイリオを使うときの注意点**

メイリオは和文と欧文の混在を前提にデザインされており、プロポーションのギャップがなく、フォントパターンでの混在設定をしなくて済む利点がありますが、[g][j]などベースラインより下がった文字を基準に余白が設定されるため、文字の配置を上下中央にしたとき、和文では相対的に上に上がってしまいます。この場合、テキストボックス内の**上余白**を広めに設定することで解決します。

## 読みやすい文字組み

長い文章を文字組みするとき、1行あたりの文字数が長すぎると、目線の流れが定めにくく、読みにくい資料になってしまいます。反対に、文字数を少なくすると、改行が頻繁になり、単語の途中で改行を余儀なくされます。カタカナ語も多いビジネスの場においては、意味の伝わりにくいものになりがちです。文字の大きさと長さを考慮しながら、適切な文字数を設定しましょう。

×

この十数年、健康とエコの二つのブームに乗って、中高年を中心に人気の高まっているロードバイク。究極
ともいえる機能美はもちろん、テレビ放送で身近になったヨーロッパのプロサイクリングチームのカラフル
なジャージもその人気の一つかもしれない。しかし、腹回りにすっかり肉のついた中高年にとってこのサイ
クリングジャージを着こなせる体になるまで絞っていくのは至難の業で、ぴたぴたむっちりなジャージ姿で
コンビニなどに入ろうものなら、「あの人何？」目線の格好の餌食となってしまうのである。

行末から次行の行頭への
視線の移動距離が長く、
読みづらい

×

この十数年、健
康とエコの二つ
のブームに乗っ
て、中高年を中
心に人気の高
まっているロー
ドバイク。究極
ともいえる機能
美はもちろん、
テレビ放送で身
近になったヨー
ロッパのプロサ
イクリングチー
ムのカラフルな
ジャージもその
人気の一つかも
しれない。しか
し、腹回りに
すっかり肉のつ
いた中高年に
とってこのサイ
クリングジャー
ジを着こなせる
体になるまで
絞っていくのは
至難の業で、ぴ
たぴたむっちり
なジャージ姿で
コンビニなどに
入ろうものなら、
「あの人何？」
目線の格好の餌
食となってしま
うのである。

行末から次行の行頭に
視線を移動させる回数が増える。
単語の途中で改行されやすく
素直に言葉の意味が伝わらない

○

この十数年、健康とエコの二つのブームに乗って、
中高年を中心に人気の高まっているロードバイク。
究極ともいえる機能美はもちろん、テレビ放送で
身近になったヨーロッパのプロサイクリングチー
ムのカラフルなジャージもその人気の一つかもし
れない。しかし、腹回りにすっかり肉のついた中
高年にとってこのサイクリングジャージを着こな
せる体になるまで絞っていくのは至難の業で、ぴ
たぴたむっちりなジャージ姿でコンビニなどに入
ろうものなら、「あの人何？」目線の格好の餌食
となってしまうのである。

**長さのある単語が**
**ほとんど無理なく収まり、**
**目線の動きも適度になる、**
**1行に20～35文字程度が**
**読みやすさの目安**

# 2
# 箇条書きの違和感は、読む気をなくさせる

## 内容を整理して理解も深める、箇条書きの設定を学ぶ

## 箇条書きの整理がつけば
## 読みやすい、編集しやすい。

before
目次
1. はじめに－－－－－－－－－－－－－－－－－－－－－2
2．本ご提案の趣旨－－－－－－－－－－－－－－－－－3
3. お客様の市場環境の考察－－－－－－－－－－－－4
4．弊社のご提案内容－－－－－－－－－－－－－－－－5
① 既存市場のシェアの維持と、新規市場開拓へ向
けた戦略－－－－－－－－－－－－－－－－－－－－－ 6
② 将来的なテーマ設定と、体制作り－－－－－－－－－－ 7
●アカウントチーム
●システム構築チーム
6. おわりに－－－－－－－－－－－－－－－－－－－－－9



# 箇条書きの違和感は、読む気をなくさせる

内容を整理して理解も深める、箇条書きの設定を学ぶ

資料の目次に代表されるように、箇条書きでの項目立ては、非常に多いにもかかわらず、正しく設定されていないものがたくさんあります。行頭の数字を手入力したり、行間の調整のために空白の改行を入れたり、行頭の文字下げをスペースを入れたりする力技で調整していませんか？　このような入力をすると、後で項目を増やすたびに数字を打ち直す必要があったり、文字数の増減で改行位置が変わったときに、字下げの空白の位置がずれてしまったりして、編集しづらい状態になります。

正しい改行の方法と、箇条書きの設定を知ることで、編集しやすく、文字位置がきれいに揃ったスライドにできます。

## 改行の使い分けと段落の設定について

パソコンでキーボード入力をするとき、多くの場合、改行時には**Enterキー**を使います。しかし、PowerPointでは、もう一つ、**Shiftキーを押しながらEnterキー：**[Shift]+[Enter]で改行する方法があります。

[Enter]で行う場合を「**改段落：箇条書きなどの項目を変えること**」、[Shift]+[Enter]で行う場合を「**強制改行：同一項目（段落）内での改行**」と覚えて使い分けましょう。たとえば下記の箇条書きの場合、各行ごとの改行の方法は赤字で示したようになっています。

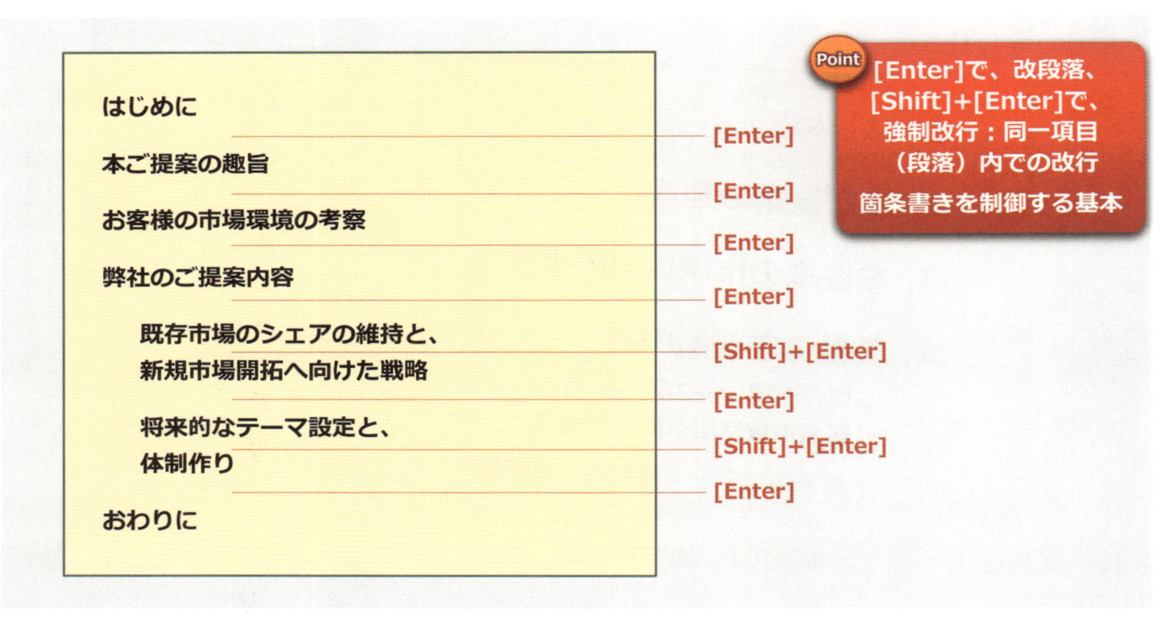


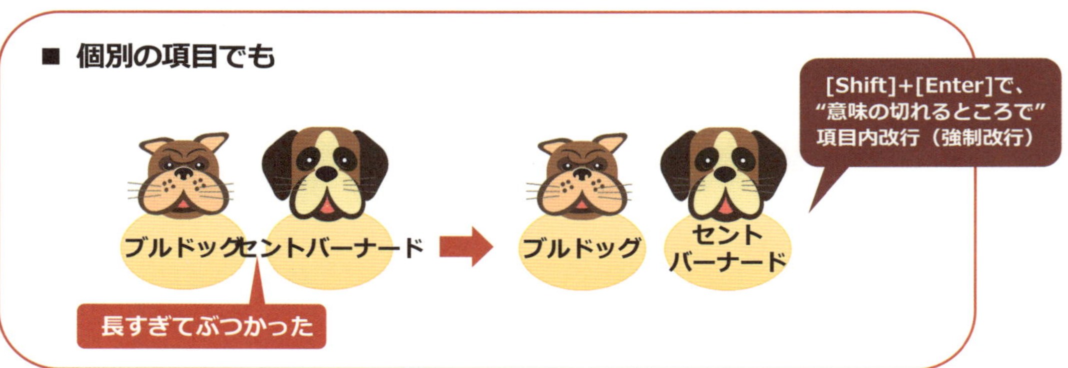


それぞれの行間や段落ごとの間隔、行頭の数字や記号、字下げなどの箇条書きの詳細は、
**ホームタブ→描画ツール→書式→段落**から設定します。

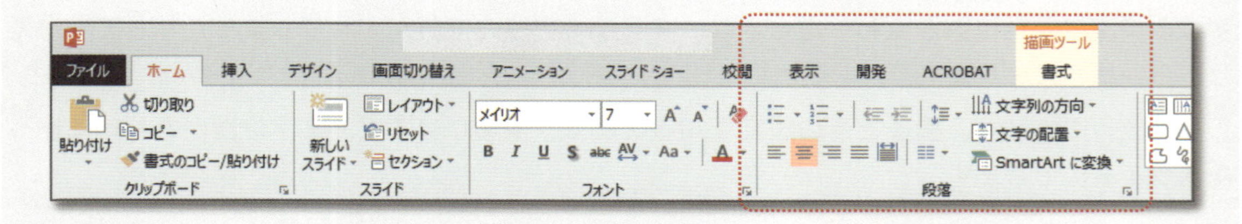

## 行間を正しく設定する

自動改行されたり、[Shift]+[Enter]での強制改行での行間は**行間**で、調整します。
アイコンの右側の▼をクリックすると5段階の行間が設定できます。さらに**行間のオプション**もしくは、段落の右下の矢印をクリックすると、段落の設定画面を呼び出すことができ、より詳細な設定が可能です。

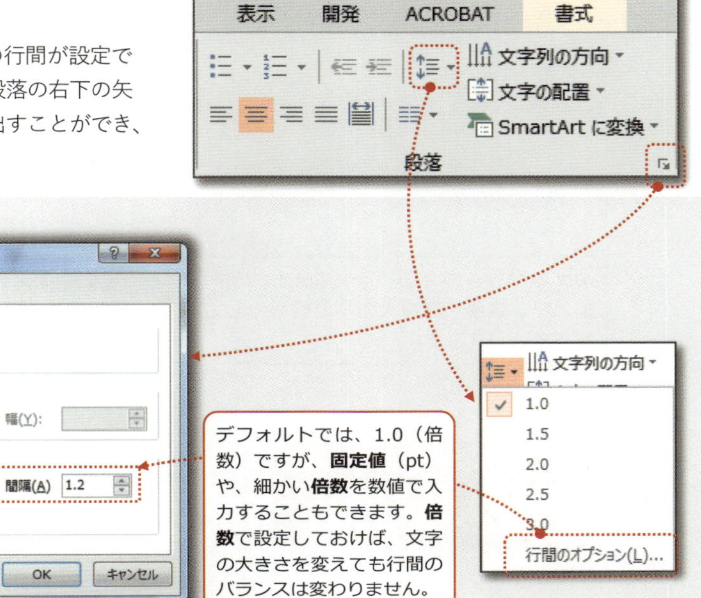


デフォルトでは、1.0（倍数）ですが、**固定値（pt）**や、細かい**倍数**を数値で入力することもできます。**倍数**で設定しておけば、文字の大きさを変えても行間のバランスは変わりません。

イギリスで、牛と戦わせるために、
人の手で生み出された犬種。
見た目や漫画などでの印象とは違って
性格は温厚である。

行間1.0（倍数）：デフォルト

イギリスで、牛と戦わせるために、
人の手で生み出された犬種。
見た目や漫画などでの印象とは違って
性格は温厚である。

行間1.3（倍数）

拝啓　陽春の候、ますますご清栄のこととお喜び申し上げます。
平素は格別のお引き立てを賜り、厚く御礼申し上げます。
さてこの度、社屋を下記に移転し、○月○日より新社屋で業務を
開始します。
これを機に従業員一同いっそう努力してまいる所存でございます。
今後とも相変わらぬご愛顧のほど宜しくお願いいたします。
まずは移転のご挨拶まで。　敬具

行間1.9（倍数）

イギリスで、牛と戦わせるために、
人の手で生み出された犬種。
見た目や漫画などでの印象とは違って
性格は温厚である。

フォントサイズ10pt

行間15pt
（固定値）

フォントサイズ8pt

イギリスで、牛と戦わせるために、
人の手で生み出された犬種。
見た目や漫画などでの印象とは違って
性格は温厚である。

**Point**
**行間が変わると、その文章が醸し出す空気感が変わる**
**じっくり読ませたいときや、あいさつ文などは行間を広めにとって落ち着いた印象に**

## 段落間の間隔を組み合わせる

**Enterキー**で改段落された項目同士の間隔は、**ホームタブ→描画ツール→書式→段落**から設定します。

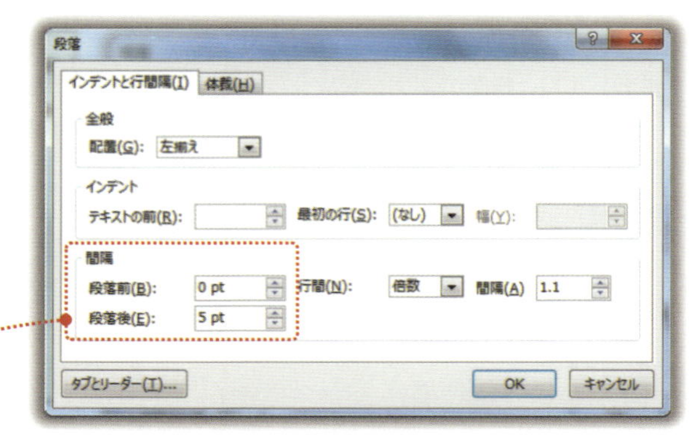


▲▼をクリックするごとに6ptずつ増減しますが、数値を直接入力して細かく設定することもできます。

Point
テキスト選択で
行ごとに設定を変える
ことが可能

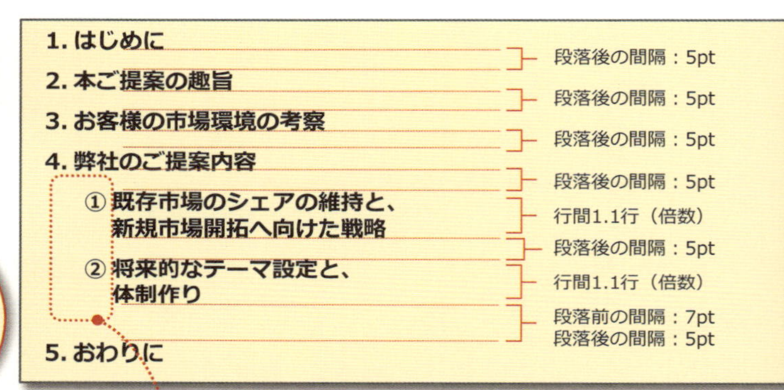


新規市場開拓
②将来的なテーマ設
体制作り
段落後の間隔：5pt
段落前の間隔：7pt
5.おわりに

## インデントを減らす/増やす

テキストを選択するか、行頭にカーソルを合わせた状態で、**インデントを増やす**をクリックすると項目のレベルが1段下がり、別の記号や番号をつけることができます。**Tabキー**を押しても同じ操作ができます。

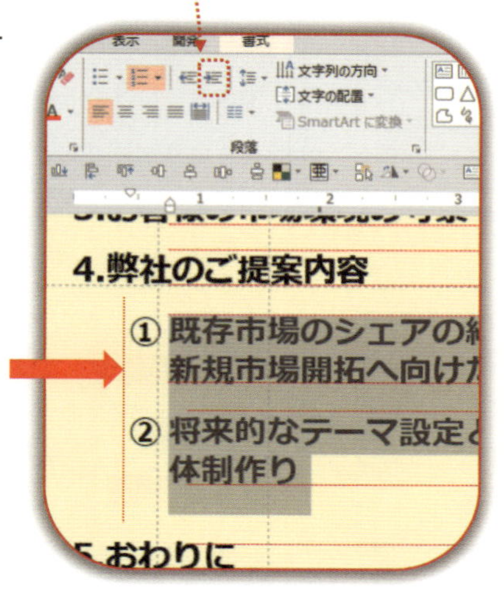


文字のアタマの位置が下がり（インデントが増える）、項目としてレベルが下がったので、別の段落番号や行頭記号がつけられます。

- はじめに
- 本ご提案の趣旨
- お客様の市場環境の考察
- 弊社のご提案内容
  - 既存市場のシェアの維持と、新規市場開拓へ向けた戦略
  - 将来的なテーマ設定と、体制作り
- おわりに

## 箇条書きと段落番号の設定

箇条書きの行頭記号や数字は、手入力せずに、テキストボックスを選択した状態から**箇条書き/段落番号**をクリックすると自動的につきます。アイコンの右側の▼から詳細を設定できます。●や■など以外の記号や、色を変更することもできます。

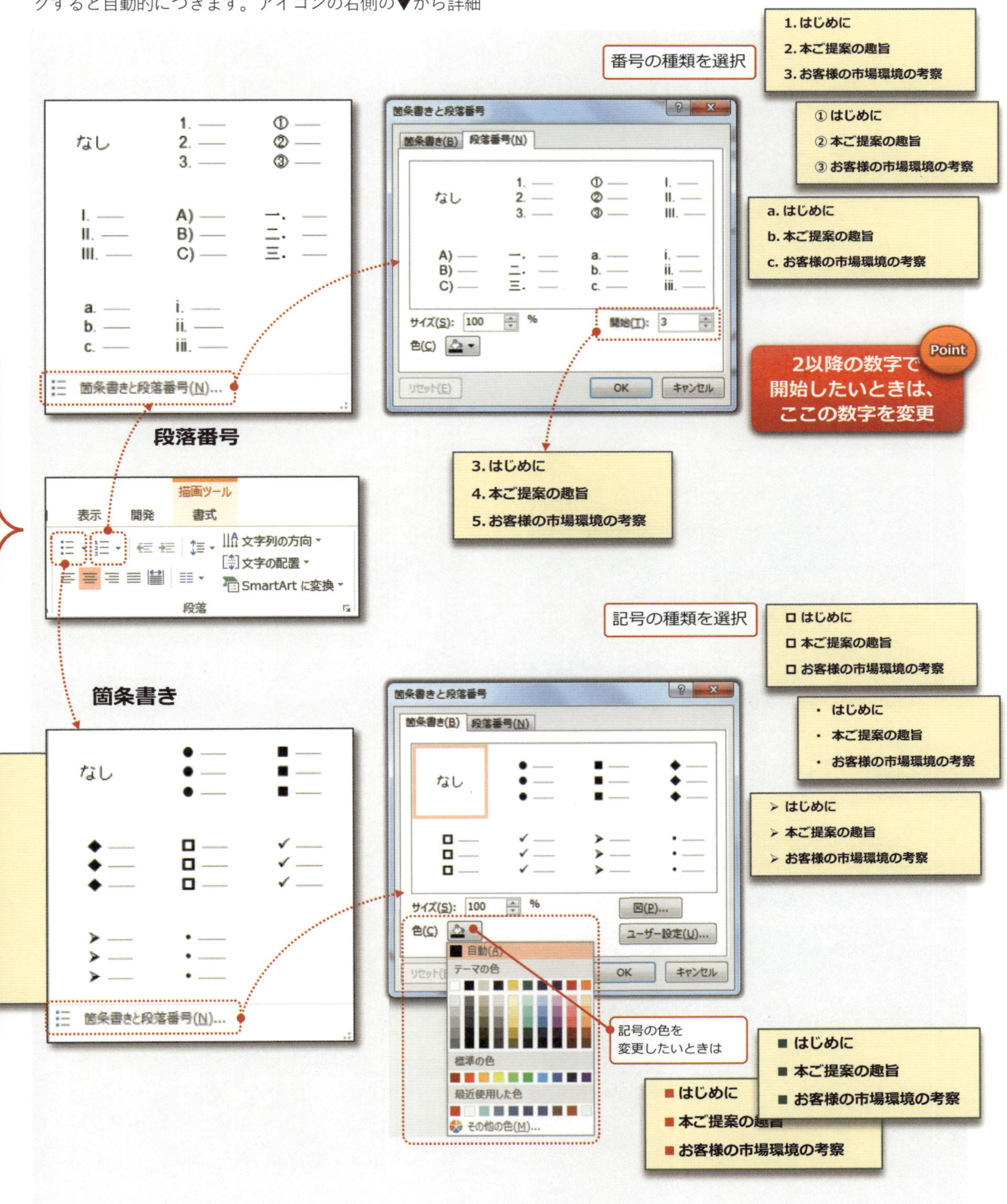

## 左右、中央、両端揃え、均等割り付け

テキストボックスを選択した状態で、いずれかのアイコンをクリックして文字の並び方を設定します。

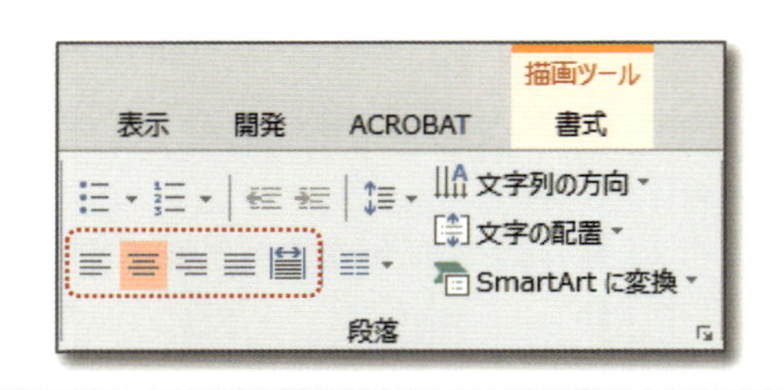

描画ツール
表示
開発
ACROBAT
書式
文字列の方向
文字の配置
SmartArt に変換
段落

左揃え

この十数年
健康とエコの二つの
ブームに乗って
中高年を中心に人気の
ロードバイク

中央揃え

この十数年
健康とエコの二つの
ブームに乗って
中高年を中心に人気の
ロードバイク

右揃え

この十数年
健康とエコの二つの
ブームに乗って
中高年を中心に人気の
ロードバイク

## 長文のブロックは、両端揃えで

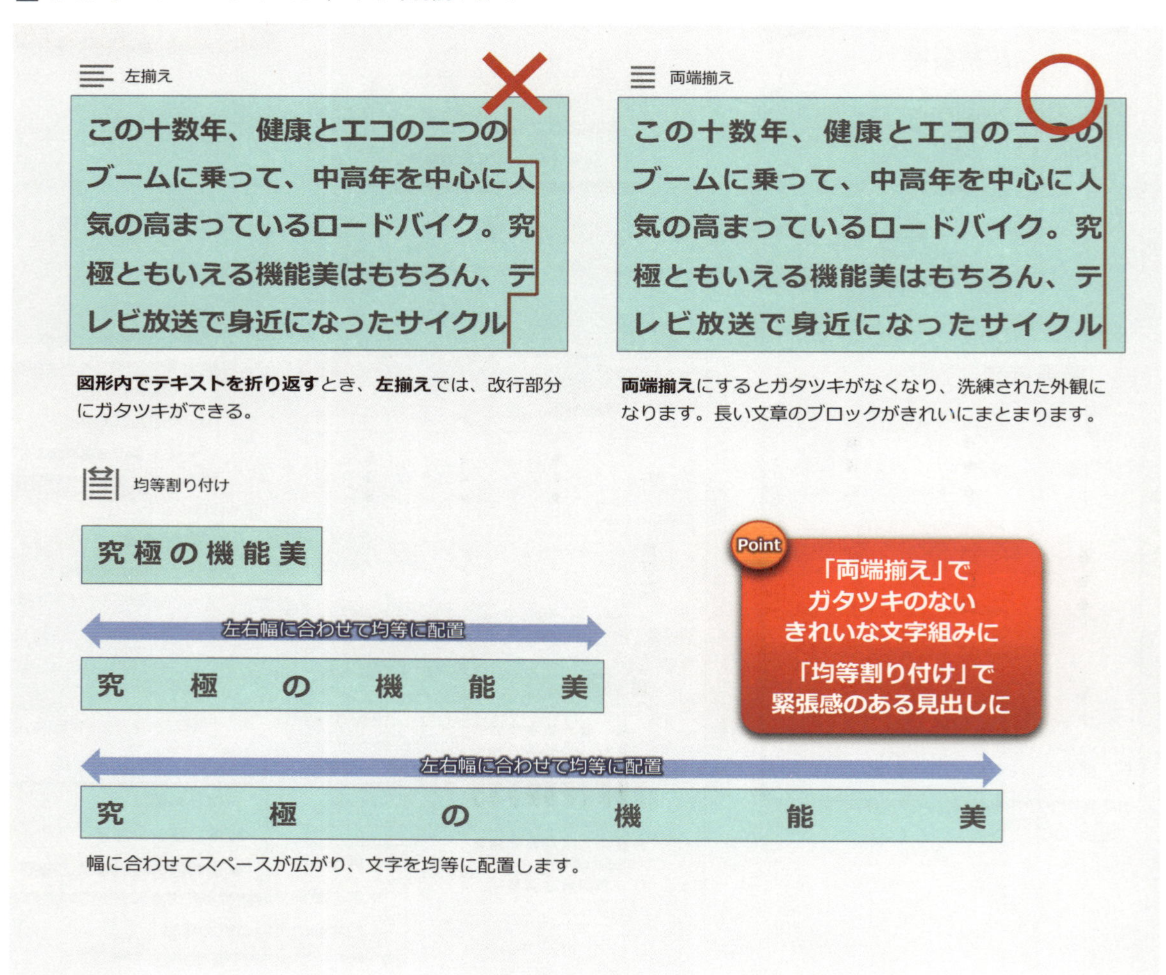

左揃え
この十数年、健康とエコの二つの
ブームに乗って、中高年を中心に人
気の高まっているロードバイク。究
極ともいえる機能美はもちろん、テ
レビ放送で身近になったサイクル
両端揃え
この十数年、健康とエコの二つの
ブームに乗って、中高年を中心に人
気の高まっているロードバイク。究
極ともいえる機能美はもちろん、テ
レビ放送で身近になったサイクル
均等割り付け
究極の機能美
左右幅に合わせて均等に配置
究　極　の　機　能　美
左右幅に合わせて均等に配置
究　極　の　機　能　美
Point
「両端揃え」で
ガタツキのない
きれいな文字組みに
「均等割り付け」で
緊張感のある見出しに

**図形内でテキストを折り返す**とき、**左揃え**では、改行部分にガタツキができる。

**両端揃え**にするとガタツキがなくなり、洗練された外観になります。長い文章のブロックがきれいにまとまります。

幅に合わせてスペースが広がり、文字を均等に配置します。

## 文字列の方向

**横書き**、**縦書き**のほか、**右へ90度回転/左へ90度回転**など、図形に対しての**文字列の方向**を指定できます。

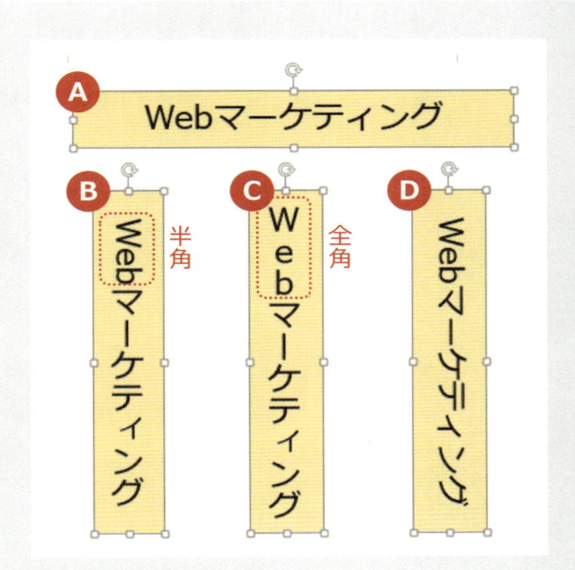


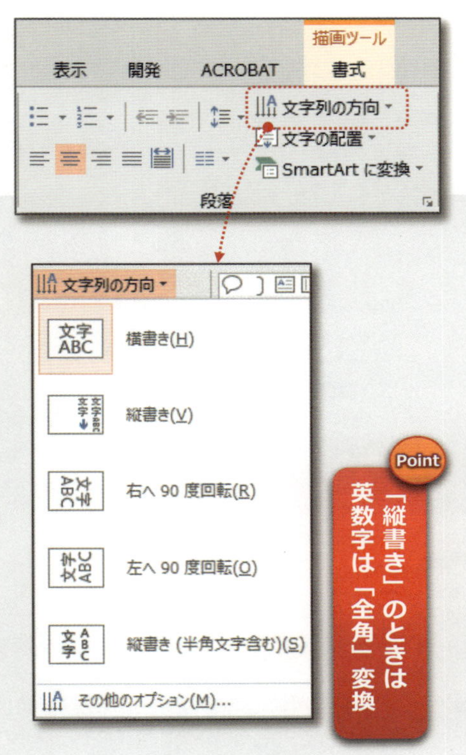


A 横書き。一番多く使われます。

B 縦書き。半角入力されたアルファベットは、右へ90度回転してしまいます。

C 縦書き。アルファベットを「全角」に再変換することで縦方向に揃います。
（**変換キー**を使えば、再入力する必要はありません）

D 右へ90度回転。Ⓐのオブジェクトを90度回転するのではなく、テキストの設定を回転してやることで、図形の上下左右を維持できます。図形のサイズの編集時に混乱しないためのポイントです。

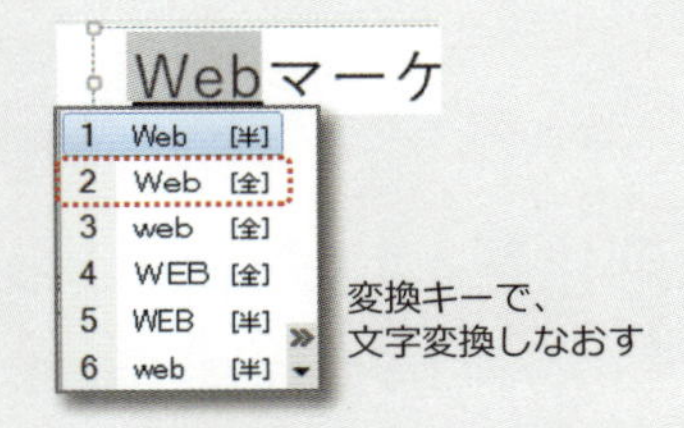

変換キーで、
文字変換しなおす

※欧文は本来横書きなので、「全角」変換することで「和文」として認識して縦組みにできます。

## 文字の配置

図形内の文字の配置位置を設定します。**その他のオプション**から**中心**などのバリエーションが選択できます。さらに位置を調整したいときは「余白の設定」で調整します（16ページ）。

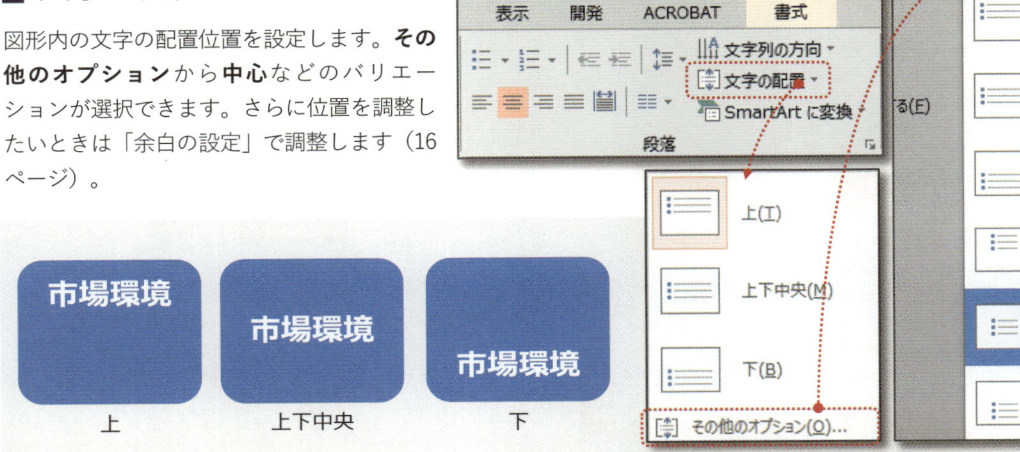

## 段組みの設定

長い文章を組むとき、テキストボックスをいくつも分割すると、編集が煩雑になります。一つのテキストボックスを**段組み**で分割するとスマートです。

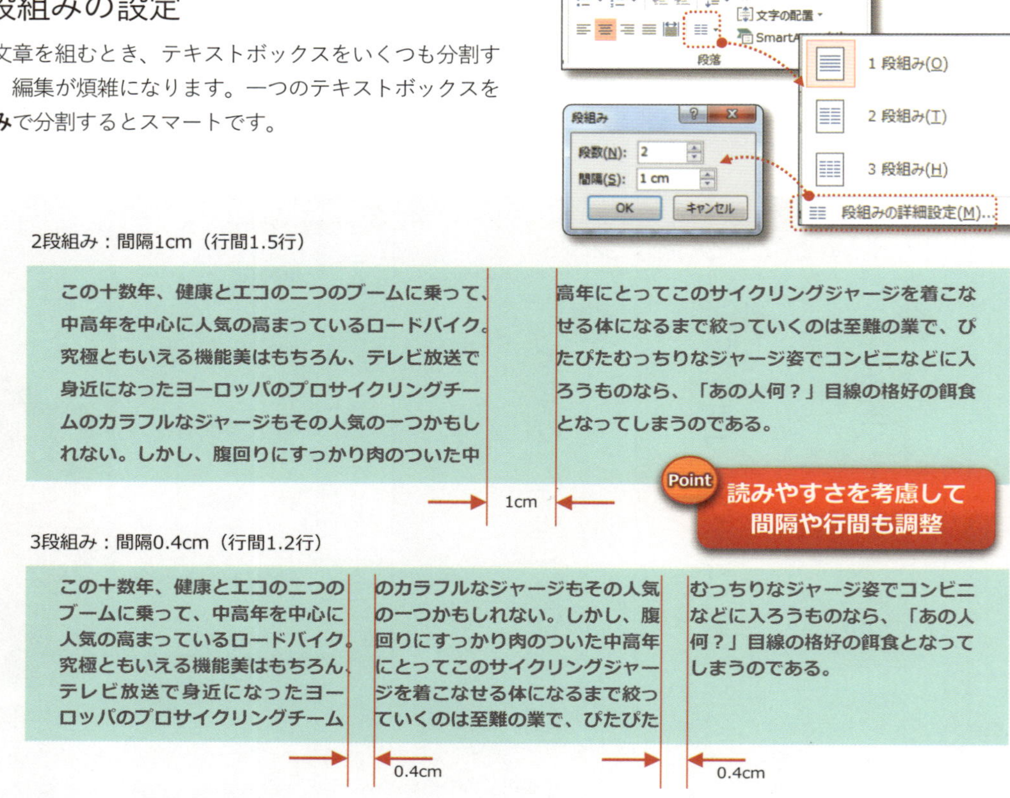

描画ツール
表示
開発
書式
文字列の方向
文字の配置
段落
1 段組み(O)
2 段組み(T)
3 段組み(H)
段組みの詳細設定(M)...
段組み
段数(N): 2
間隔(S): 1 cm
OK
キャンセル
2段組み：間隔1cm（行間1.5行）
この十数年、健康とエコの二つのブームに乗って、中高年を中心に人気の高まっているロードバイク。究極ともいえる機能美はもちろん、テレビ放送で身近になったヨーロッパのプロサイクリングチームのカラフルなジャージもその人気の一つかもしれない。しかし、腹回りにすっかり肉のついた中
高年にとってこのサイクリングジャージを着こなせる体になるまで絞っていくのは至難の業で、ぴたぴたむっちりなジャージ姿でコンビニなどに入ろうものなら、「あの人何？」目線の格好の餌食となってしまうのである。
1cm
Point
読みやすさを考慮して
間隔や行間も調整
3段組み：間隔0.4cm（行間1.2行）
この十数年、健康とエコの二つのブームに乗って、中高年を中心に人気の高まっているロードバイク。究極ともいえる機能美はもちろん、テレビ放送で身近になったヨーロッパのプロサイクリングチーム
のカラフルなジャージもその人気の一つかもしれない。しかし、腹回りにすっかり肉のついた中高年にとってこのサイクリングジャージを着こなせる体になるまで絞っていくのは至難の業で、ぴたぴた
むっちりなジャージ姿でコンビニなどに入ろうものなら、「あの人何？」目線の格好の餌食となってしまうのである。
0.4cm
0.4cm

## 禁則処理と句読点のぶら下げ

「、。ーっん」のような、句読点や撥音、促音、音引きなどが改行の行頭にくると読みづらいものです。**段落**ダイアログのもう一つのタブ、**体裁**から、**禁則処理を行う**と、**句読点のぶら下げを行う**をチェックしておきましょう。

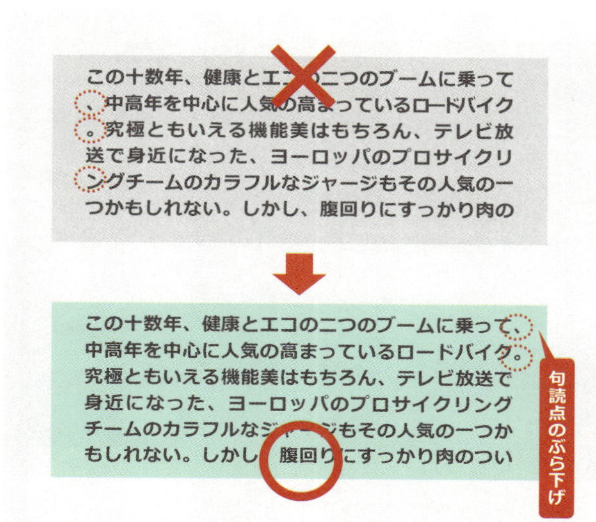

この十数年、健康とエコの二つのブームに乗って
、中高年を中心に人気の高まっているロードバイク
。究極ともいえる機能美はもちろん、テレビ放
送で身近になった、ヨーロッパのプロサイクリ
ングチームのカラフルなジャージもその人気の一
つかもしれない。しかし、腹回りにすっかり肉の
この十数年、健康とエコの二つのブームに乗って、
中高年を中心に人気の高まっているロードバイク。
究極ともいえる機能美はもちろん、テレビ放送で
身近になった、ヨーロッパのプロサイクリング
チームのカラフルなジャージもその人気の一つか
もしれない。しかし、腹回りにすっかり肉のつい
句読点のぶら下げ

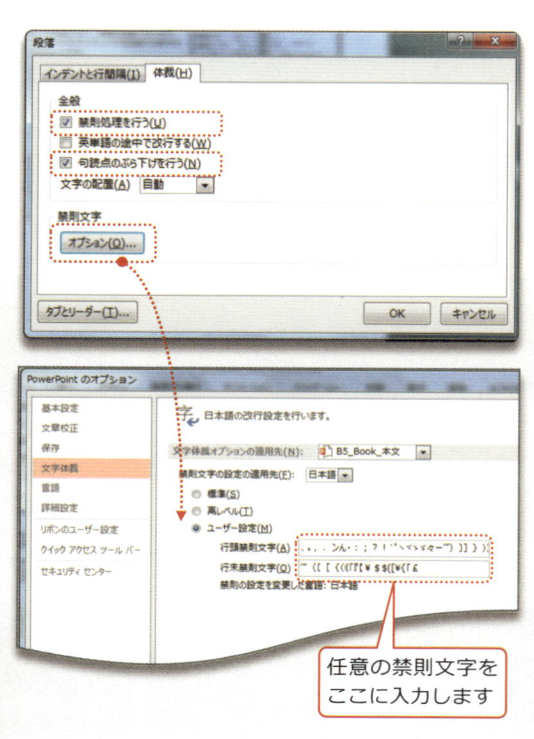

段落
インデントと行間隔(I)
体裁(H)
全般
禁則処理を行う(U)
英単語の途中で改行する(W)
句読点のぶら下げを行う(N)
文字の配置(A)
自動
禁則文字
オプション(O)...
タブとリーダー(T)...
OK
キャンセル
PowerPoint のオプション
基本設定
文章校正
保存
文字体裁
言語
詳細設定
リボンのユーザー設定
クイック アクセス ツール バー
セキュリティ センター
日本語の改行設定を行います。
禁則文字の設定の適用先(F): 日本語
標準(S)
高レベル(I)
ユーザー設定(M)
行頭禁則文字(A)
行末禁則文字(O)
任意の禁則文字を
ここに入力します

## ルーラーを使った文字の整列

**表示タブ**の**表示**にある、**ルーラー**にチェックを入れると、画面の上と左に目盛りのついたものさしのような表示になります。これを**ルーラー**といいます。

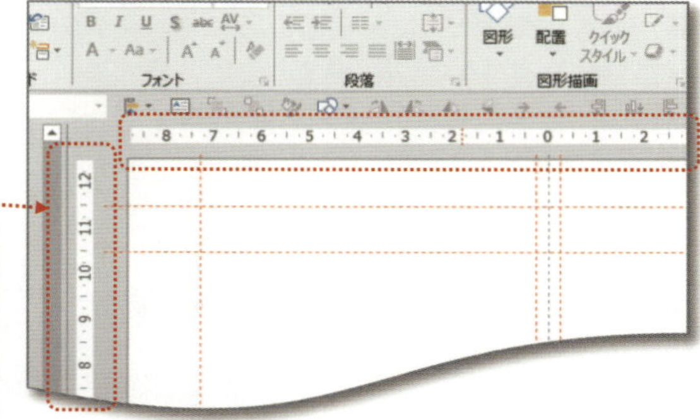


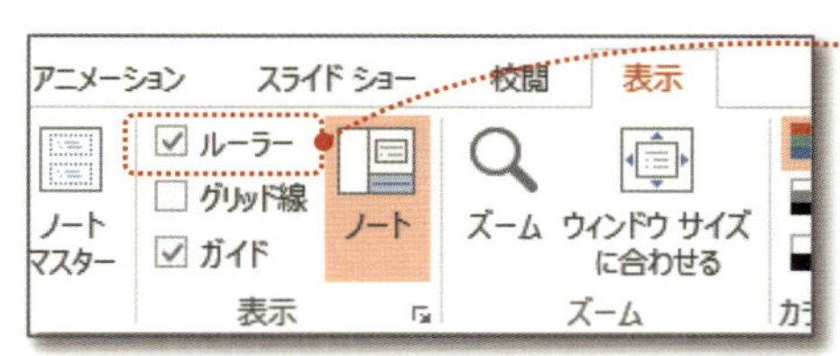


■ 箇条書きの記号と、文頭の間隔を調整する

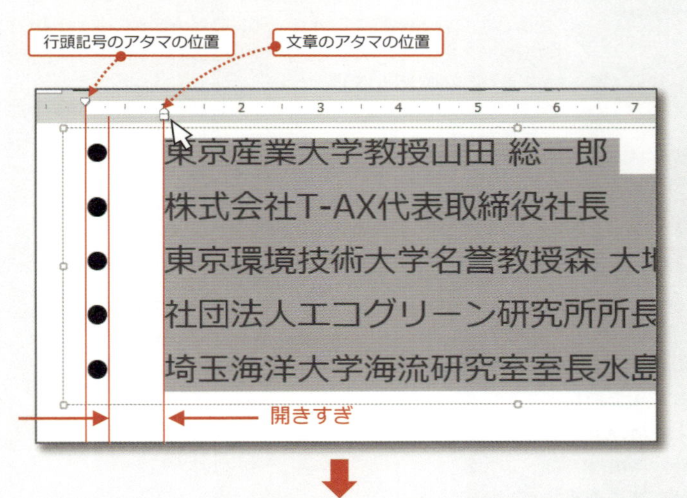


「**箇条書き**」「**段落番号**」で行頭記号や数字をつけたとき、文頭の文字との間隔が開きすぎていることがあります。テキストを選択した状態にして、ルーラーの左側に出てくる⌂をつまんで間隔を調整します。

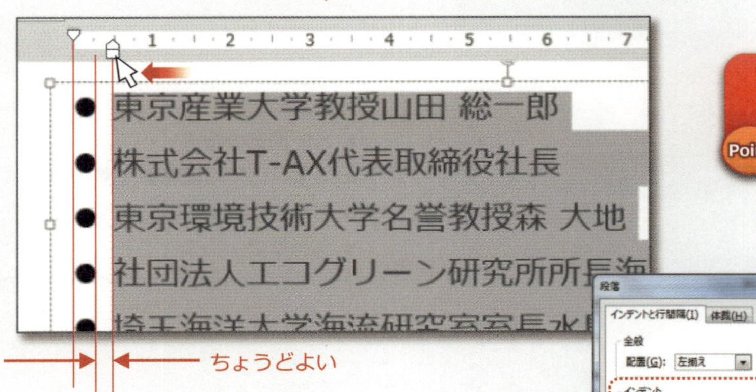


Point
「段落」ダイアログから数値を入力するより直感的

## タブセレクターとTabキーで、一発整列する

社名、肩書、名前などの位置を揃えたいとき、文字数にかかわらず、行ごとにぴったり揃えます。
**ルーラー**を表示してテキストを選択した状態にすると、左上の角に**タブセレクター**が表示されます。クリックするごとに、右の図のように形が変わります。

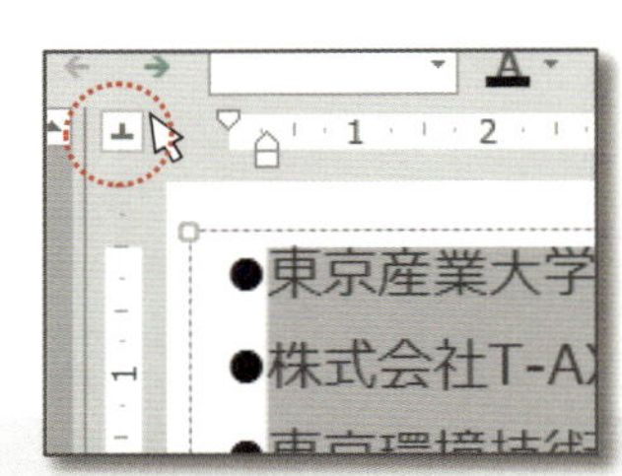


- 左揃え
- 中央揃え
- 右揃え
- 小数点揃え

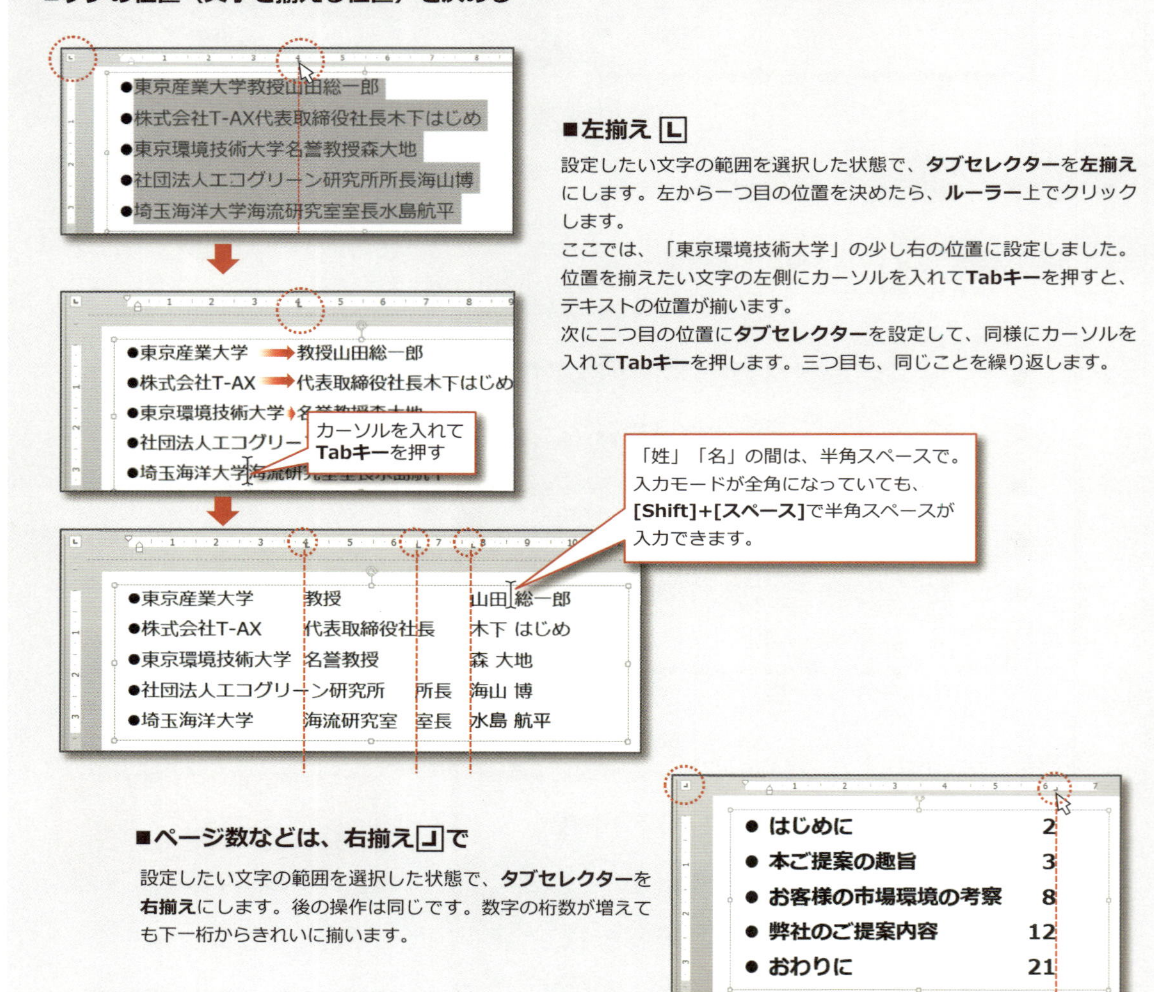


### ■タブの位置（文字を揃える位置）を決める

### ■左揃え

設定したい文字の範囲を選択した状態で、**タブセレクター**を**左揃え**にします。左から一つ目の位置を決めたら、**ルーラー**上でクリックします。
ここでは、「東京環境技術大学」の少し右の位置に設定しました。位置を揃えたい文字の左側にカーソルを入れて**Tabキー**を押すと、テキストの位置が揃います。
次に二つ目の位置に**タブセレクター**を設定して、同様にカーソルを入れて**Tabキー**を押します。三つ目も、同じことを繰り返します。

「姓」「名」の間は、半角スペースで。入力モードが全角になっていても、**[Shift]+[スペース]**で半角スペースが入力できます。

### ■ページ数などは、右揃えで

設定したい文字の範囲を選択した状態で、**タブセレクター**を**右揃え**にします。後の操作は同じです。数字の桁数が増えても下一桁からきれいに揃います。

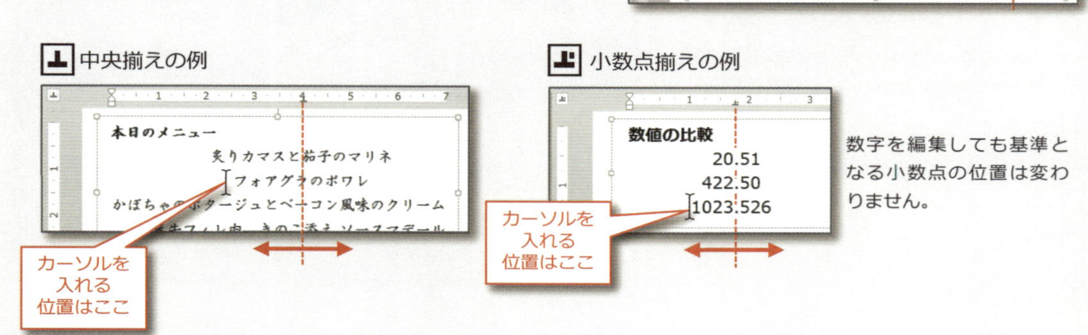


カーソルを入れる位置はここ

小数点揃えの例

数字を編集しても基準となる小数点の位置は変わりません。

# 3

# 文字でイメージを強調する

企画書の主役になる、表情豊かな文字のデザイン表現を学ぶ

文字の表情が豊かになれば
印象深い資料になる。
before
あの日見た空を忘れない
聖地巡礼キャンペーン
映画
＋
スマホ
＋
街

# 文字でイメージを強調する

企画書の主役になる、表情豊かな文字のデザイン表現を学ぶ

提案書の表紙や、タイトルなど、文字の扱いが違うだけで第一印象は大きく左右されます。フォントのデザインだけに頼らず、斜体をかけたり、シャドウを落としたり、色を透過したりすることでさらに表情を深めることができます。また「TM」や「※」など、上付きや下付きの小さな文字を違うテキストボックスで入力しなおしたりしていませんか？　「フォント」が正しく設定できれば、このような煩雑なこともなくなります。そのほか、DTPソフトのように文字間を詰めたり、広げたり、長体をかけることも可能です。文字の表情を豊かにすることで資料の印象は格段にアップします。

## 「フォント」で設定できること

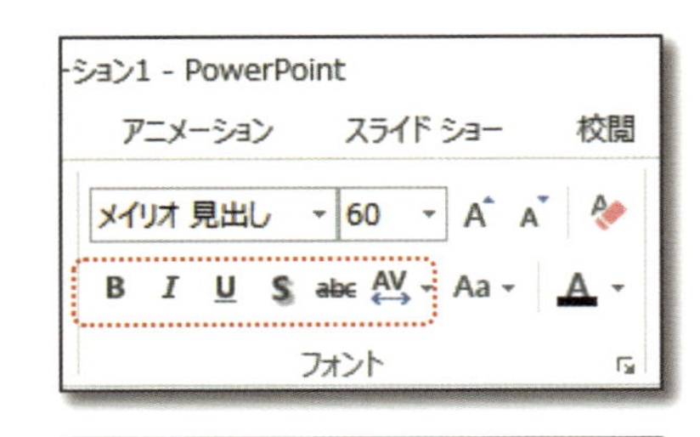


**ホームタブ**の**フォント**では、フォントの種類、ポイント数（サイズ）、文字の色などのほかにも、**太字**、**斜体**、**アンダーライン**などの簡単な強調効果や、**上付き**、**下付き**などの設定や、**文字の間隔**も設定できます。

## 文字の効果とは

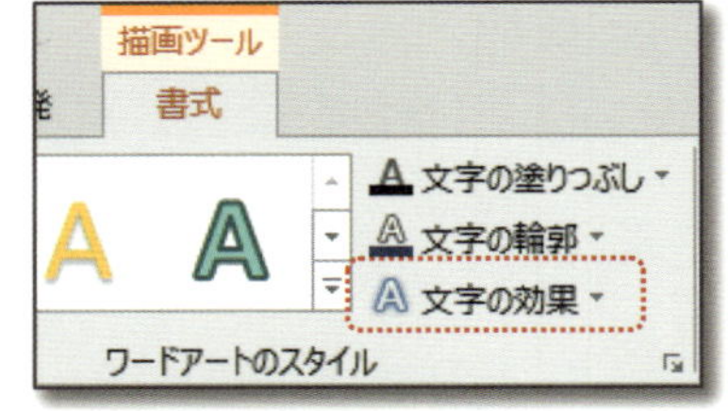


文字を選択した状態で**書式タブ**を選択して表示される**文字の効果**で、より印象的な装飾効果を設定できます。使いこなせれば、タイトルや、キャッチコピーなど、資料をより印象的なものに変身させられます（40ページ）。

## 文字間を詰める

フォントによっては、文字間が開きすぎるものがあります。本文レベルの小さな文字ではあまり気にならなくても、タイトルなどの大きな文字では開きすぎる文字間は間の抜けた印象になってしまいます。**フォント**の**文字の間隔**を使って文字間を詰めます。

Point
フォント名に「P」があるものは、あらかじめ文字間調整されたフォント※

※Proportional font

今までに、「感謝」を。これからに、「感動」を。 HGP創英プレゼンスEB

今までに、「感謝」を。これからに、「感動」を。 HGP創英角ゴシック

今までに、「感謝」を。これからに、「感動」を。 MS Pゴシック

今までに、「感謝」を。これからに、「感動」を。 HG正楷書体

今までに、「感謝」を。これからに、「感動」を。 メイリオ（太字）

今までに、「感謝」を。これからに、「感動」を。 游明朝

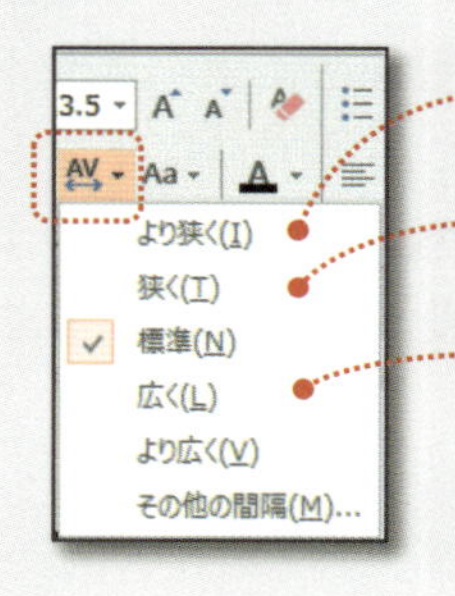


今までに、「感謝」を。これからに、「感動」を。

今までに、「感謝」を。これからに、「感動」を。

今までに、

×

テキストボックスを選択した状態で**文字の間隔**からプルダウンして表示される間隔を選択しても、開き方のアンバランスさは解消しません。

## 個別に選択して文字間を詰める

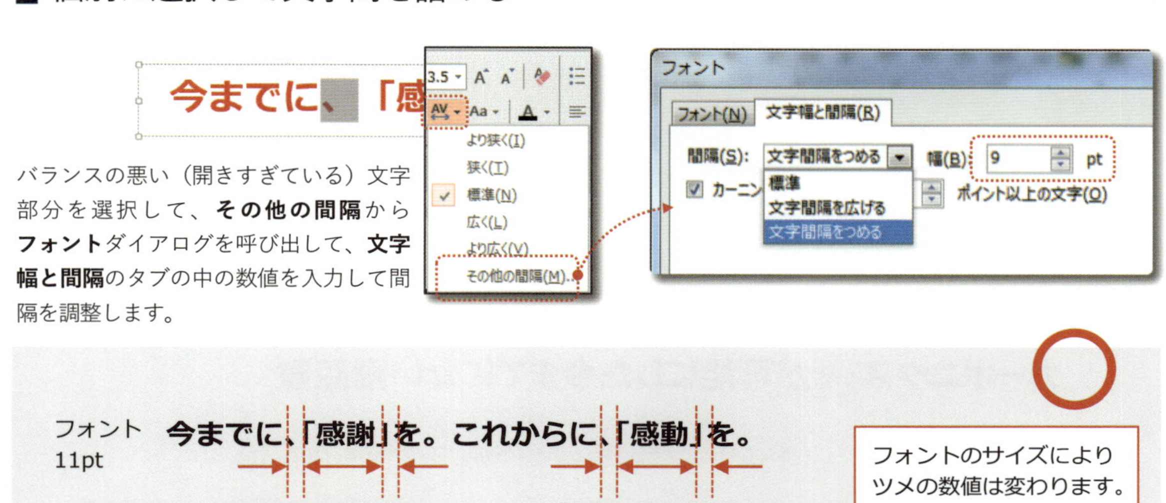


バランスの悪い（開きすぎている）文字部分を選択して、**その他の間隔**から**フォント**ダイアログを呼び出して、**文字幅と間隔**のタブの中の数値を入力して間隔を調整します。

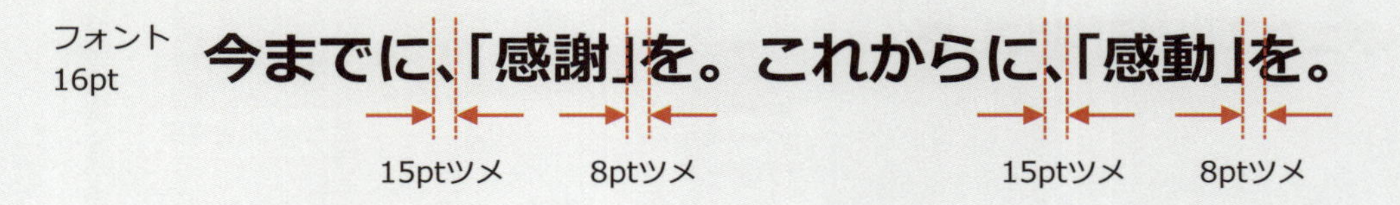


フォントのサイズによりツメの数値は変わります。

フォント 16pt

今までに、「感謝」を。これからに、「感動」を。

15ptツメ　8ptツメ　15ptツメ　8ptツメ

■「文字の効果」から「反射」を選んで存在感をプラスする

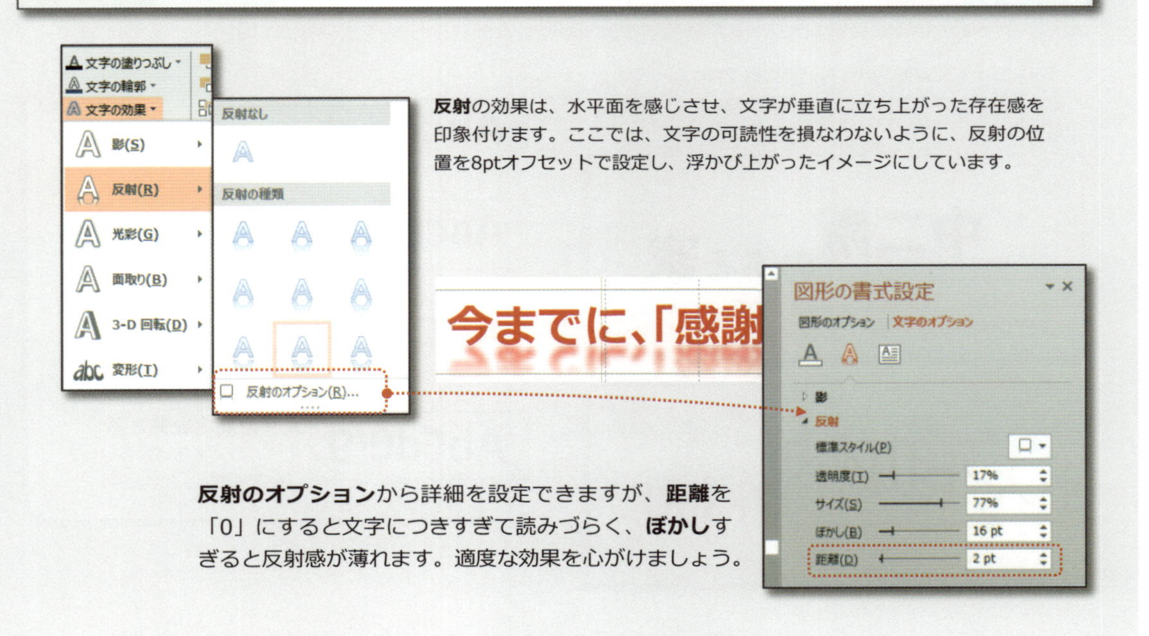


**反射**の効果は、水平面を感じさせ、文字が垂直に立ち上がった存在感を印象付けます。ここでは、文字の可読性を損なわないように、反射の位置を8ptオフセットで設定し、浮かび上がったイメージにしています。

**反射のオプション**から詳細を設定できますが、**距離**を「0」にすると文字につきすぎて読みづらく、**ぼかし**すぎると反射感が薄れます。適度な効果を心がけましょう。

## 上付きや下付きの文字を同一テキスト内に収める

製品名の商標表示（TMや©）、注釈の※印など、上付きや下付きの小さな文字を別のテキストボックスでつけていたために、後で文字の編集をしたときに場所が変わってしまった、ということはありませんか？

**フォント**の**文字飾り**の設定で、これらの文字もスマートに収まります。

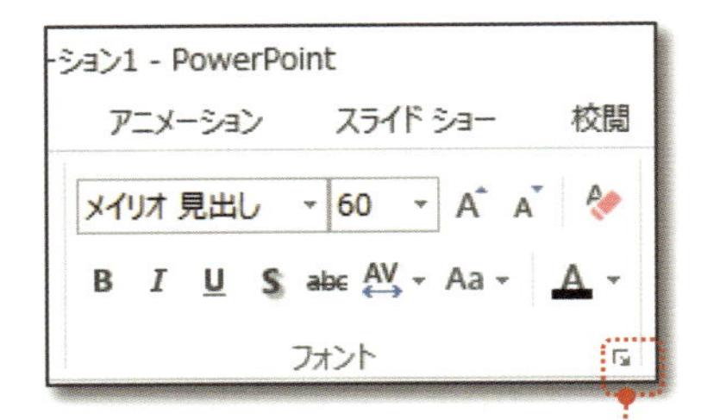


カーボニクスTMが可能にした今までにない飛距離

上付きにしたい文字を選択してフォントダイアログを表示します。

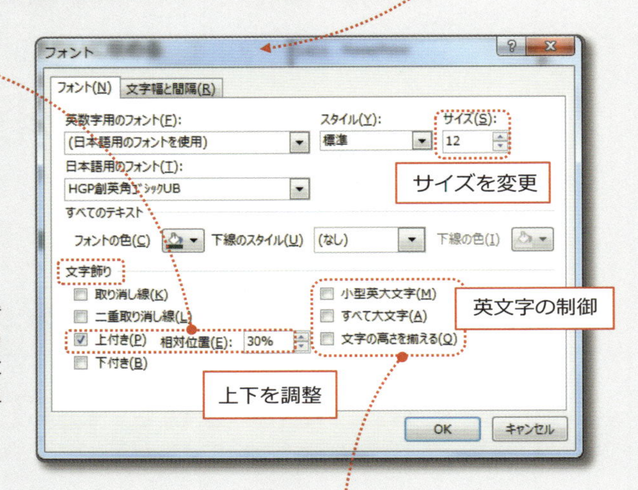


カーボニクスTMが可能にした

上付きになりました

カーボニクス™が

元のフォントサイズが大きいと、相対的に上付き文字を小さく表記したほうがバランスがよくなります。この場合は、元のフォントサイズが18ptに対して、上付き文字のサイズは8pt、相対位置は100%に設定しています。

ベースラインの変更という扱いで応用すれば、一つのテキストボックスでも、このような面白い表現ができます。

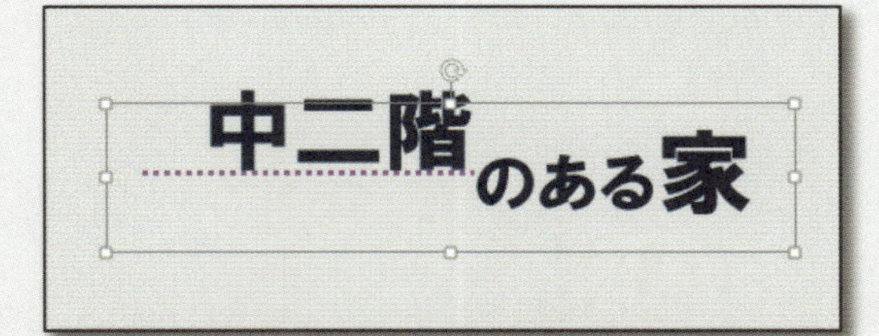


人生山あり谷あり

## 長体、斜体をかけて印象を強く

PowerPointでは、Wordのように文字に長体をかける（文字の拡大/縮小）ことはできませんが、**文字の効果：変形**を使うと専門的なDTPソフトにあるような長体をかけることができます。また文字スタイルの**斜体**以外に、斜体の度合いも自由に調整できます。

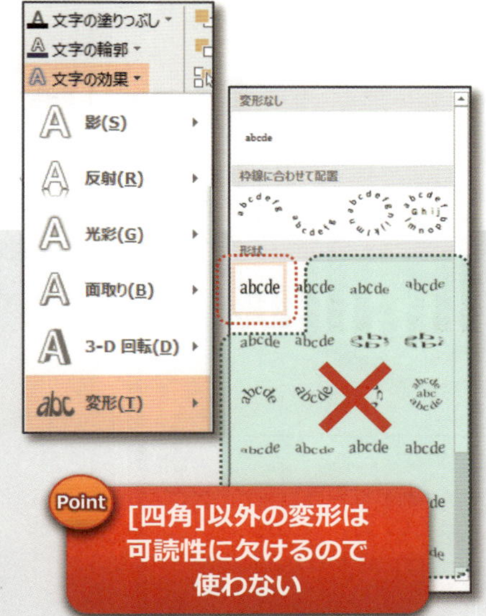


観光誘致プロジェクトのご提案

**文字の効果：変形**から**形状**の左上**四角**を選択すると、文字がテキストボックスのサイズいっぱいに広がります（**図形内でテキストを折り返す**を外しておきます）。

斜体の調整

観光誘致プロジェクトのご提案

図形と文字も同期して拡大/縮小するようになります。横に伸ばせば平体、縮まると長体がかかったように変形します。また中央下のピンク色の四角を動かすと、左右に斜体をかけることができます。

※文字に**光彩**効果をつけている場合、効果（広がり）が強くなります。変形後は効果を弱めてください。
テキストボックスの余白の設定などはできなくなります。文字の大きさもpt数とは異なり、ボックスのサイズに沿います。

### ■繊細なイメージの長体をかける

文字間のツメの調整を組み合わせれば、気持ちの張り詰めたような繊細なイメージのタイトルを作れます。

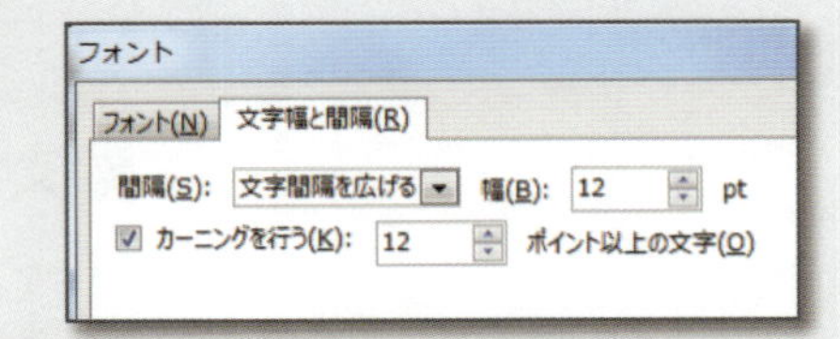


あの日見た空を忘れない

正楷書体の文字間隔を広げて

あ の 日 見 た 空 を 忘 れ な い

同様に**文字の効果：変形**から
**形状**の左上**四角**を選択して変形する

あ の 日 見 た 空 を 忘 れ な い

## 文字の色を透明にする

**フォントの色**からは、色を変更することしかできませんが、テキストを選択した状態で右クリックをして**文字の効果の設定**から**文字のオプション→文字の塗りつぶし**を呼び出すと、色の**透明度**や**グラデーション**の設定ができます。背景の画像を透かしたり、文字同士の色を重ね合わせたりすることができます。

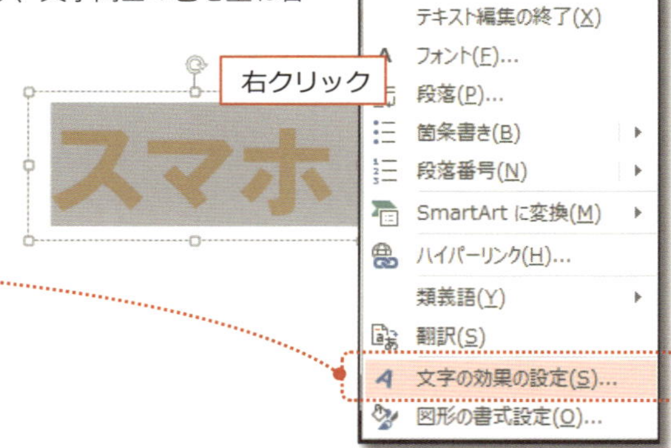


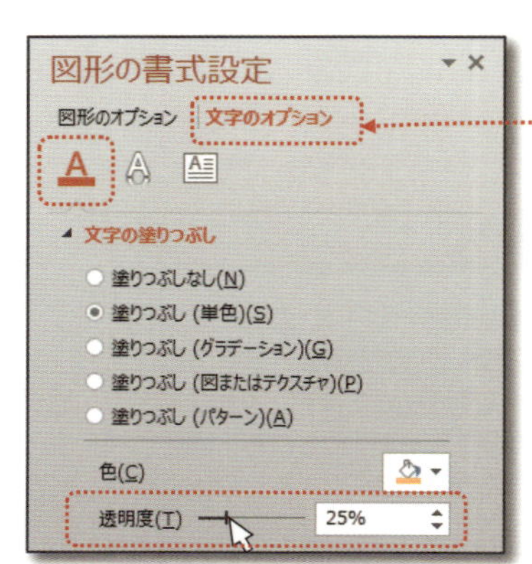


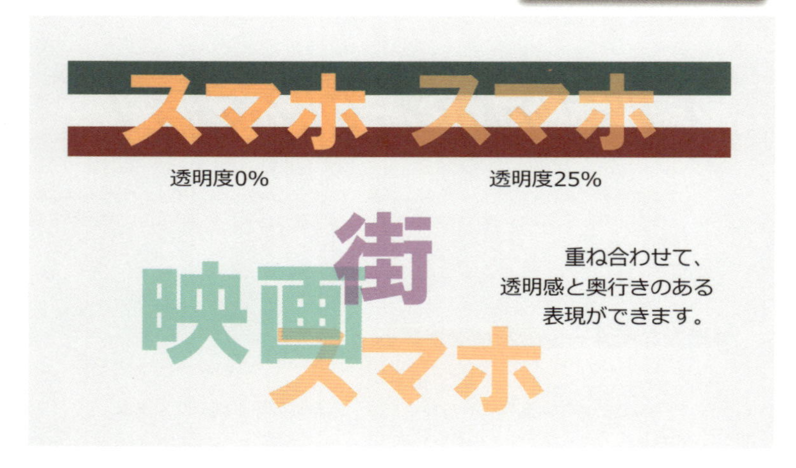


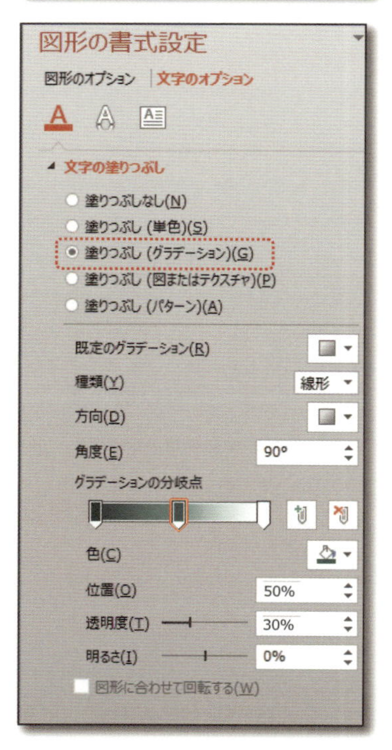


## 文字の色にグラデーションをかける

**塗りつぶし**を「**(単色)**」ではなく「**(グラデーション)**」にしてみましょう。透明度を上げると背景に溶け込ませることができます。

## 文字を円弧に沿わせる

横組み、縦組みのみでは退屈になりがちな文字のレイアウトをカーブに沿わせてリズム感を出したり、チャートのレイアウトに合わせて、円形に配置したりする効果です。テキストを選択して**文字の効果**から**変形：枠線に合わせて配置**を呼び出します。

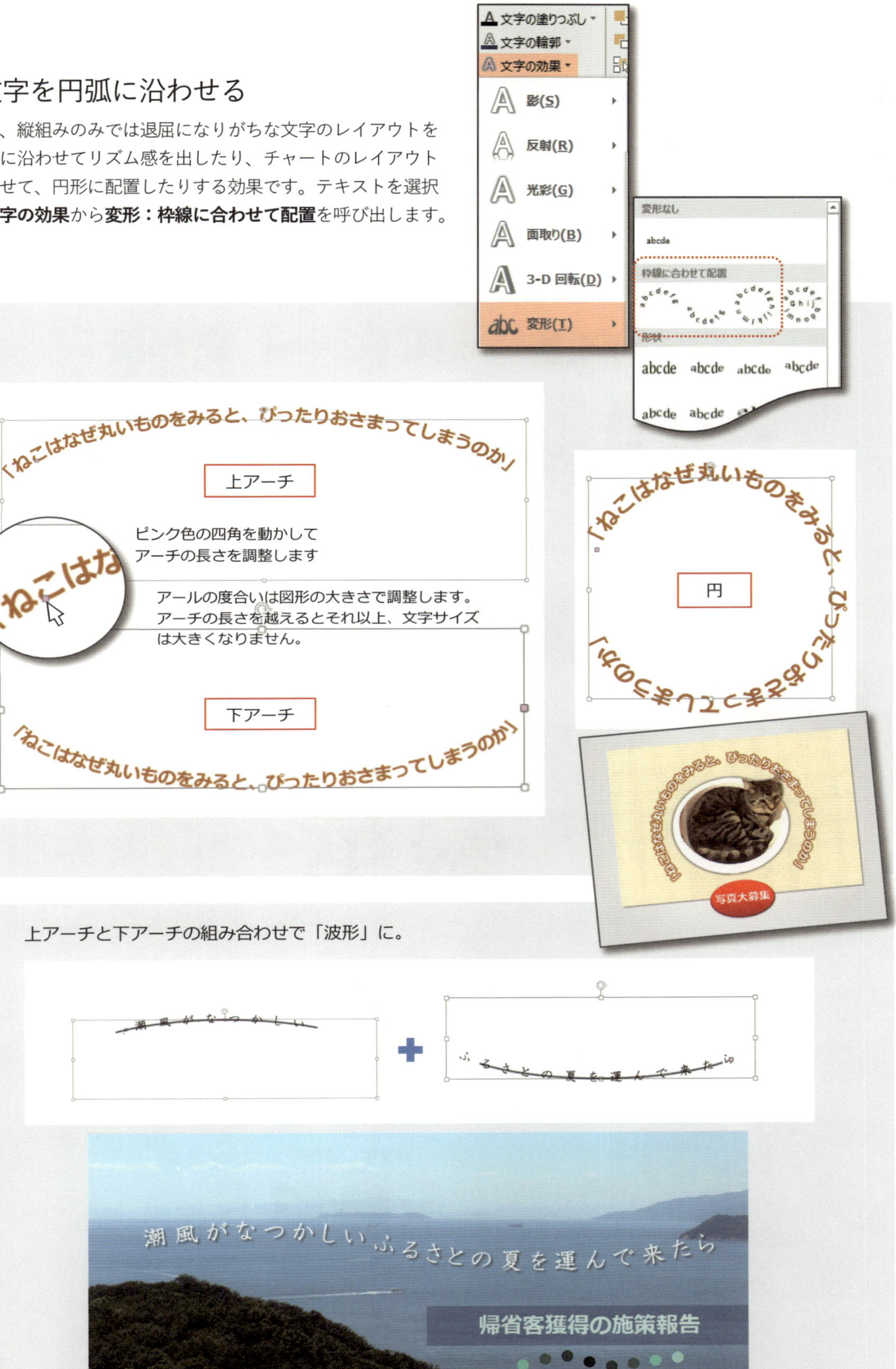

## さまざまな文字の効果

**文字の効果**にはいろいろな表現がありますが、いずれの効果も「文字の視認性」を損なわないよう、適度に設定することが重要です。**3-D回転**や**変形**の多くは、「ダサいPowerPoint」の原因となる読めない文字になるのでおススメしません。**光彩**や**反射**などデフォルトの設定では効果が薄いものもあり、自分の目で確認しながら**オプション設定**することも大切です。

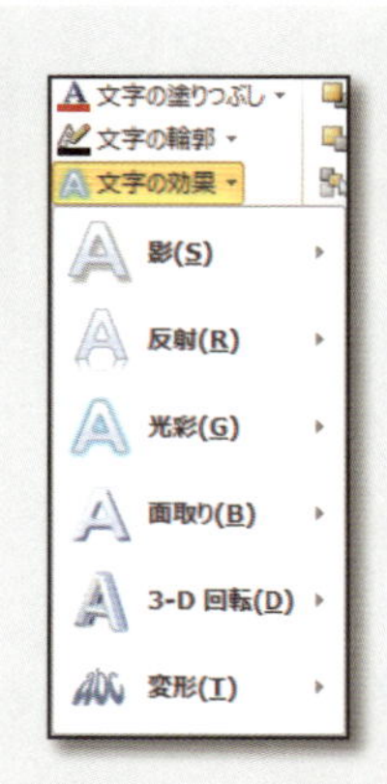


**■影：**ちょっとした強調に

外側 向上　内側 低下　透視投影 来年度

**■反射：**存在感アップ

興味と購買意欲の刺激

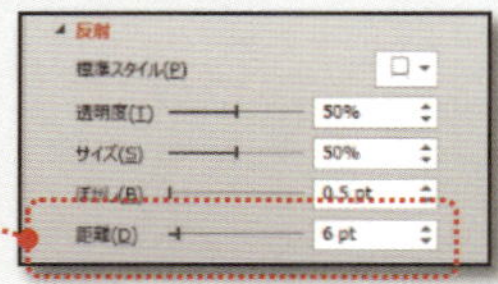


少し離すと読みやすい

**■光彩：**より太い印象に。白抜き文字の視認性アップにも有効。

流入　回遊・閲覧　離脱

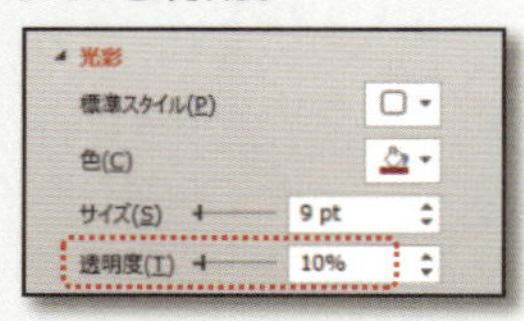


背景の図形の色と同系色にすると読みやすくまとまります。デフォルトの設定では透明度が高くぼやけた印象なので、透明度を下げて濃くすると効果的です。

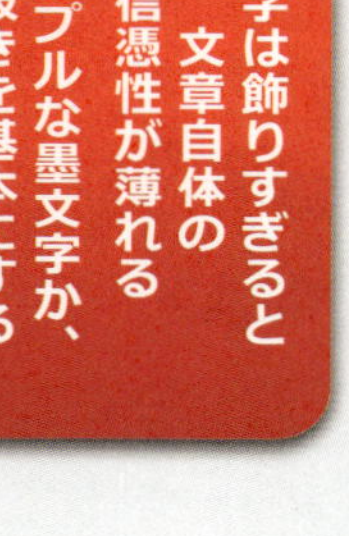

Point
文字は飾りすぎると
文章自体の
信憑性が薄れる
シンプルな墨文字か、
白抜きを基本にする


**■面取り：**文字が立体的になりますが、小さい文字では細く見えて逆効果。

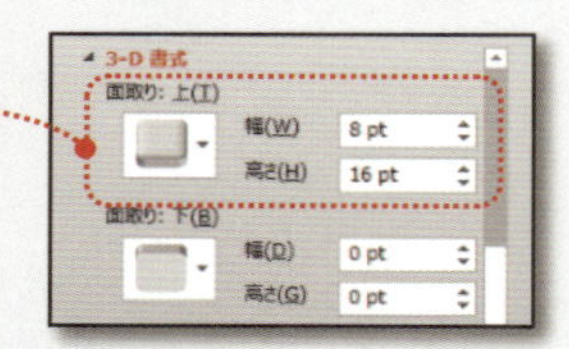


幅と高さのバランスによっては面白い効果に。

**■3-D回転**

× 売り上げ向上

読みづらくなるので、37ページや39ページで解説したような変形以外は、おススメしません。特にワードアートによく見られる**文字の輪郭**は線の太さが内側に食い込んで、文字のデザインが崩れるので使わないようにしましょう。

**■変形**

**■既存のワードアート**

**■文字に輪郭をつけたいときは**

× **文字の輪郭**では、本来の文字のフォルムが痩せてしまう。

輪郭をつけた文字と、つけていない文字を重ねると、外側に輪郭のついたきれいな袋文字になります。

# 4

# 色には、その色である理由がある

もう色に迷わない、ルールとカラーパレットを理解する

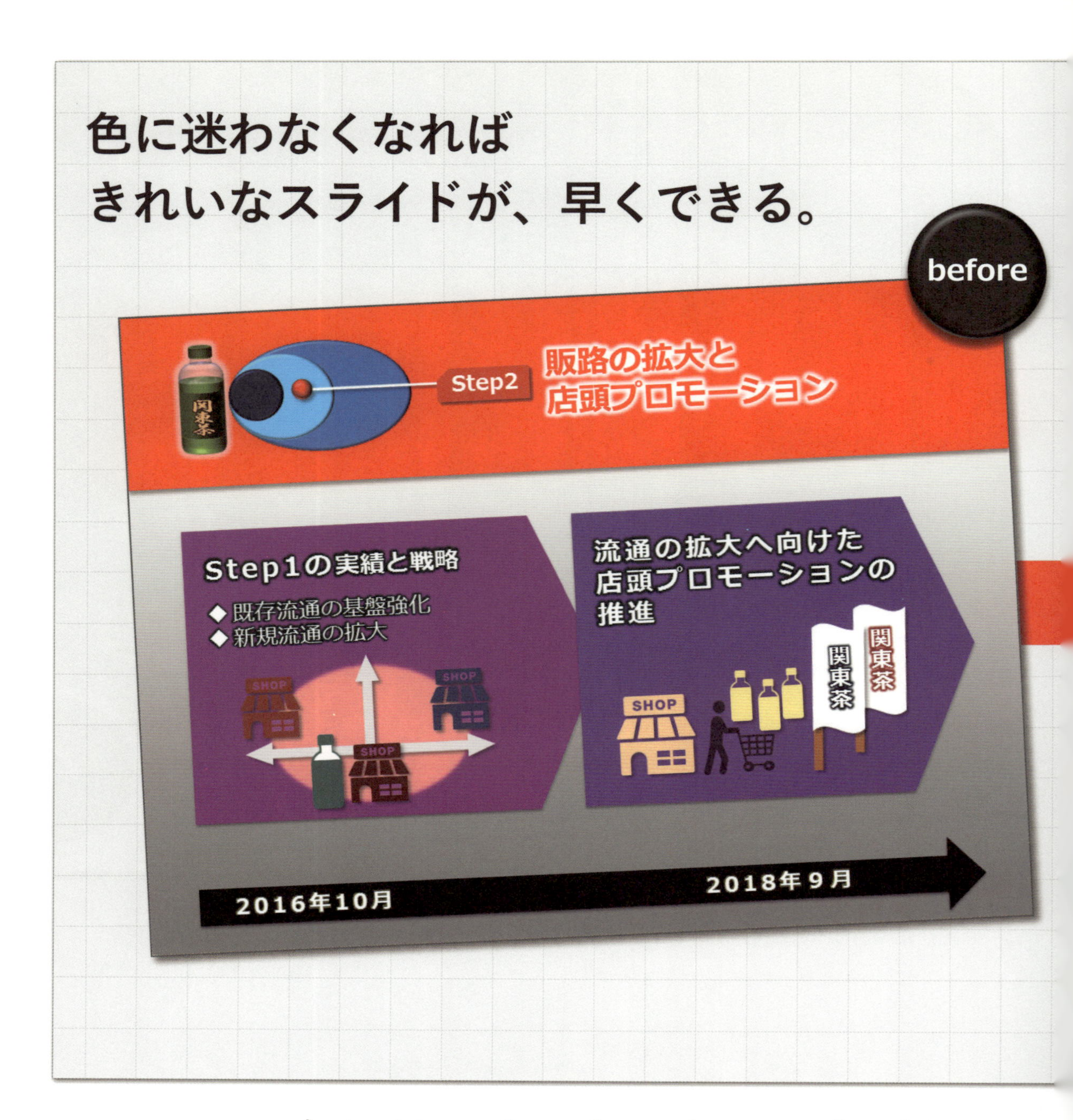
色に迷わなくなれば
きれいなスライドが、早くできる。
before
Step2
販路の拡大と
店頭プロモーション
関東茶
Step1の実績と戦略
◆既存流通の基盤強化
◆新規流通の拡大
SHOP
流通の拡大へ向けた
店頭プロモーションの
推進
関東茶
2016年10月
2018年9月

# 色には、その色である理由がある

もう色に迷わない、ルールとカラーパレットを理解する

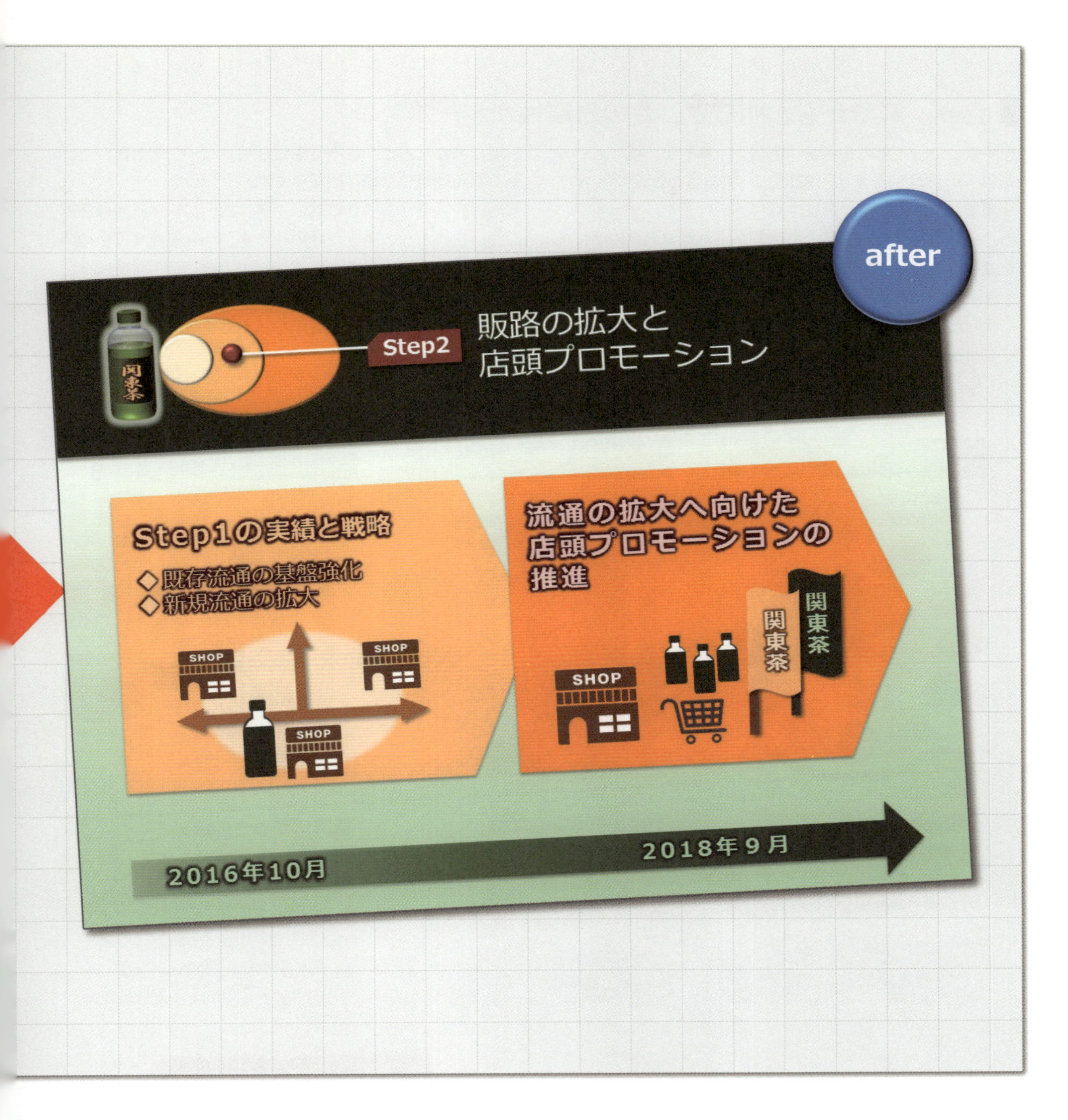


多くの人が、色についてはセンスだからとか、好き嫌いだからといってあきらめているのではないでしょうか？　目立たせたい部分に、原色の赤や黄色を多用してかえって見づらい資料にしてしまった、という経験はありませんか？　苦手意識を持つ前に、ルールを知ることで色はコントロールできるようになります。

ただ、ルールがわかったからといって、具体的にPowerPoint上ではどのように色を扱えばよいかはわからないし、色を迷っているせいで作業効率が悪くなっているのではないかといった疑念は消えません。ここでは、そんな疑念を払しょくする、色の基本と、カラーパレットを活用した効率的な配色のテクニックを解説します。

## 色み。鮮やかさ。明るさ。色の三属性がルール

赤や青といった色みを示す「**色相**」、鮮やか、鈍いといった彩りの度合いを示す「**彩度**」、明るさの度合いを示す「**明度**」。この三つで色は性格づけられます。
赤、赤みの橙、橙、黄色、黄緑といった虹の七色の順に色を並べたものが色相環と呼ばれる輪です。隣り合った色同士は親和性が高く、対角線に位置する色同士は、補色または反対色といってコントラストが強くなり、お互いを引き立てる組み合わせになります。
彩度は低くなると、色みの主張が弱くなり、落ち着いた、悪く言えば地味な感じになります。
明度は文字通り明るさの違いです。白、グレー、黒は色みの属性を持たない明度だけの色です。色みを持った色の中でも明るさの違いがあります。
明度の差を意識することは、紙面のメリハリをつけたり、ユニバーサルデザインの観点からも重要なポイントになります。

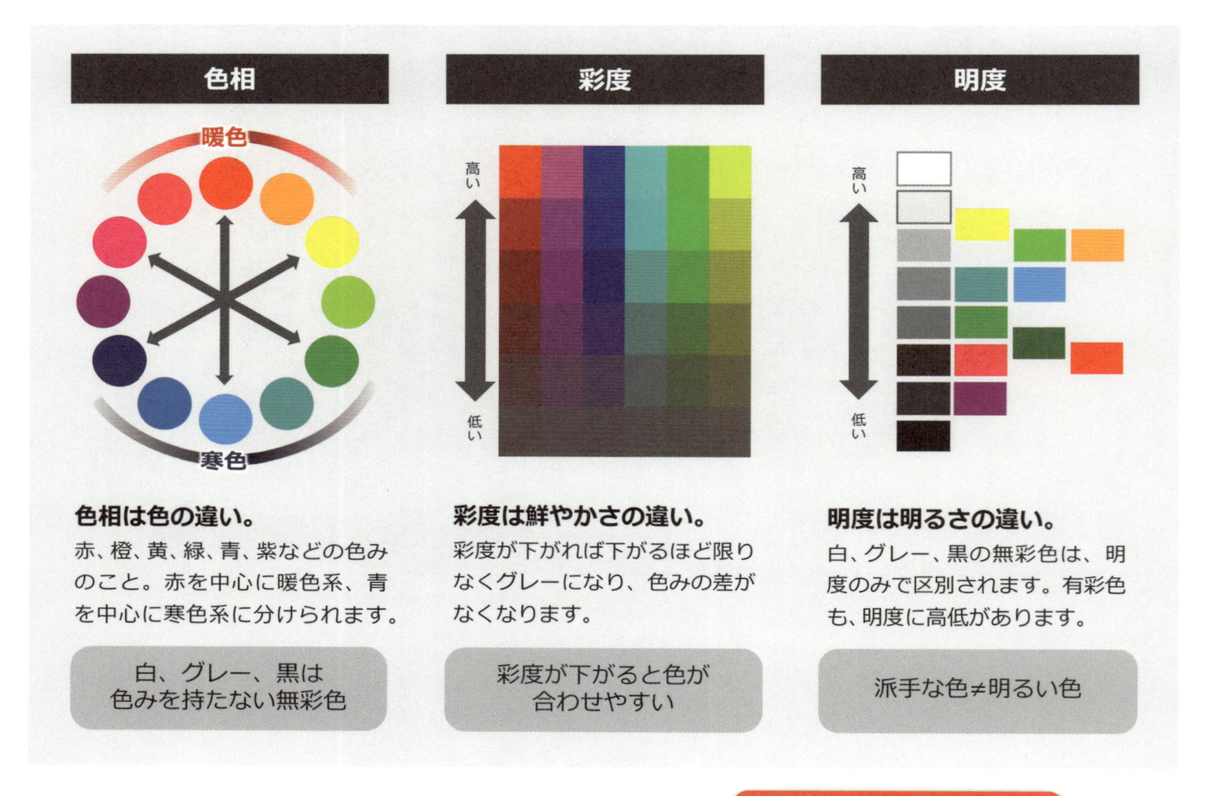

色相
暖色
寒色
色相は色の違い。
赤、橙、黄、緑、青、紫などの色みのこと。赤を中心に暖色系、青を中心に寒色系に分けられます。
白、グレー、黒は
色みを持たない無彩色
彩度
高い
低い
彩度は鮮やかさの違い。
彩度が下がれば下がるほど限りなくグレーになり、色みの差がなくなります。
彩度が下がると色が
合わせやすい
明度
高い
低い
明度は明るさの違い。
白、グレー、黒の無彩色は、明度のみで区別されます。有彩色も、明度に高低があります。
派手な色≠明るい色


## 「赤」は目立つ色か？

赤い色は、信号や踏切などにあるように「注意」「危険」を表す色として使われます。しかし、背景色との組み合わせや、表示環境によっては視認性が下がります。原色の「赤」は、意外にも明度の低い色なので、たとえば、「黒い背景に赤い文字」で作成した資料のモノクロコピーをとったら、読みづらくなる、という現象が起きます。明度差を意識した配色を心がけましょう。

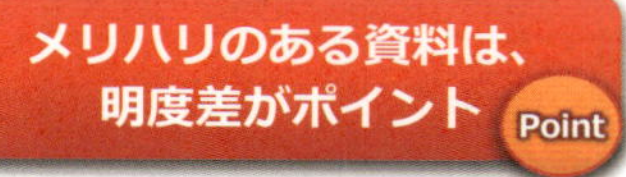


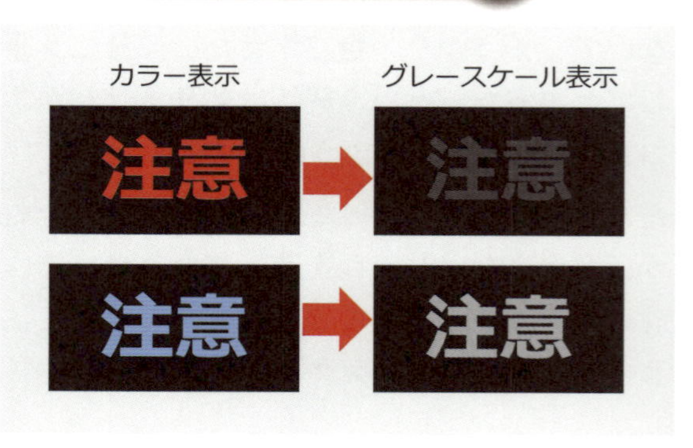

## 三属性を整理した「トーン」の仲間分け

三つの属性をまとめて並べると、以下のようなマトリックスになります。ビビッドやストロング以外であれば、同じトーンで配色を統一することで、組み合わせもしやすくなり、色の主張をより強い印象にすることができます。

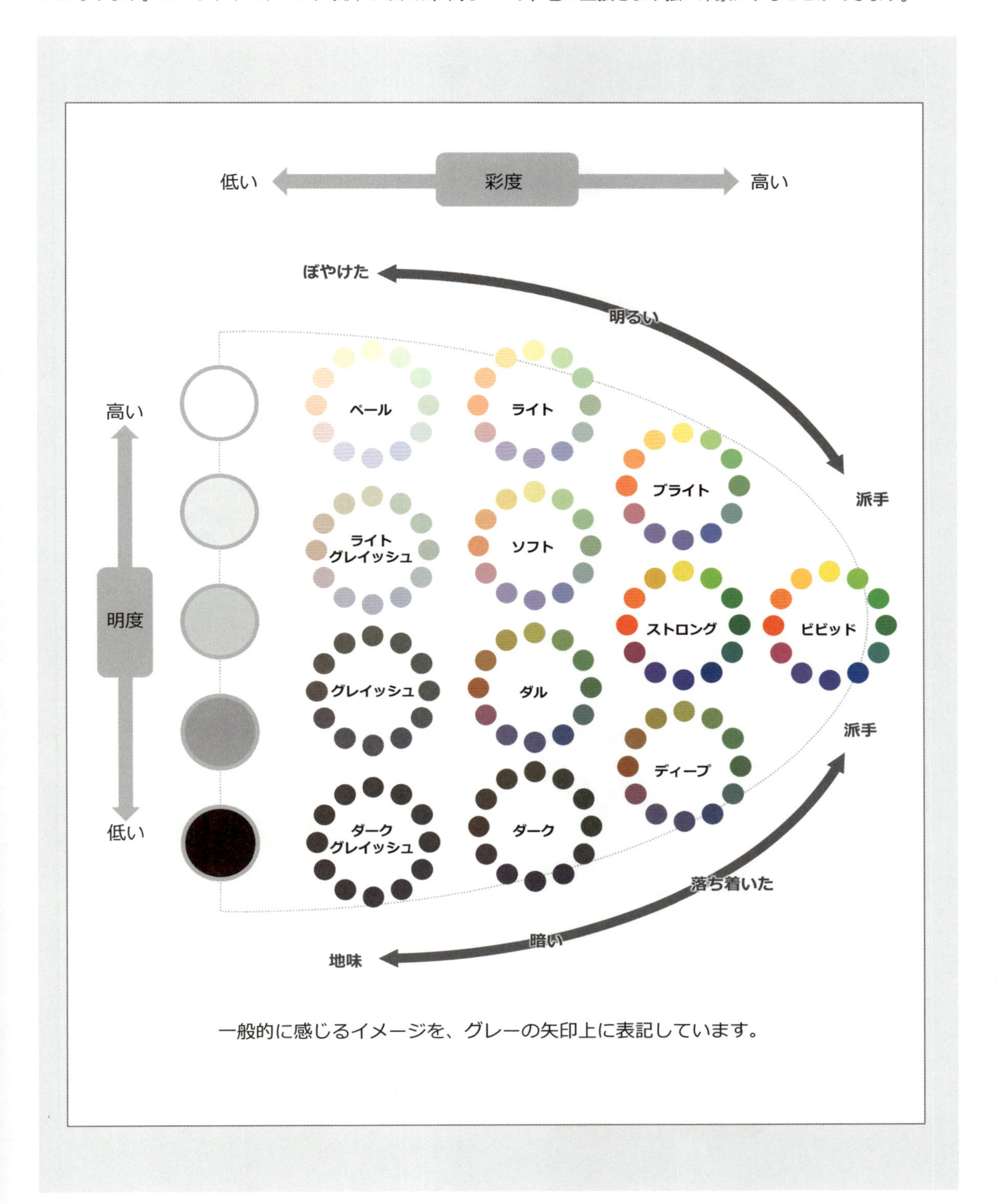


一般的に感じるイメージを、グレーの矢印上に表記しています。

## 色の与えるイメージ

せっかく作成した企画書も、色の好き嫌いで判断されてしまっては苦労も報われません。三属性のルールと合わせて、色が本来持つ、人の感情を呼び起こすイメージを知って、意味付けのある配色を心がけましょう。

**◆赤**

神経を興奮させる・元気を出すという効果があり、意欲を出させる色なので、スポーツで赤を身につける人も多いです。行きすぎると闘争心を出したり短気になったりするという一面もあります。暖かく感じたり、時間の経過を早く感じさせるという効果もあります。

**◆橙**

解放感を与えて、楽しい気分にさせる色です。食欲を促進させる色でもあり、飲食店の造形や食品のパッケージには橙などの暖色系が多く使われています。

**◆黄色**

非常に明るく感じられる色で、集中力を高めたり気分を明るくします。注意を促すといった警戒色の効果から、交通標識や道路工事、踏切などでも使用されます。

**◆緑**

興奮を静めたり、集中力を増す効果があります。協調性を表し、自然を象徴する色なので、気持ちが落ち着きます。エコやナチュラルなイメージを作りたいときにはぜひ使いたい色です。

**◆青**

興奮を抑え、冷静にさせる作用があります。そのため、事故防止に青い照明を採用している例もあります。寒色なので涼しさや爽やかさ、知性を感じさせてくれ、夏では「涼しさを感じさせる色」として使われ、冬では「季節感（寒さ）を表す色」として使われます。

**◆紫**

想像力をかき立てたり、感受性を高める効果があります。紫に関する色は全般的に高級感や上品さを表すものが多いため、ほかの色とのバランスに気をつければ視覚的に印象に残りやすくなります。

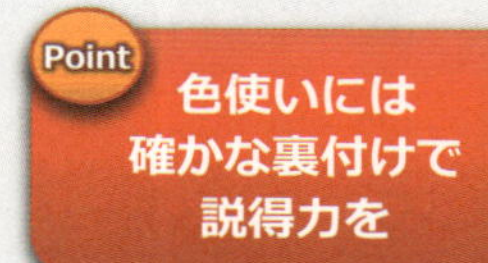

Point
色使いには
確かな裏付けで
説得力を


**◆白**

汚れていないというイメージから、清潔感・純粋さを与えてくれる色です。軽さ、気分一新という効果もあります。明度が高く光を反射する色なので、明るいイメージで使われることがほとんどですが、反対に無機質で空虚感といったマイナスイメージにもなります。

**◆グレー**

はっきりしない色のイメージから、控えめで平凡な印象や、不安な印象を与えます。明度次第で、上品で落ち着いたイメージにもなります。無彩色なので、ほかの色とも相性がよく、組み合わせによって効果が発揮される色です。濃いめに扱うと、男性的で重く見せる効果から、威厳のある感じや、都会的で洗練された印象にもなります。

**◆黒**

一番有彩色を引き立てる色で、明るい色や鮮やかな原色は特に引き立つので相性がよいとされています。ステンドグラスはそのよい例です。暗闇への連想から、恐怖心を抱かせる色でもあります。

**ファストフード店や牛丼屋さんなどの看板を思い浮かべていただけるとわかりますが、どこのお店もすべて、赤やオレンジ系の看板になっています。**
**食欲を喚起し、なおかつ時間の経過を早く感じさせる、そういう心理状態に私たちを追い立てているのです。**
**また、子供たちと遊ぶときに、黒い服を着ている人には「恐怖感」から近寄ってきません。**
**このように色には、その色である理由があります。なぜその色にするのか、バランスはどうか、イメージと三つの属性を組み合わせて好き嫌いで判断されない色使いをしましょう。**

活動的・
情熱的・衝動的・
暴力

家庭・自由・
暖かい・食欲

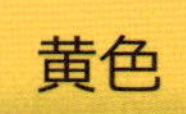


好奇心・警戒・
幸福・軽快・
カジュアル

穏やか・調和・
自然・平和

平和・安全・
誠実・信頼・
清潔・若い

高貴・優雅・
非現実的・霊的・
神秘

白

清潔・潔さ・
美しさ・純粋・
神聖・天国

グレー

憂鬱・不安・平凡・
過去・あいまい・
都会的

暗闇・死・恐怖・
悪・沈黙・高級感

※ここに挙げた例は、あくまで日本人の感覚の代表例です。国や地域が違えば、その宗教観や歴史などから色に対するイメージは異なります。

## 進出色と後退色

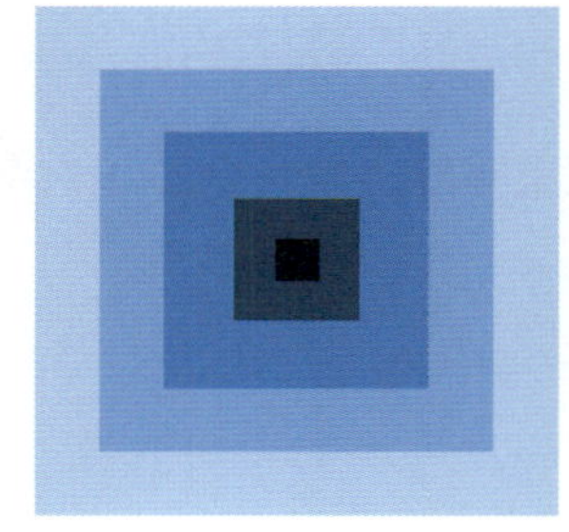

ここに並べた車の絵はすべて同じ大きさですが、暖色系の色は膨張して見えるため、より近くにあるように感じ、反対に寒色は、小さく遠くにあるように見えます。さらに明度の高い色は手前に、低い色は奥に見えます。資料の強調ポイントのメリハリをつける参考にしてください。

## 資料の色数は3色程度に整理する

色の使い方には強弱をつけたバランスがあり、たくさん色を使うと散漫な印象になります。
資料作成では、色を使いすぎず、**3色程度**を**7:2:1**の比率で使うのが一般的に効果的とされています。7:2:1の比率といわれてもなかなかピンとこないと思いますが、スーツのコーディネートと置き換えてみるとわかりやすいでしょう。全体のイメージのベースとなるジャケットの色から、合わせるシャツの色を考えて、最後にアクセントとしてネクタイで決める。色の持つイメージと合わせて、これらの組み合わせで作成したスライドとともにバランスを見てみましょう。

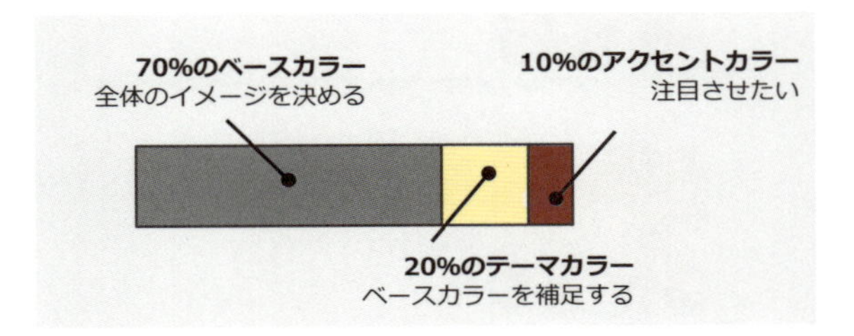


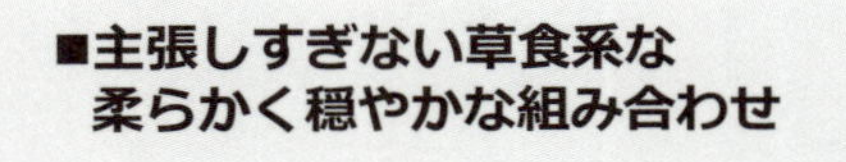


暖かさ、自由「ベージュ」

豊かさ、成熟「エンジ」

都会的、調和「グレー」

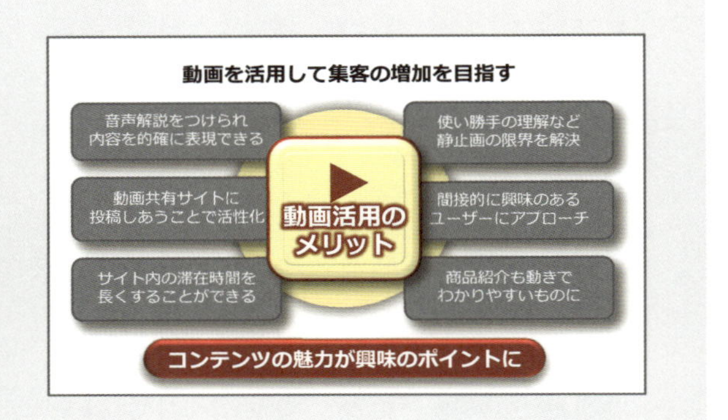


**■穏やかに調和が取れていますが、やや主張にかけるイメージになりました。**

**■やる気のある営業マンのような**
**意欲的なイメージの組み合わせ**

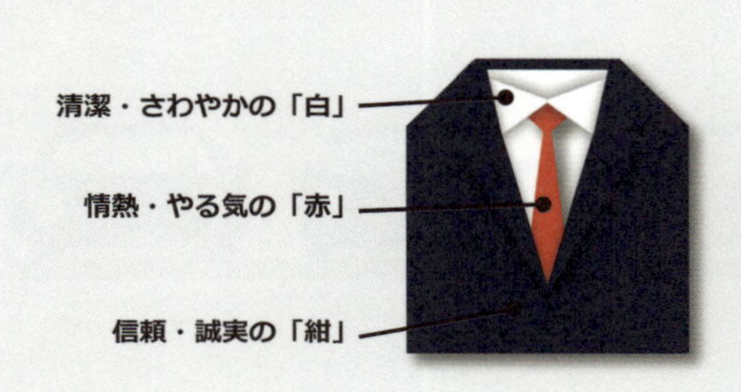

**■メリハリのある色の組み合わせですが、多少くどいイメージです。**

**■できる上司風の
穏やかで調和の取れた組み合わせ**

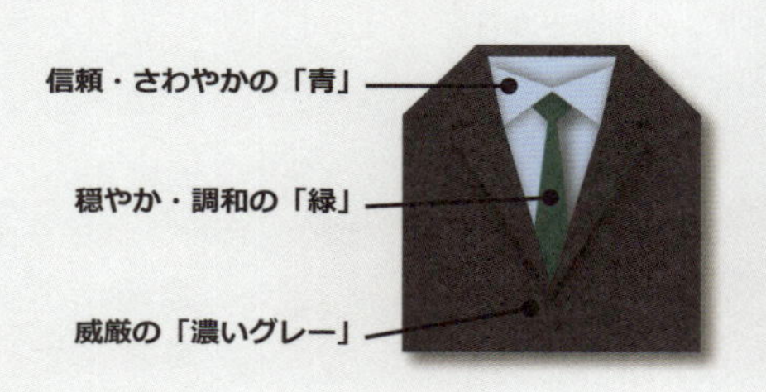


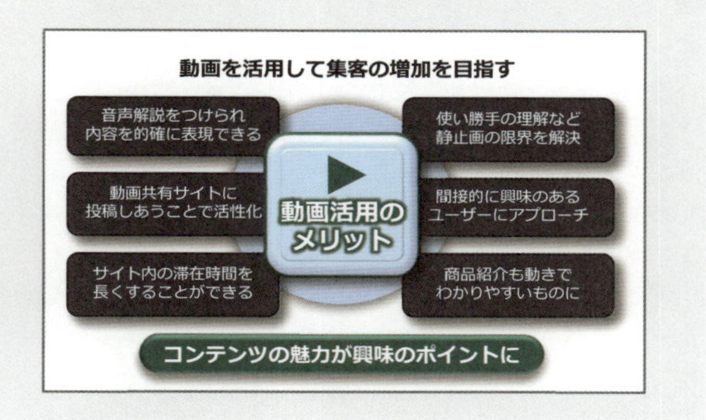


**■調和が取れた、見やすい資料になりました。**

**■怪しげな業界人風の
不思議な組み合わせ**

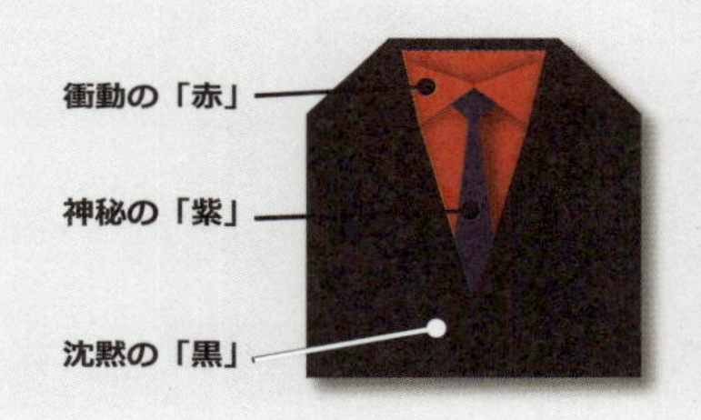

**■インパクトはありますが、信頼性に欠けるイメージです。**

**■目立ちたいだけの
空回りする組み合わせ**

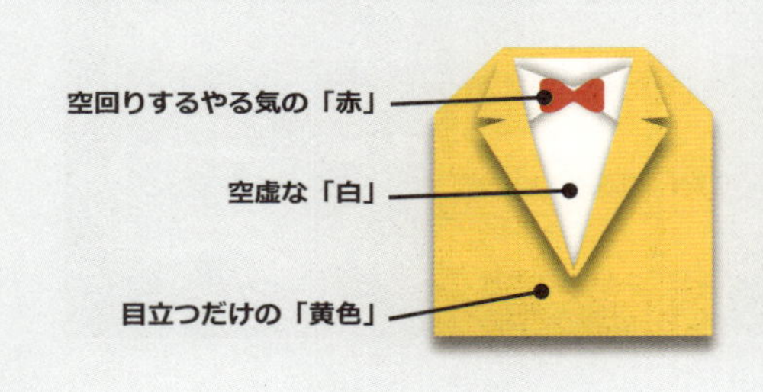


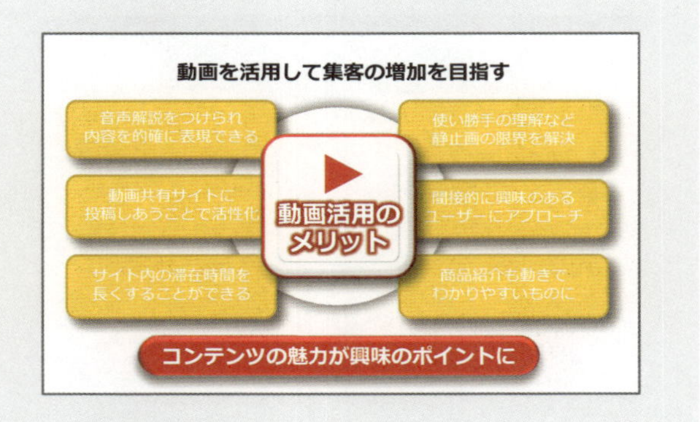


**■赤は目立ちますが、明度が高い色が揃って読みづらい。**

**3色程度で十分訴求力のあるスライドが作れることと、目立つからといって
赤や黄色の多用が逆効果であることなど、おわかりいただけたでしょうか？**

## メリハリのポイントは「明度差」

原色の「赤」や「黄色」は、色のイメージで解説した通り、心理的に注意を喚起する色ですが、組み合わせで示したように、スライド作成のメリハリに直結するものではありません。また、プロジェクターなどの透過光で表示すると、チカチカして決して見る人にやさしいものではありません。また赤い色自体、明度は高くないため、カラー出力できない環境でプリントアウトしてみると、思いのほか沈んでしまった、という経験をされた人もあるでしょう。スライド内で目立たせたいところは、周囲との明度差が大きくなるようにするのがポイントですが、カラーのままでは明度の差は確認しにくいので、作成の途中で明度差をチェックしたいときは、リボンの**表示タブ**から**カラー/グレースケール→グレースケール**表示にします（グレースケール表示の調整については、110ページから詳しく解説）。

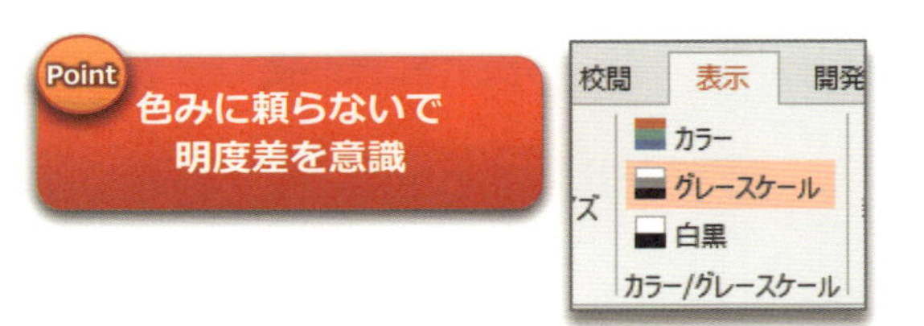


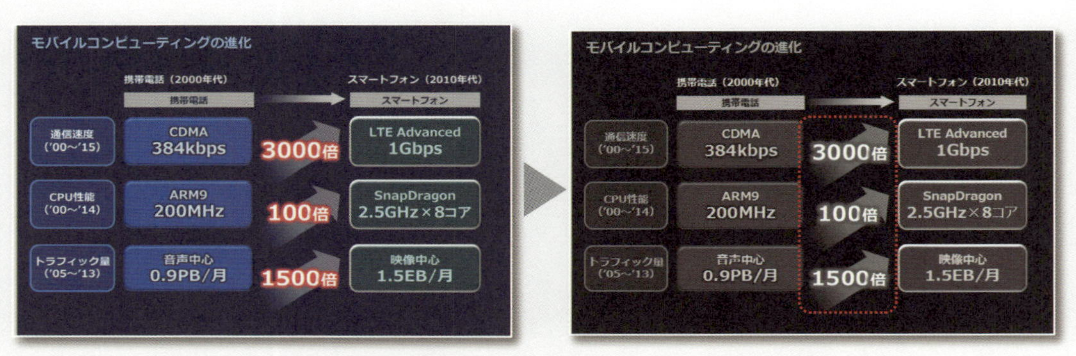


カラーでは、赤として目立っています。グレースケール表示にしてみると、赤い光彩と白抜き文字との明度差のコントラストが強くなっていることがわかります。

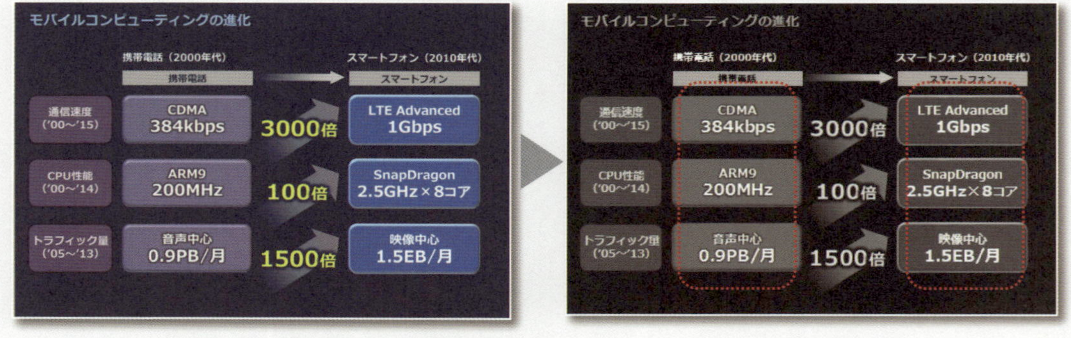


カラーでは黄色が目立ちますが、グレースケール表示にしてみると、両脇の白抜き文字のほうが明度が高いため、目立ち方に差がなくなります。

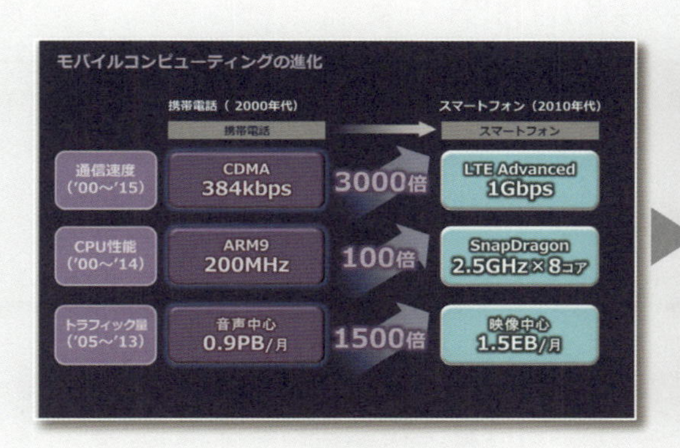


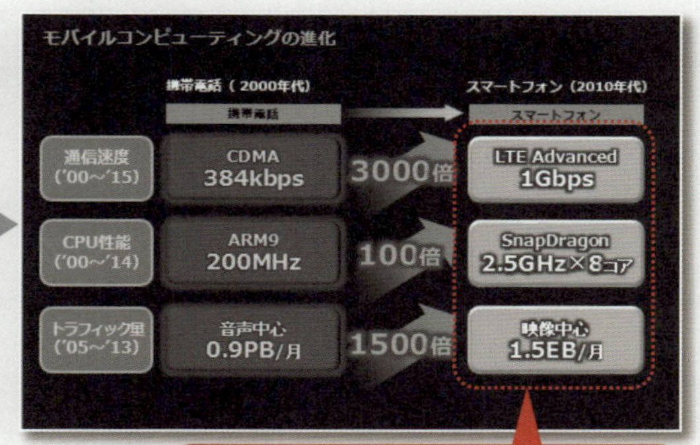


赤や黄色を使わなくても、明度差のある配色をすることで、落ち着いた色で、はっきりとしたメリハリをつけられます。

**背景とプレートの明度差、文字の光彩で明度差を作る**

## 心理に同調した色で、理解度を増す

**before⇒after** のような比較表現をするときに、そのコントラストを強めようと色相環の反対にある色（補色）で対比させると、色みに引きずられて心理的イメージと逆行してしまうことがあります。

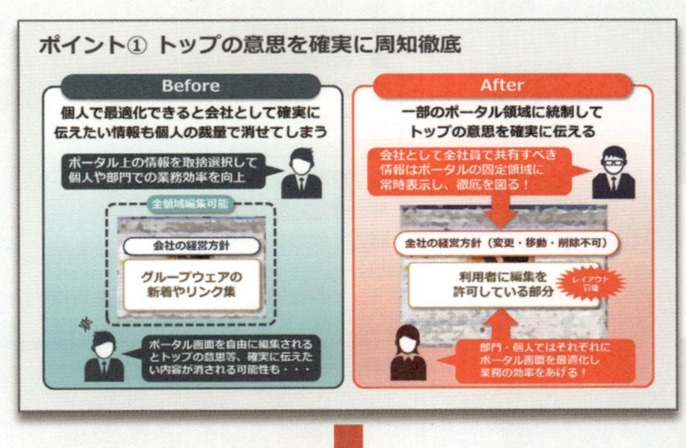


「赤」と「緑」の対比の強い組み合わせで目立たせるつもりで、after を赤系統にしたがむしろ混乱したような印象に。

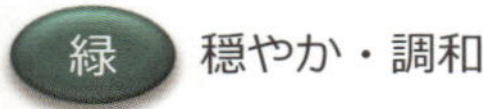

赤　情熱的・衝動的・暴力

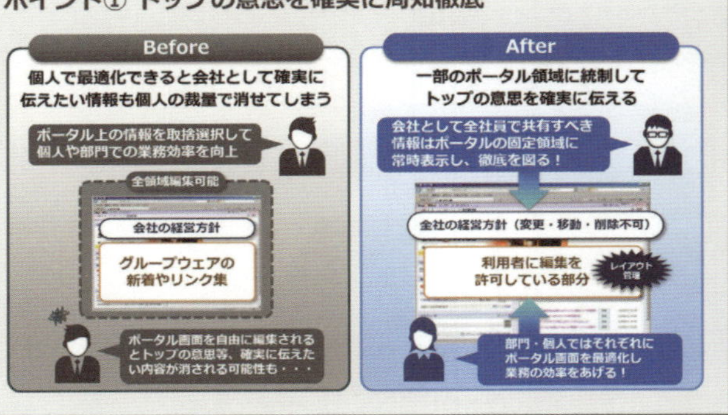

グレーを基調に
before の「あいまい」な心象を、
青を基調に「解決後の安心感」を
表現すると、見る人の心理と同調します。

青　安全・誠実・信頼

## カラーパレットの構成を理解して、効率的に配色する

PowerPointには、あらかじめさまざまな色の組み合わせのカラーパレットが用意されています。しかし、ほとんどの人が、これを意識せずに、新規ファイルにデフォルトで適用される**Office**パレットを使っています。このパレットの色みが、あまりはっきりした色でないせいもあり、ついつい**その他の色**などに手を出して、いろんな色がスライド内に散らかってしまうことになります。また、**標準の色**として並んだ色も彩度が高い色なので、組み合わせたときにアンバランスになりがちです。

このような迷路に迷い込まないために、作ろうとしているファイルに合うカラーパレットを、**表示→スライドマスター→配色**で決めておきます。48ページで説明したように、3色程度で統一感のある配色ができ、明度差をちゃんと考慮すれば、パレットの上に表示される**テーマの色**だけから色を拾うことで、十分メリハリをつけられます。選ぶ幅を狭くすることで、迷いがなくなり、資料作成のスピードも上がり、統一感のあるきれいなスライドが作れます。

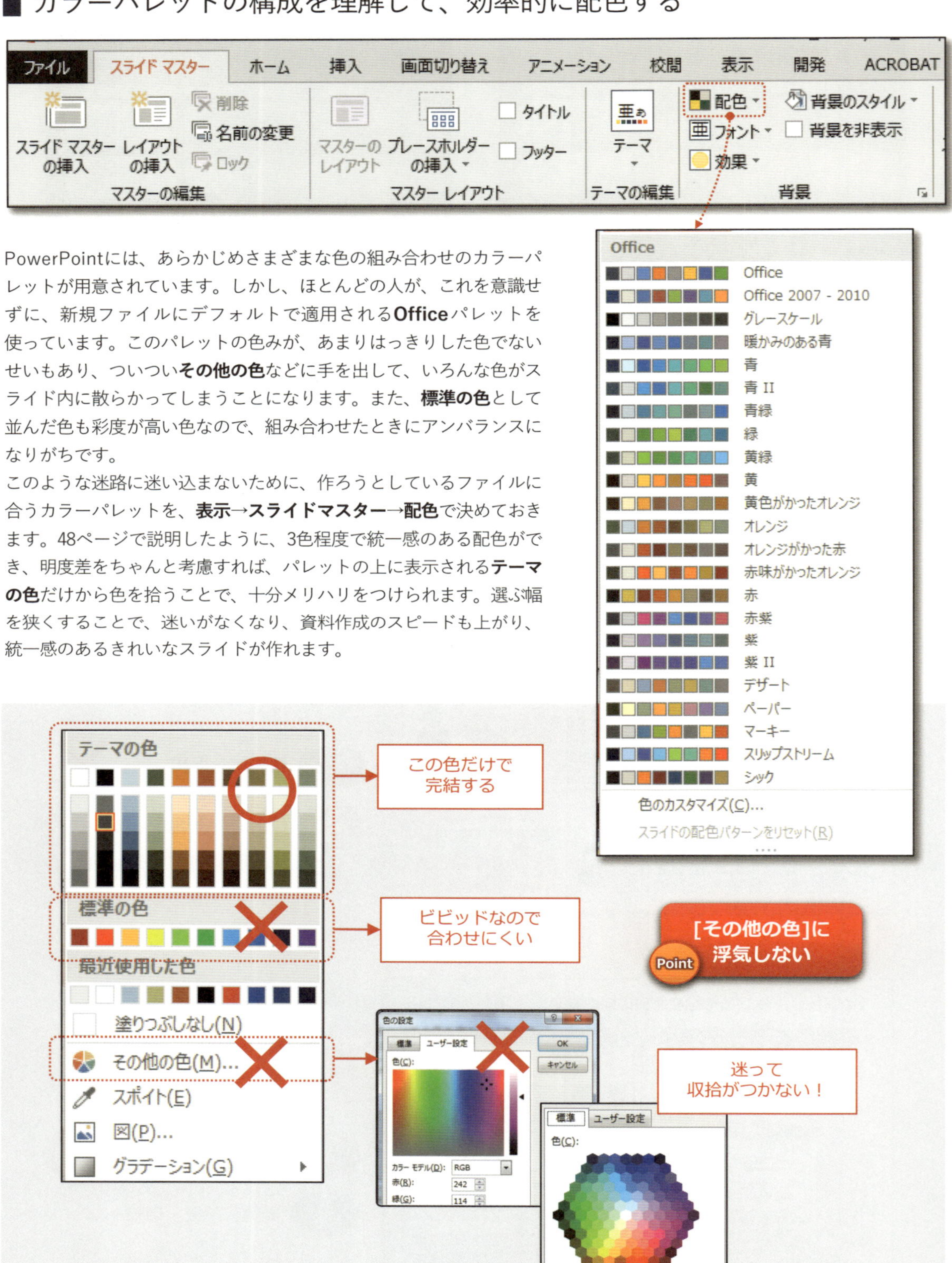

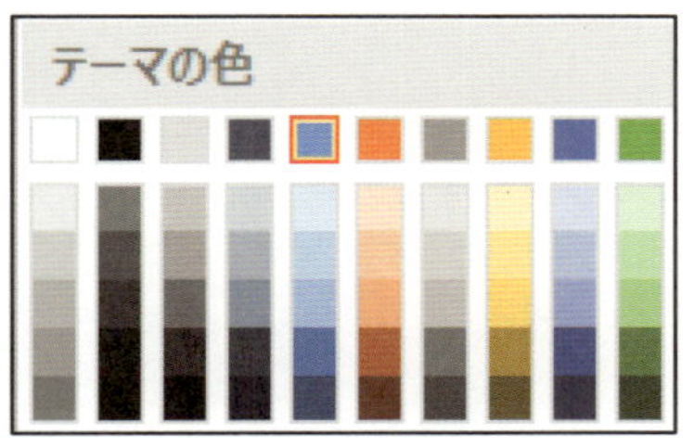

「Office」

デフォルトで適用される**Office**パレットは、色みの幅はあるものの、彩度も明度も中途半端なため、ぼやけた印象になりがちです。**Office**よりも彩度の高めな**Office 2007-2010**や**シック**などのパレットを選択すれば、落ち着いた引き締まった印象にできます。また、全体の印象を特定の色みでまとめたいときは、**赤味がかったオレンジ**、**黄緑**などのパレットが有効です。「3色程度」でまとめる縛りもできて、統一感のあるスライドが作りやすくなります。

**■色みの幅の広いパレットの例**

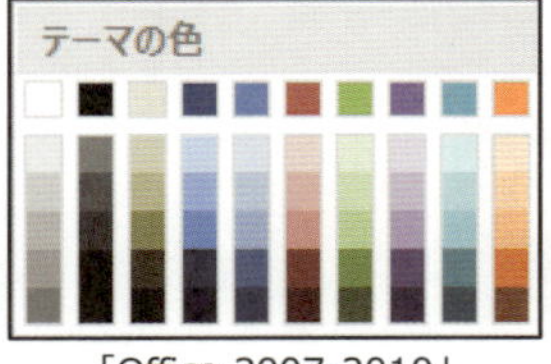

「Office 2007-2010」

「シック」

**■色みの揃ったパレットの例**

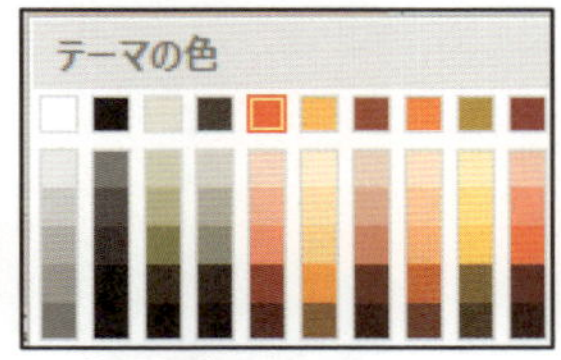

「赤味がかったオレンジ」

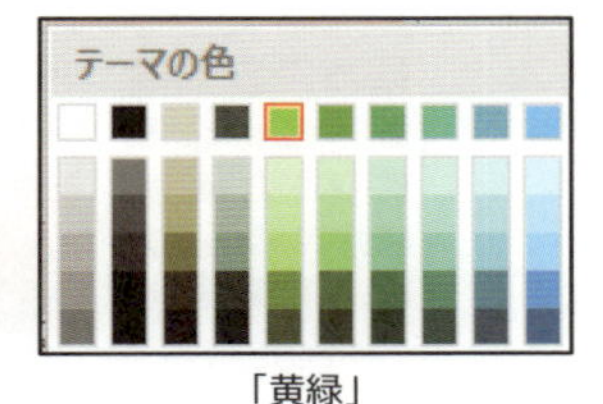

「黄緑」

## ■「お茶」のイメージに合わせたパレットを選択して作成した例

「シック」

「標準の色」の赤や黄色を使用しなくても
十分なメリハリがつく

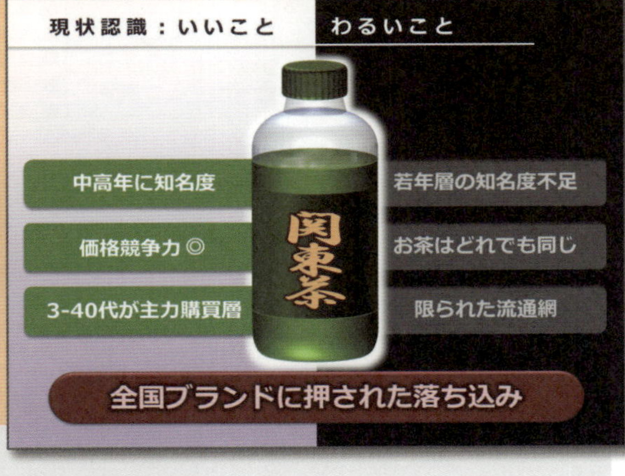


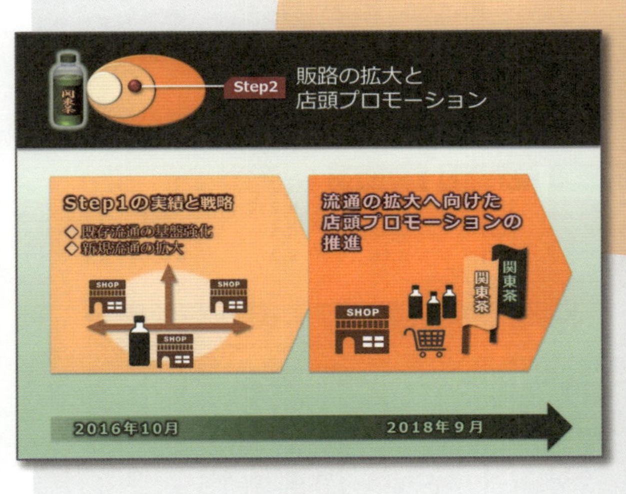


Point
パレットの
テーマの色に決めれば
統一感のあるスライドに

## オリジナルのカラーパレットを登録する

どうしても、気に入ったパレットがないとか、企業のイメージカラーをあらかじめパレットに入れておきたいといった場合には、カラーパレットをカスタマイズすることもできます。

少し高度なテクニックですが、できたパレットは**XML**形式のファイルで登録して共有できるので、企業のブランディング（カラー計画）にも有効です。

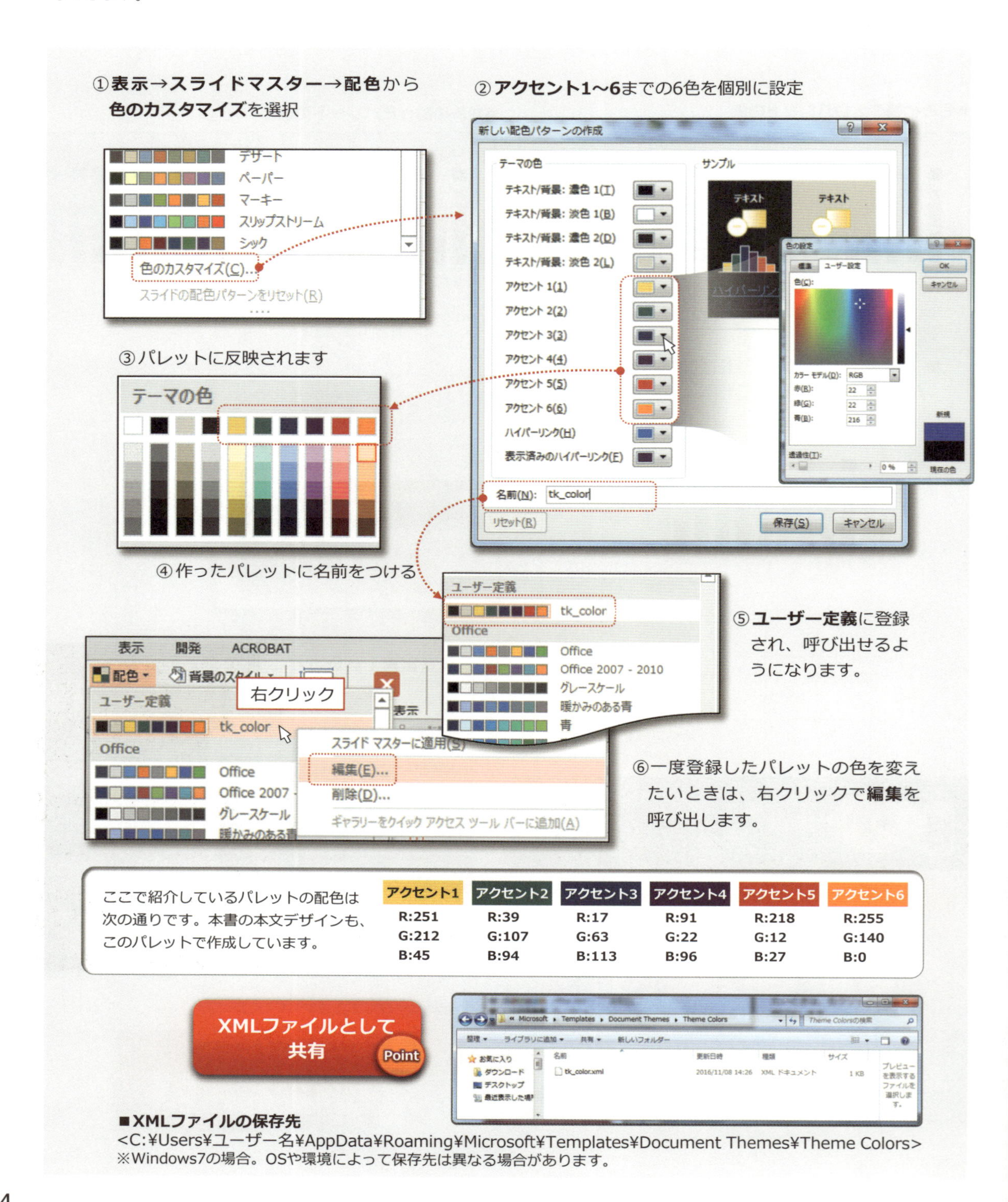


ここで紹介しているパレットの配色は次の通りです。本書の本文デザインも、このパレットで作成しています。

| アクセント1 | アクセント2 | アクセント3 | アクセント4 | アクセント5 | アクセント6 |
|---|---|---|---|---|---|
| R:251 | R:39 | R:17 | R:91 | R:218 | R:255 |
| G:212 | G:107 | G:63 | G:22 | G:12 | G:140 |
| B:45 | B:94 | B:113 | B:96 | B:27 | B:0 |

**■XMLファイルの保存先**
<C:¥Users¥ユーザー名¥AppData¥Roaming¥Microsoft¥Templates¥Document Themes¥Theme Colors>
※Windows7の場合。OSや環境によって保存先は異なる場合があります。

## カラー設定のパラメータ

アクセントカラーで設定した色は、規則的なパラメータにしたがって、明るさの段階ごとにパレットの中に並びます。段階に沿って配色すれば、色みを変えながらレベル感の揃った資料が作れます。

テーマの色

白+基本色80%の段
白+基本色60%の段
白+基本色40%の段
基本色100%の段
黒+基本色25%の段
黒+基本色50%の段

※アクセントカラーとして設定する色が、濃くなりすぎると、このパラメータの段のパーセントが揃わなくなるので注意しましょう。

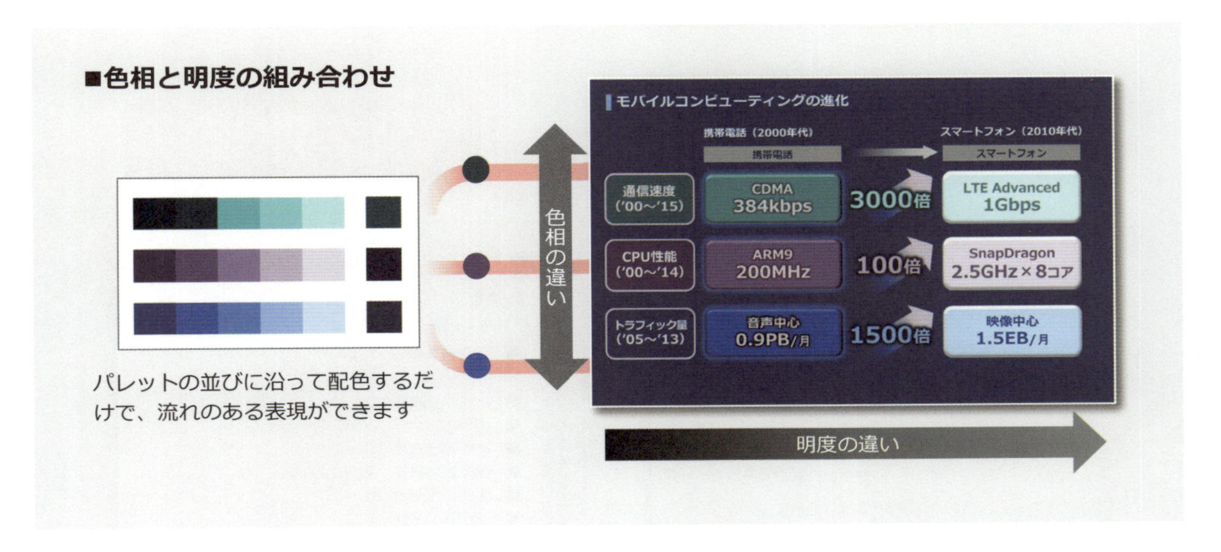

### ◆ パレットを選ぶときの注意（RGBとCMYKの違い）

画面で見ると鮮やかな色だったのにプリントアウトすると色が濁ってしまった、という経験はないでしょうか？　これは画面では色が透過光（RGB表現）、紙では反射光（CMYK表現）で表示されるという違いのためです。CMYKでは表現できる色数がRGBより少ないためこのような現象が起きます。左の赤点線で囲ったような領域のピンク色や、パレットの中では「青」に出てくるような明るい青緑や水色などは特にギャップの大きい色です。画面デザインのアラート表示などには有効ですが、スクリーンに映したときに透過光としてもチカチカした色で目が疲れますし、紙出力も多い企画書や提案書に使うのはおススメしません。

## 使用NGな色

RGBの数値が、それぞれ255の組み合わせの色は、いずれの色も、投影して見るとチカチカして目に負担がかかり、出力すると濁ってしまい、発色が悪くなります。見た目にも素人っぽいので使わないようにしましょう。

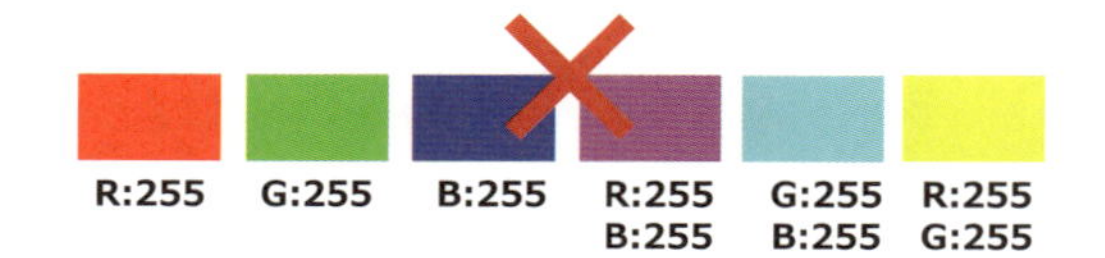


※印刷では再現されません。

## 作ったカラーパレットは、Excel、Wordで共有する

PowerPointでは色に気をつけているのに、なぜかExcelでは派手な色を選びがちだったり、そのせいで資料の中にExcelで作った表を貼り付けたら、派手な色がついていて調和が取れなくなる、といったことがよくあります。
Excelにもカラーパレットがありますが、やはりこれも意識されずに、標準の色や、きつい色を選んでしまう傾向にあるようです。しかし、これらのツールには、Microsoft Officeとして共通でカラーパレットが適用できます。

新規のExcelファイルを開くとPowerPoint同様、**Officeパレット**が適用されていますが、**ページレイアウトタブ**から**配色**を表示させると、PowerPointと同じカラーパレットを設定できます。
Wordの場合は、**デザインタブ**から配色の設定ができます。Officeツール同士で共通のパレットで作業すれば調和の取れた資料作りができます。

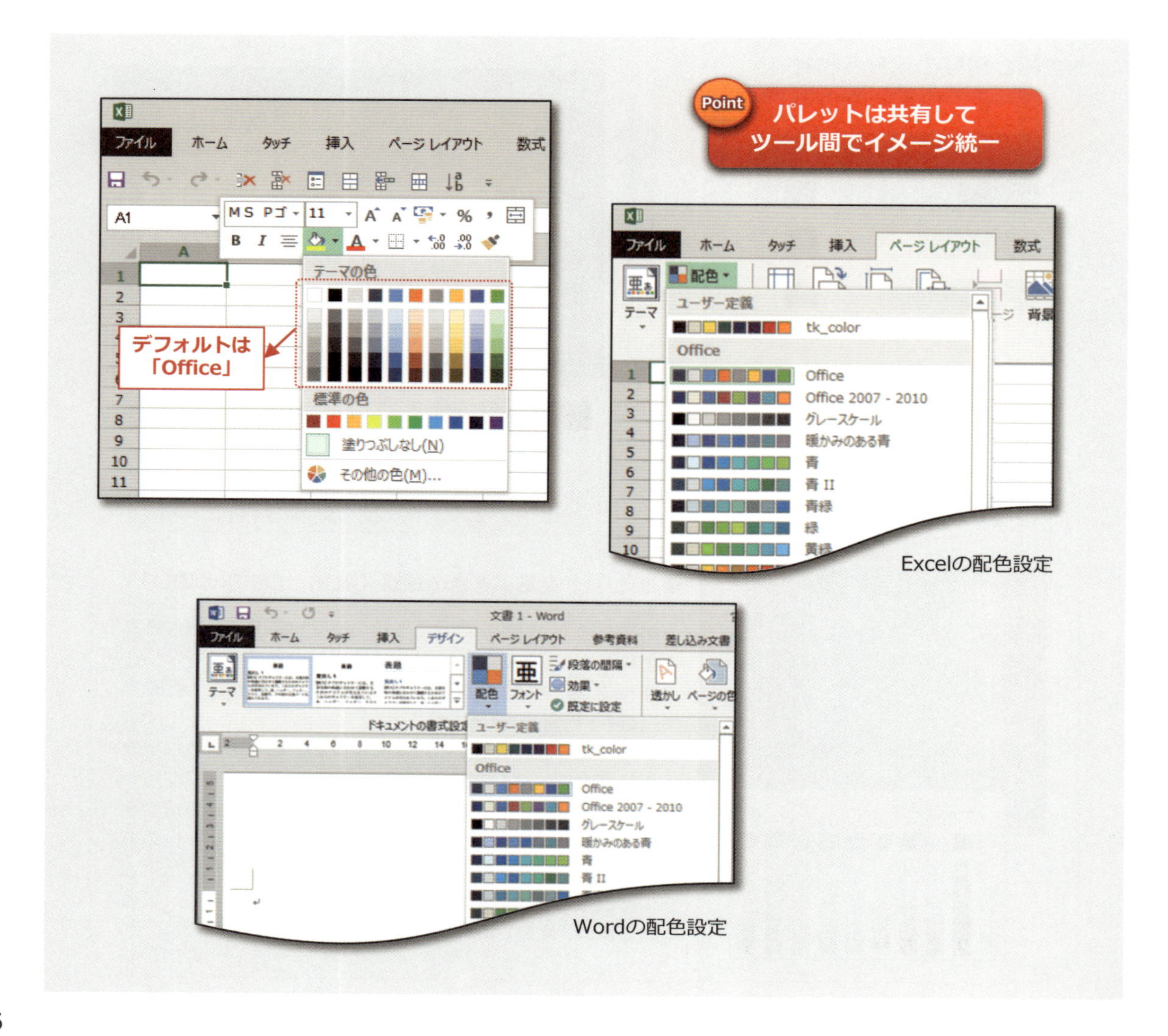


Excelの配色設定

Wordの配色設定

# 5 変幻自在の図形で印象付ける

ありきたりの図形にとどまらない、多彩な表現を学ぶ

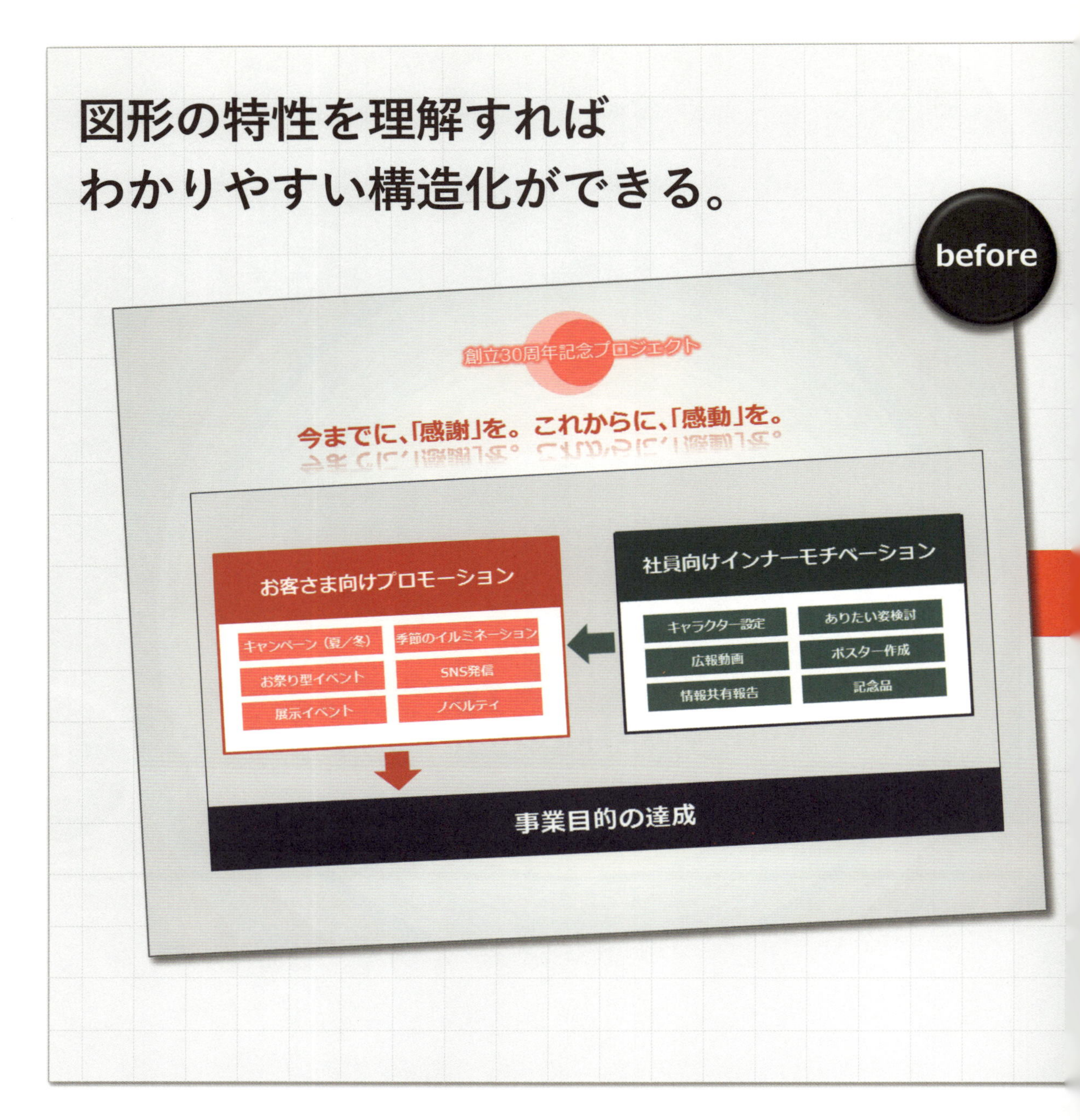
図形の特性を理解すれば
わかりやすい構造化ができる。
before
創立30周年記念プロジェクト
今までに、「感謝」を。これからに、「感動」を。
お客さま向けプロモーション
キャンペーン（夏／冬）
季節のイルミネーション
お祭り型イベント
SNS発信
展示イベント
ノベルティ
社員向けインナーモチベーション
キャラクター設定
ありたい姿検討
広報動画
ポスター作成
情報共有報告
記念品
事業目的の達成

# 変幻自在の図形で印象付ける

ありきたりの図形にとどまらない、多彩な表現を学ぶ

PowerPointには、さまざまな図形が準備されています。また影や面取り、色の透過なども簡単にでき、その点ではIllustratorにも劣らないくらい、描画に長けているアプリケーションといえます（Illustratorでは一発で矢印やハートは描けません）。ただ残念なのは、その特性を理解されていないために、ありきたりな四角や丸ばかりが使われたり、プロポーションの崩れた矢印や、吹き出しやコネクタなど、扱いにくい図形に翻弄されてわかりづらい資料が氾濫していることです。

ここでは、図形描画の一覧を見ただけではわからない、編集次第で表情が生きてくる図形や、自由なグラデーションの設定、そして「図形の効果」を活用して、平面的な表現を奥行きのあるものにして、よりわかりやすい構造化ができるテクニックなどを解説します。

## ■ 図形の設定の基本

PowerPointの**図形**は、Office 2007以前は「オートシェイプ」と呼ばれた、解像度に依存しない、ベクターデータです（90ページの「ラスター（ピクセル）画像と、ベクター画像の違い」で詳しく解説）。カラーパレットから、枠線と塗りつぶし（面）で色をつけられますが、フラットな色だけではなく、色を半透明にしたり、グラデーションをつけるなどの設定で表現の幅が大きく広がります。

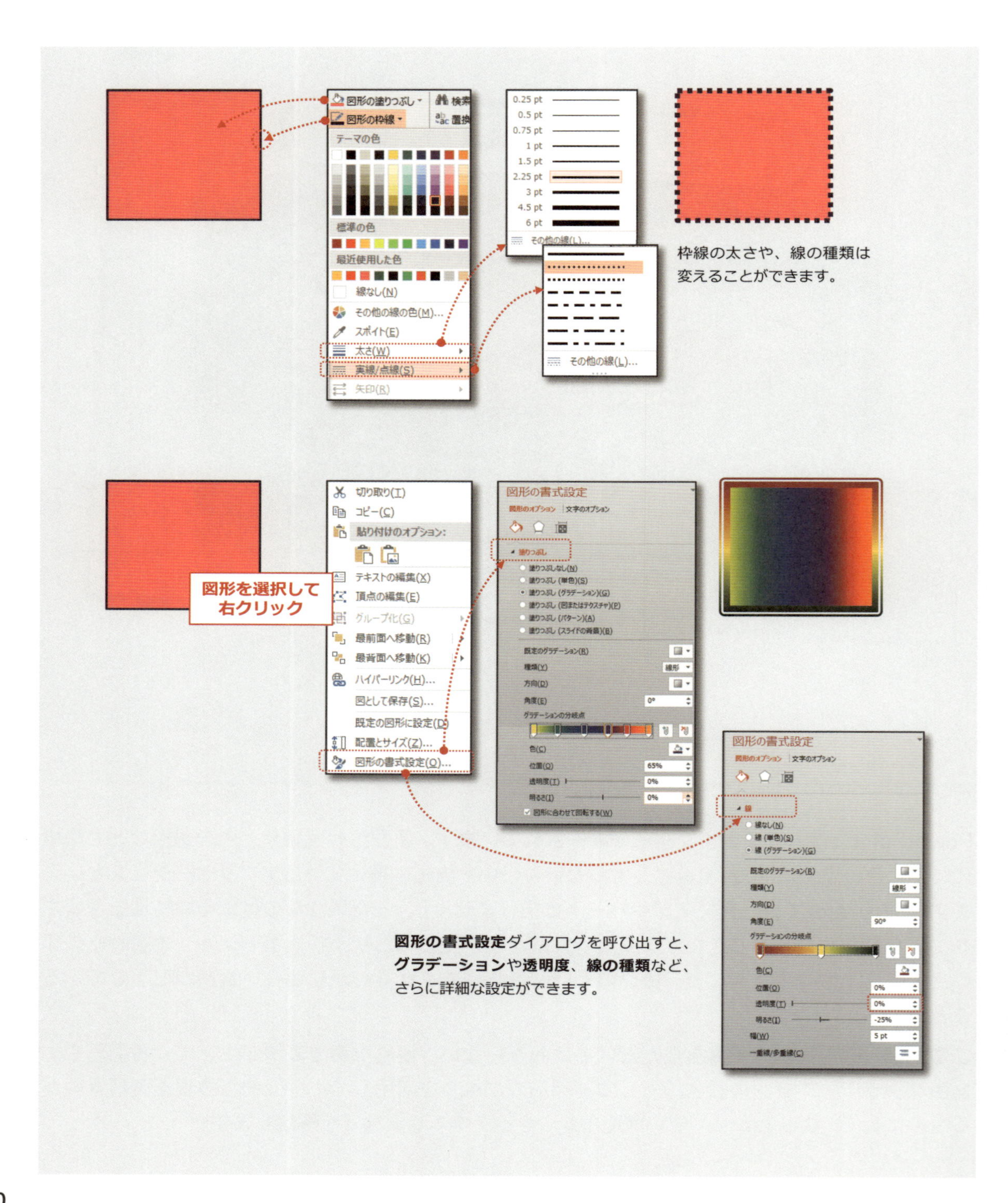

枠線の太さや、線の種類は変えることができます。

**図形を選択して右クリック**

**図形の書式設定**ダイアログを呼び出すと、**グラデーション**や**透明度**、**線の種類**など、さらに詳細な設定ができます。

## グラデーションと透明度

グラデーションを有効に使うことで目線を誘導したり、二つのオブジェクトの関係性をよりわかりやすく構造化することができます。さらに部分的に透明度を調整して、重ねる順番を考慮して、背景の図や文字を透過すれば、関係性をよりわかりやすく表現できます。

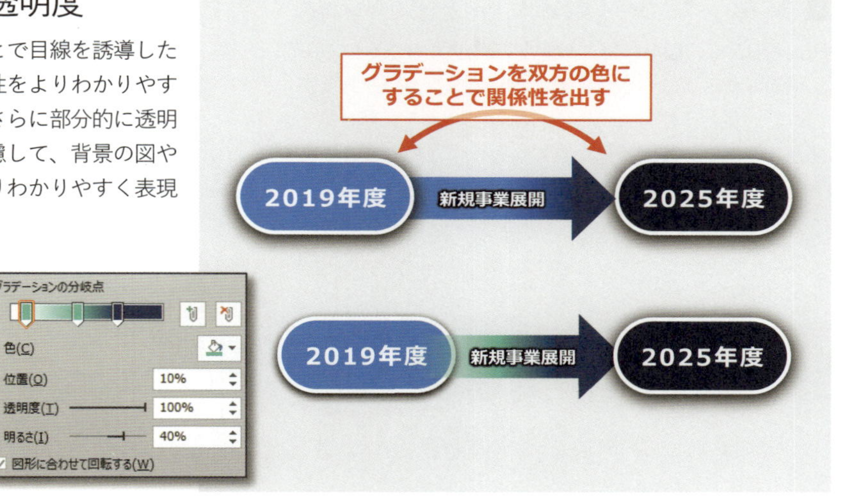


## 図形の回転と方向

図形を選択して上に出てくる回転用のハンドルをつかんで回転させます。**Shiftキー**を押しながら操作すると15°刻みで回転させることができ、**書式タブ→配置→回転**から（右クリックで**図形の書式設定**からでも）1°ずつ細かく設定できます。

PowerPointの図形は、属性として上下左右が決まっています。回転用のハンドルの出ている方向がこの図形の「上」方向となります。図形に文字を編集したり、グラデーションの角度設定などには、この方向が影響するので意識することが必要です。矢印のような図形自体が方向性を示すような場合、文字組みの方向や、**90度回転**など設定が複雑になり、入力する文字の方向が混乱するので、正しく上を向いた図形を選ぶことが大切です。

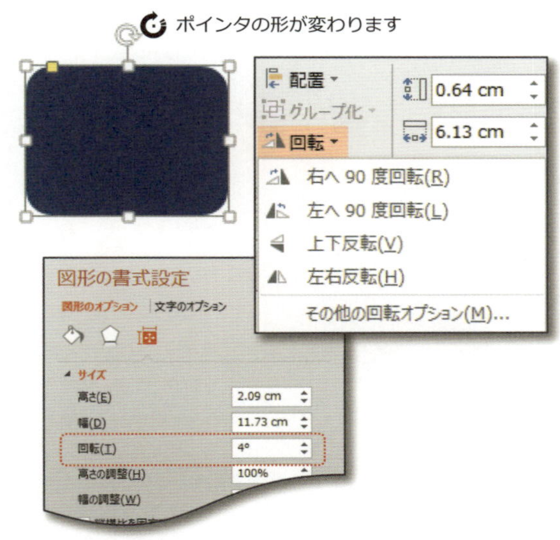


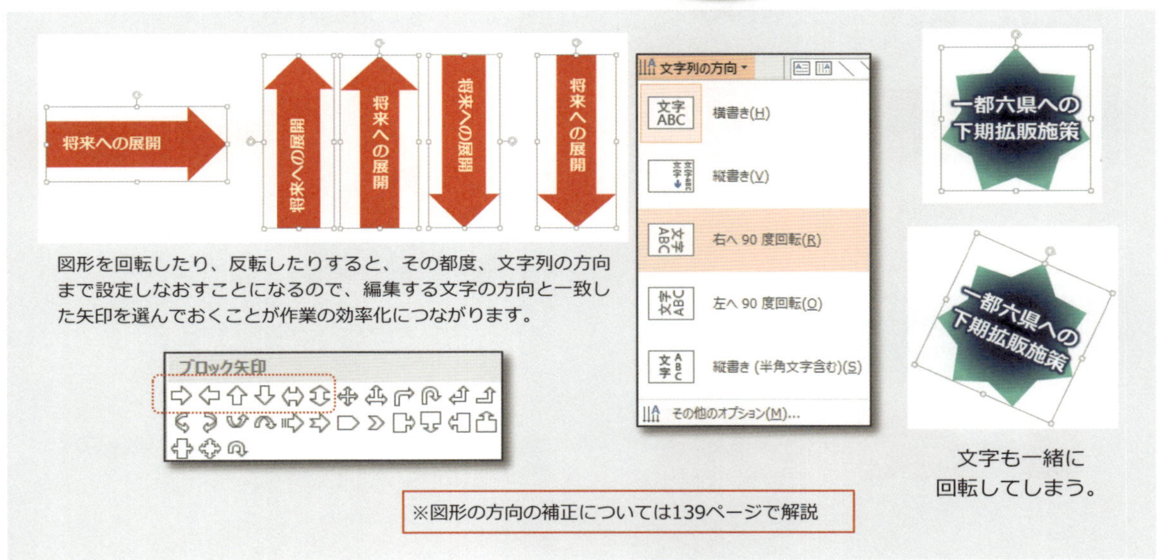


図形を回転したり、反転したりすると、その都度、文字列の方向まで設定しなおすことになるので、編集する文字の方向と一致した矢印を選んでおくことが作業の効率化につながります。

文字も一緒に回転してしまう。

※図形の方向の補正については139ページで解説

## 変形ツール（黄色い点）でオブジェクトの表情を変える

PowerPointの**図形**には、単純な四角や丸のほかにも矢印に代表されるようなさまざまなバリエーションがあります。中には一見どう使っていいかわからないような形もありますが、**変形ツール（黄色い点）**を動かすことで、まったく違う表情に変わる図形があります。図形のバリエーションを覚えておいて、想像力を広げれば、タイトルのあしらいや、チャート図の作成の表現の幅が一気に広がります。

### ■ 四角形

基本的な「正方形/長方形」「角丸四角形」のほかに「角を切り取った四角形」「角を丸めた四角形」の七つのバリエーションがあります。

#### 1つの角を丸めた四角形

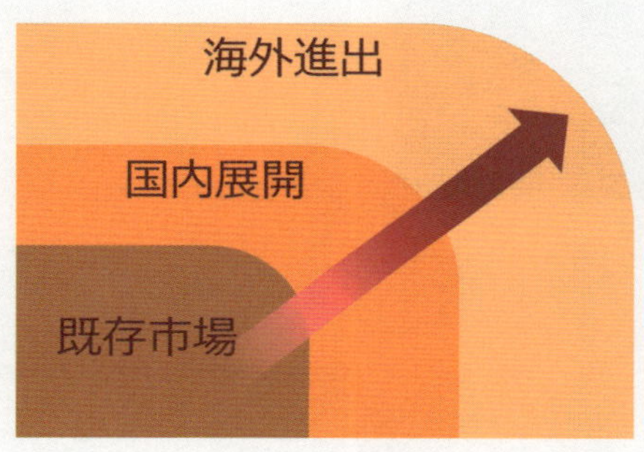


● 方向性を持った広がりの表現

#### 対角する2つの角を丸めた四角形

**環境活動への取り組み**

- マイバッグ持参率の向上
- 容器回収率の向上
- 省エネ、$CO_2$削減対策
- 容器包装の簡易化

● 環境（葉）をイメージした枠のデザイン

#### 1つの角を切り取った四角形

**取り扱い販売店情報**

**■関東地方**

- 葛飾駅前店
- 千駄ケ谷店
- 西東京田無店

● 切り取った角の下にアクセントの色をつけた見出し

#### 対角する2つの角を切り取った四角形

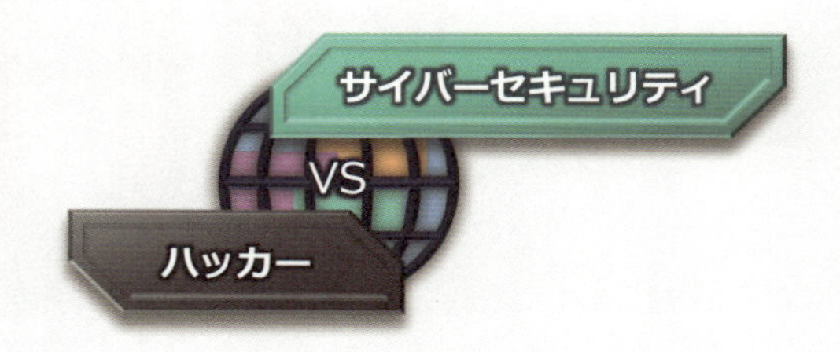


● **図形の効果：面取り→ハードエッジ**を足してハイパーなイメージのタイトルに

サイバーセキュリティ ＋「図形の効果」

## ■ 基本図形

「パイ」「涙形」「円弧」「大かっこ」「中かっこ」は一見想像できない用途に活用できます。

**パイ** **Shiftキー**を押しながら描画すると、正円を切り取った形の扇形になります。
ベースとなる円の大きさの同じパイを重ね合わせると簡単な円グラフが作れます。

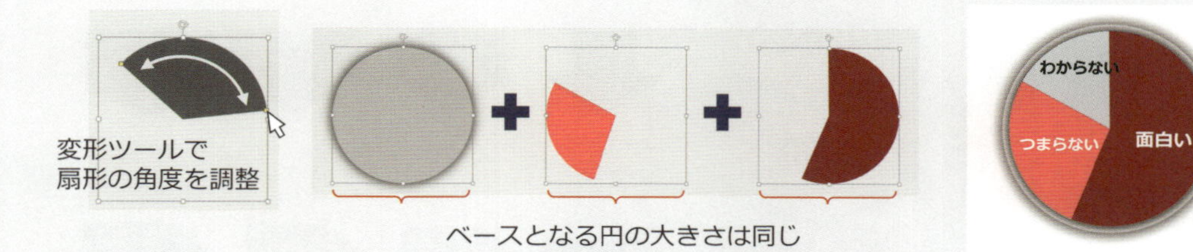


**涙形** 変形ツールで角のポイントを伸ばして水滴形にできます。回転させて地図のポイントに。

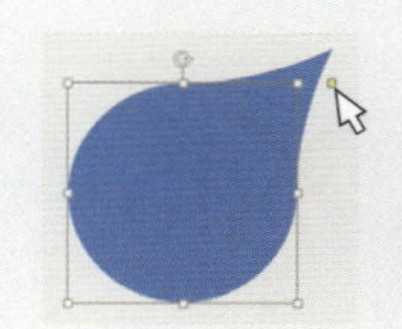

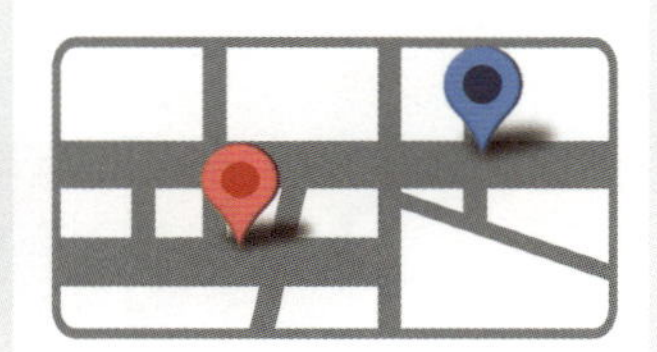

**円弧** 線の始点、終点に矢印を設定すれば、見栄えのよくない「カーブ矢印」の代わりに、スマートな曲線の矢印が描けます。

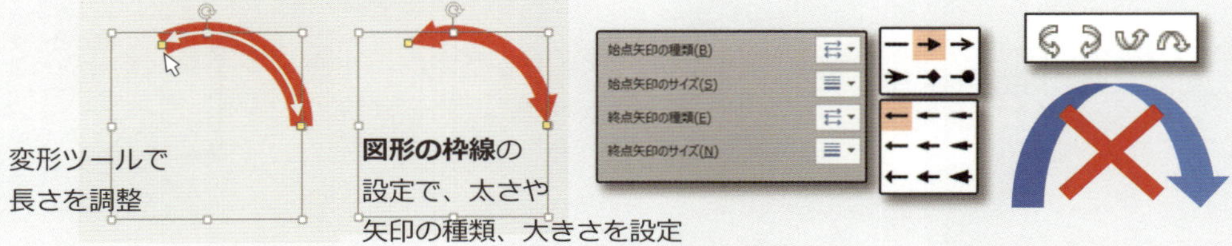


**左大かっこ/右大かっこ**
**左中かっこ/右中かっこ**

曲線のかっこから、変形ツールで肩の丸みを直角にして、扱いにくいカギ線コネクタ ┗┓ を使わずに組織図などの接続に有効です。

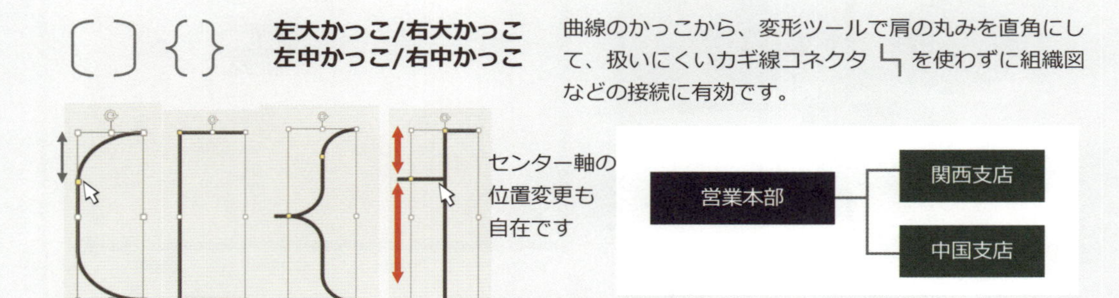

## ■ ブロック矢印

「矢印」「四方向矢印」「二方向矢印」は、矢印の形としてではなく、チャート図やマトリックスの軸として活用できます。

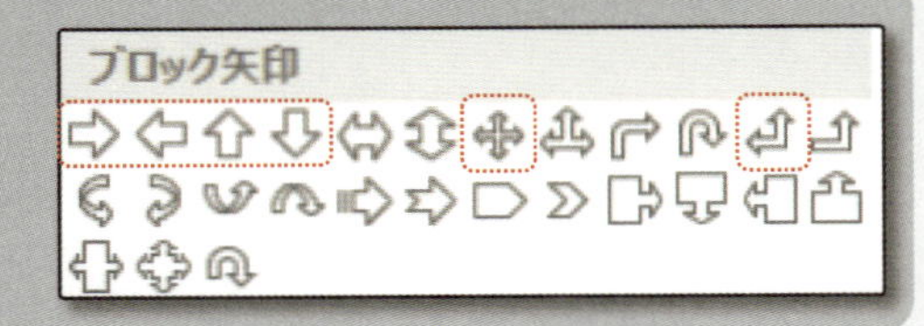

**矢印（上下左右）**

変形ツールで、上下左右のホームベース形に変形できます。図形の上下左右が選べるのでテキストの編集やグラデーションの方向も制御しやすくなります。

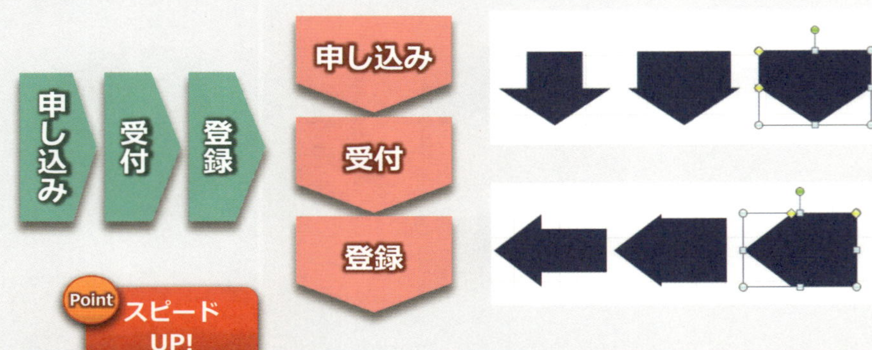


Point スピードUP!

「ホームベース」は右向きしかないので、フローの向きを変えると、文字の方向を変えたり、図形とテキストボックスを重ねるなどの煩雑な操作が必要になります。

**四方向矢印**
**二方向矢印**

細く長く変形して、マトリックスチャートやマイルストーンの軸にすると、交差点がずれないなどのメリットがあります。

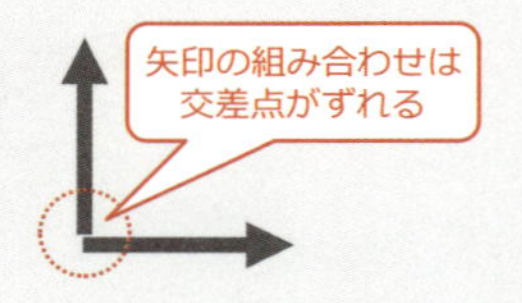


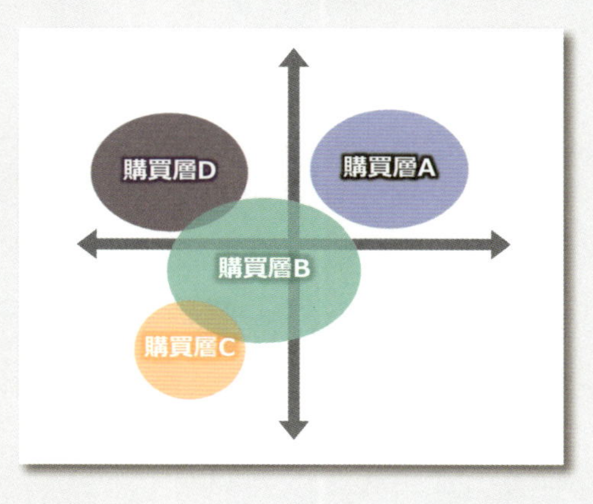

## ■ フローチャート

「フローチャート」にある図形は特殊で使いみちの限られたものですが、「記憶データ」の組み合わせでパイプの表現ができます。

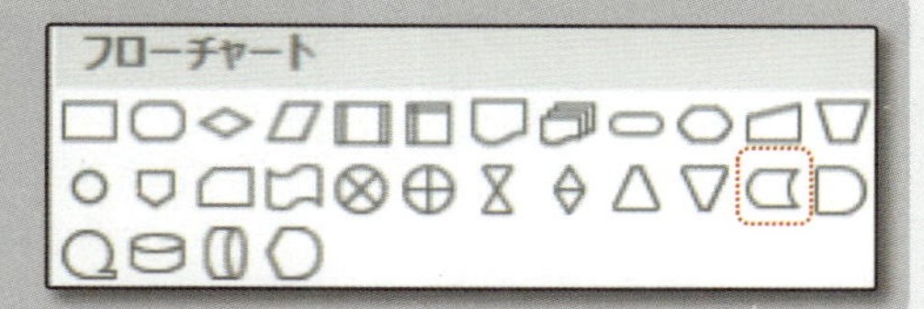

**記憶データ**

グラデーションで立体感をつけて、二つを組み合わせて、間にオブジェクトを挟めるパイプの表現ができます。

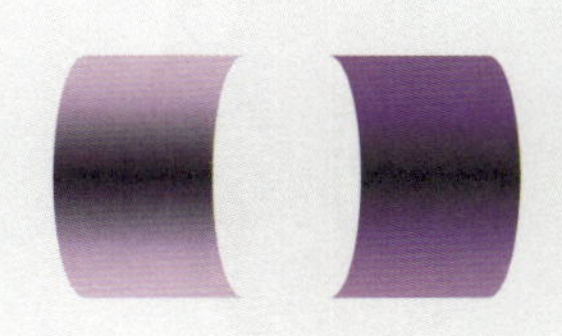

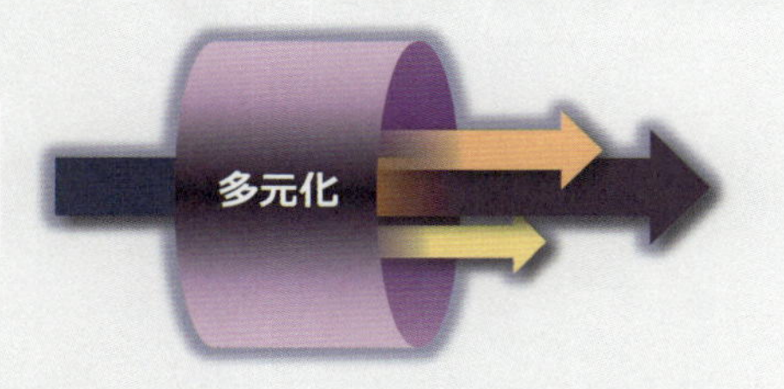


## ■ 星とリボン

4から32まである「星」、「大波」「小波」で面白い表現ができます。

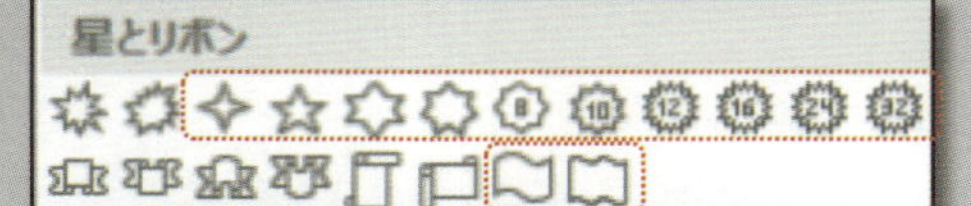

**星**

デフォルトでは「星形」ですが、
変形ツールで細くしてキラメキ感アップ。
広げれば、多角形に。

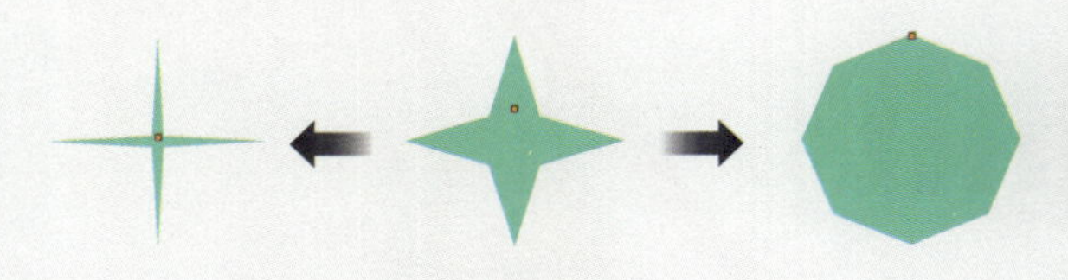

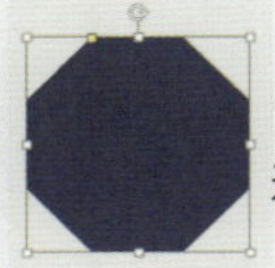

「基本図形：八角形」では
辺が水平になる。

**大波・小波**

変形ツールで波の高さ、斜度が調整できるので
旗のイメージでタイトルなどに。

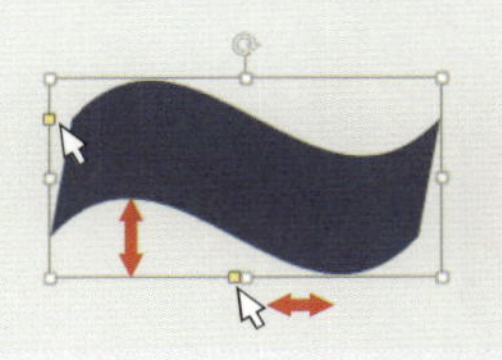

新生活応援

前後に組み合わせて、らせん状のリボンに

Point 想像力を豊かにして
応用してみる

## 複数の図形にグラデーションをかける

図形をグループ化すると複数の図形にまたがったグラデーションをかけることができます。チャート図で大きな流れを表現したり、円形以外に放射状のグラデーションをかけるときなど、グループ化することで、中心点をずらせば図形全体に自然な広がりが作れます。

## 色の明るさや、効果の工夫で奥行きのある紙面に

**図形の効果：影**の設定を細かく調整することで、平坦な紙面が、奥行きのある立体的な紙面になります。

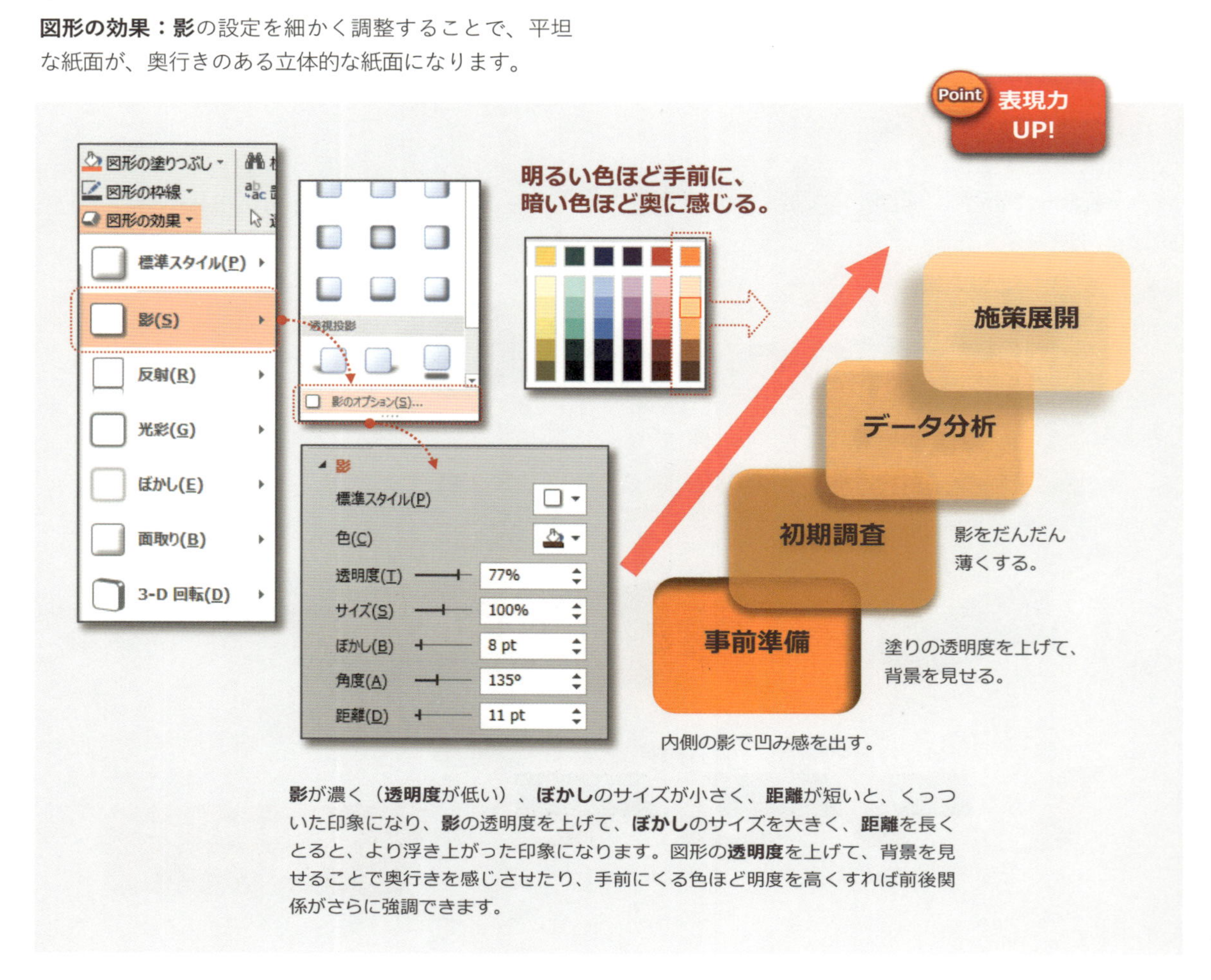


**影**が濃く（**透明度**が低い）、**ぼかし**のサイズが小さく、**距離**が短いと、くっついた印象になり、**影**の透明度を上げて、**ぼかし**のサイズを大きく、**距離**を長くとると、より浮き上がった印象になります。図形の**透明度**を上げて、背景を見せることで奥行きを感じさせたり、手前にくる色ほど明度を高くすれば前後関係がさらに強調できます。

## 既定の設定をする

自分以外の人の作成した資料を編集・更新するとき、新たな図形を描くと、自分の意図しない塗りつぶしや枠線の設定になっていて、その都度設定をやり直して時間がかかる、ということはありませんか？　これは、**既定の図形や線**が、変わってしまっているせいです。自分の使いやすい設定にしなおしたら、それを**既定の図形**、**既定の線**にしておくと、設定の手間が減り、作業効率が上がります。

**Point　二度手間をなくしてスピードUP!**

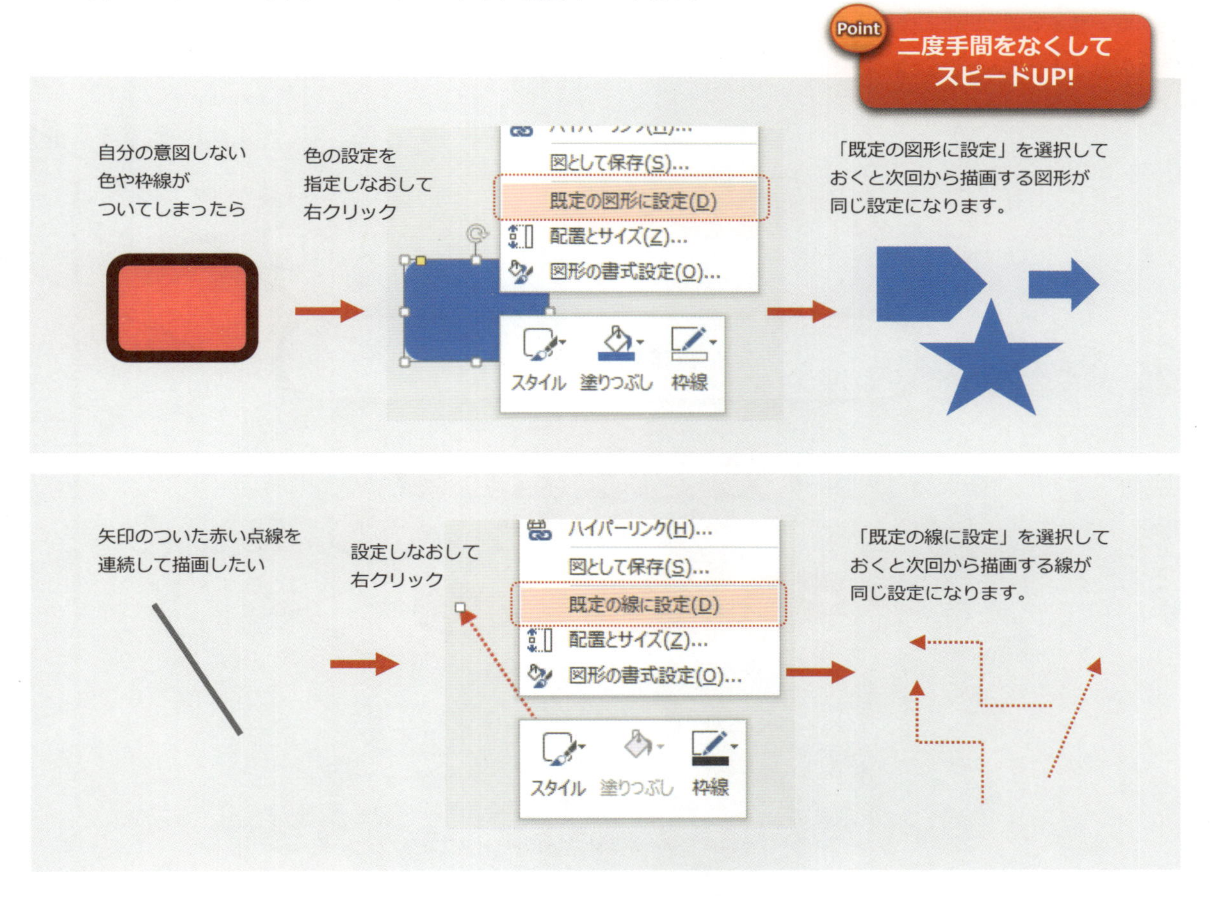


## 同じ図形を連続して描く

同じ図形をサイズを変えていくつも連続して描きたいとき、その都度**図形**で選択するのは時間がかかります。**描画モードのロック**で描く図形を固定すれば、図形メニューと行き来せずにそのまま同じ図形を繰り返し描けます。キーボードの**Escキー**を押すと解除できます。

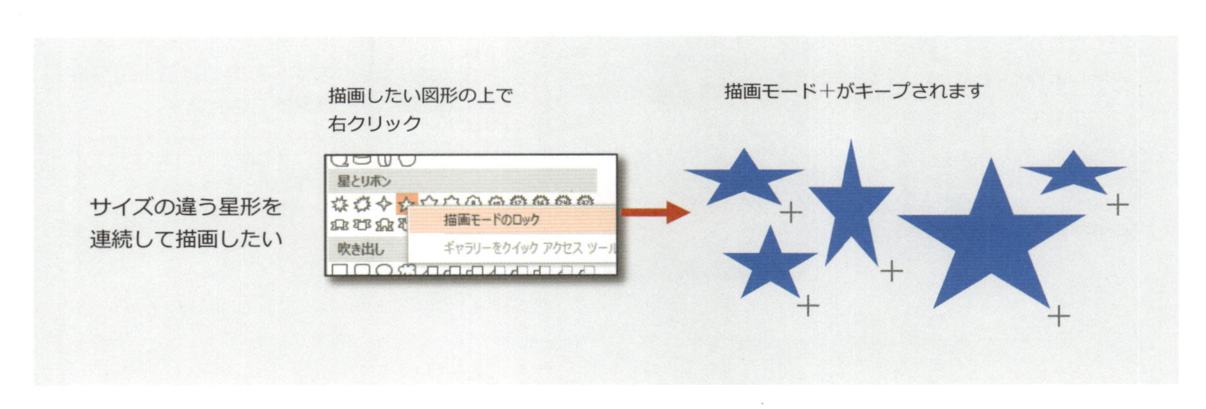

## さまざまな図形の効果

66ページで解説した**影の効果**以外にも、**図形の効果**を有効に使うことで、表現力が大きくアップします。いくつかの効果を合わせるとより効果的です。平面的に図形を並べるだけでなく、前面・背面の関連づけや、奥行きを感じさせることにより、構造化がよりわかりやすく表現できます。デフォルトの効果のままにせず、オプションから効果の度合いを調整するとよいでしょう。紙面のバランスを考慮しつつ、使いすぎで逆効果にならないよう注意してください。

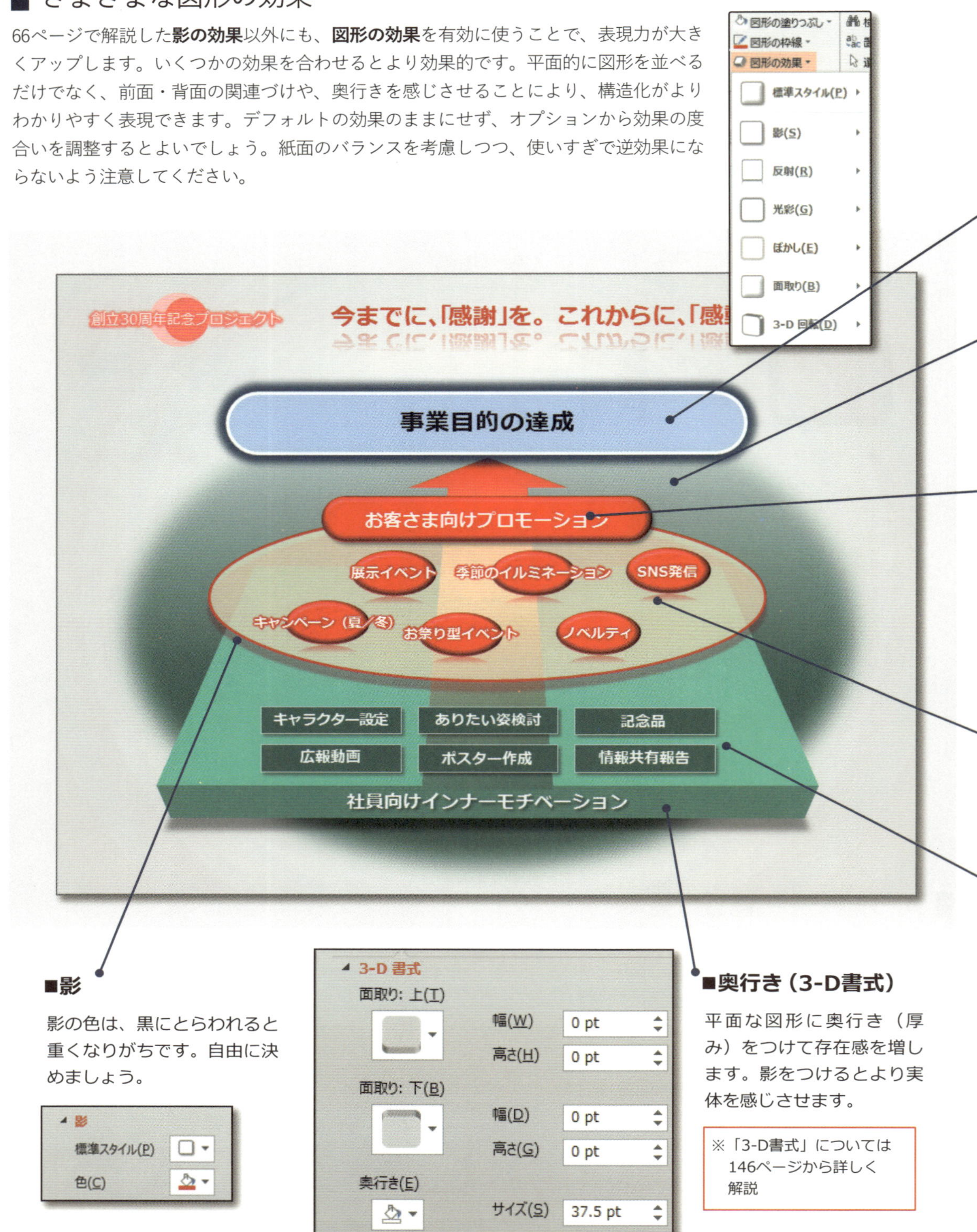


**■影**

影の色は、黒にとらわれると重くなりがちです。自由に決めましょう。

**■奥行き（3-D書式）**

平面な図形に奥行き（厚み）をつけて存在感を増します。影をつけるとより実体を感じさせます。

※「3-D書式」については146ページから詳しく解説

## ■光彩

周囲への広がりを感じさせます。光の広がるイメージよりも、明るい色の図形の輪郭を縁取ってコントラストをつけて、視認性を上げる効果として有効です。濃いめの色で、サイズは広げすぎず、透明度も抑えめにするとよいでしょう。

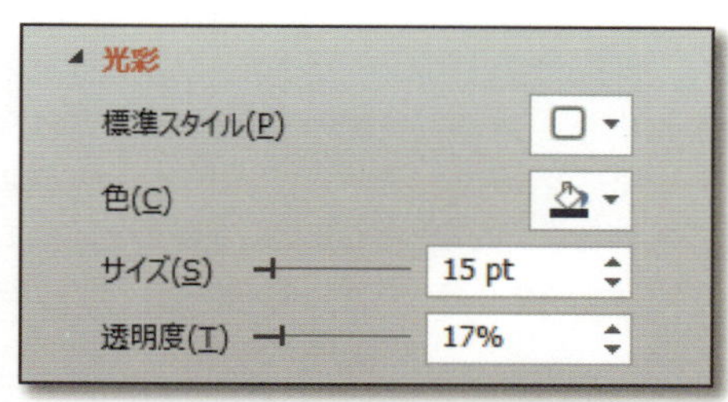


## ■ぼかし

図形の輪郭をぼかします。輪郭をあいまいにすることで、広がりを持たせせたり、柔らかい背景を作ったりできます。ぼかしのサイズが小さいと輪郭ががたつくので注意しましょう。また、図形に対して内側にぼかしていくため、描いた図形よりも見た目が小さくなるので、大きめに描いておきましょう。

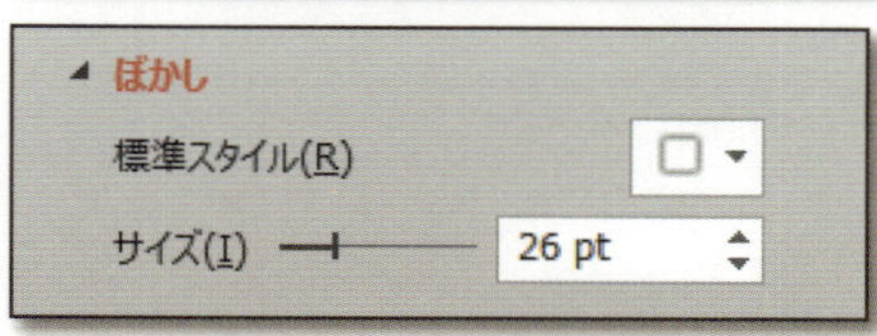


## ■面取り（3-D書式）

図形をプレート状に盛り上げます。幅と高さの関係は横から見ると図のようなイメージになっています。デフォルトではそれぞれ6ptの設定ですが、高さに対して幅が大きいとよりなだらかに、逆になると、より切り立ったプレートになります。形状もさまざまなものがあるので図形を生かすようなものを選びましょう。

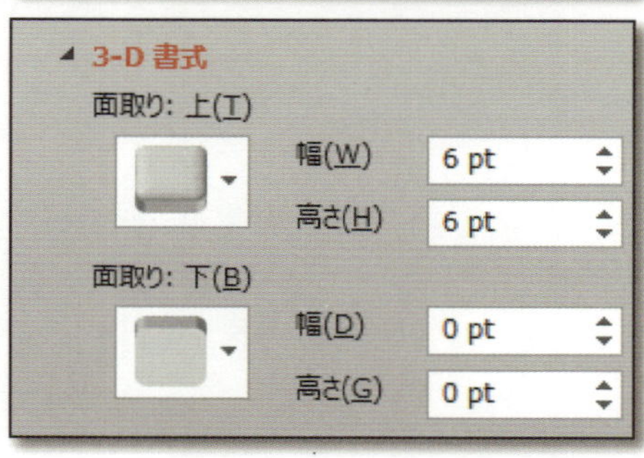


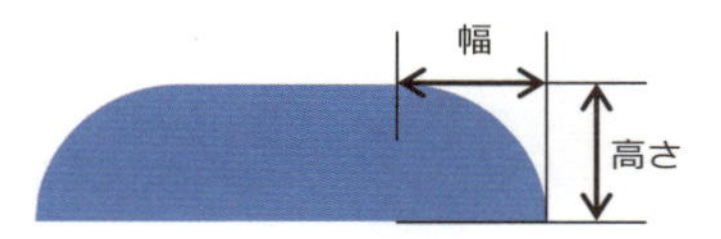

## ■反射

図形と直角方向の地平面を感じさせ、存在感をアップします。無機質な図形よりも、具象的なイラストなどに使うとより効果的でしょう。

## ■3-D回転

図形に角度をつけて回転させ、立体的に見せます。先に「標準スタイル」で大まかな角度を選んでおいて、個別にX、Y、Zの角度を設定します。さらに**3-D書式**で奥行き（厚み）をつけたり、光の角度を変えることで、図形の存在感を増します。

※「3-D回転」については148ページから詳しく解説

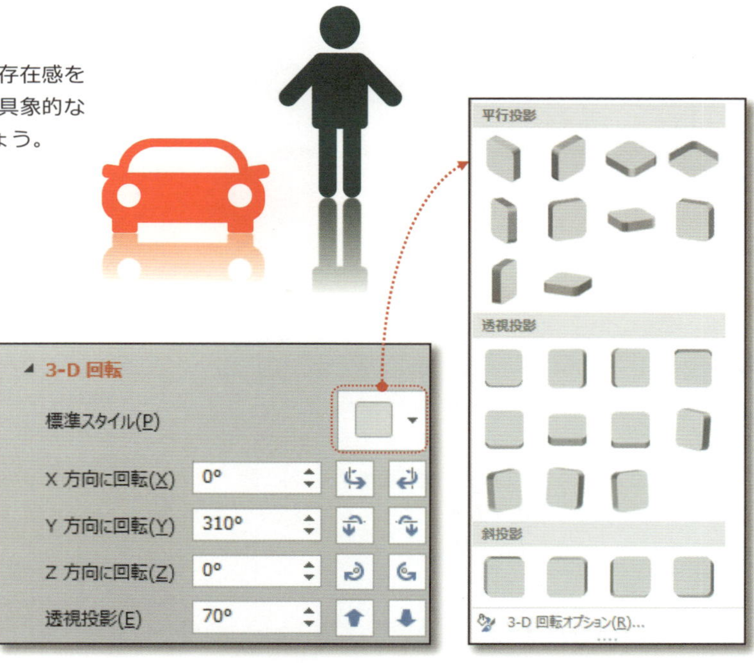

## イラストを描いてみる

ここまで解説したように、PowerPointにはさまざまな図形、色や、影をはじめとする多くの効果があります。変形したり回転したりして組み合わせることで、自由なイラストを描くこともできます。ここに挙げたイラストは単純な四角や三角、楕円のほかにも、下記の赤点線で囲んだ図形の組み合わせで作られています。箇条書きと四角と丸だけの平凡なスライドにならないためにWebなどからクリップアートを取り込むのもよいですが、自分でイラストを描いてみると、個々の図形の持つ曲線などの性質を知ることになり、チャート図などの作成にも役立ちます。

## 図形のプロポーションを維持する

**拡大/縮小**するときに、図形や、画像などの縦横の比率が変わって歪ませてしまわないようにしましょう。描いた図形から右クリックで**配置とサイズ**を呼び出して、**縦横比を固定する**をチェックしておくと、プロポーションが維持できます。

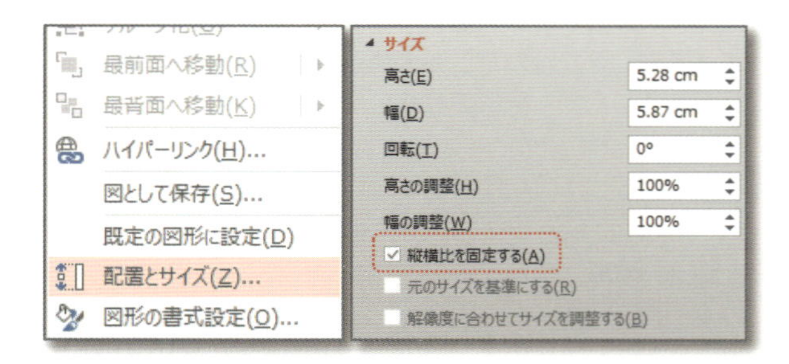

# 6 作業を圧倒的に時短する

知っていると知らないでは大違い、な効率化のワザを覚える

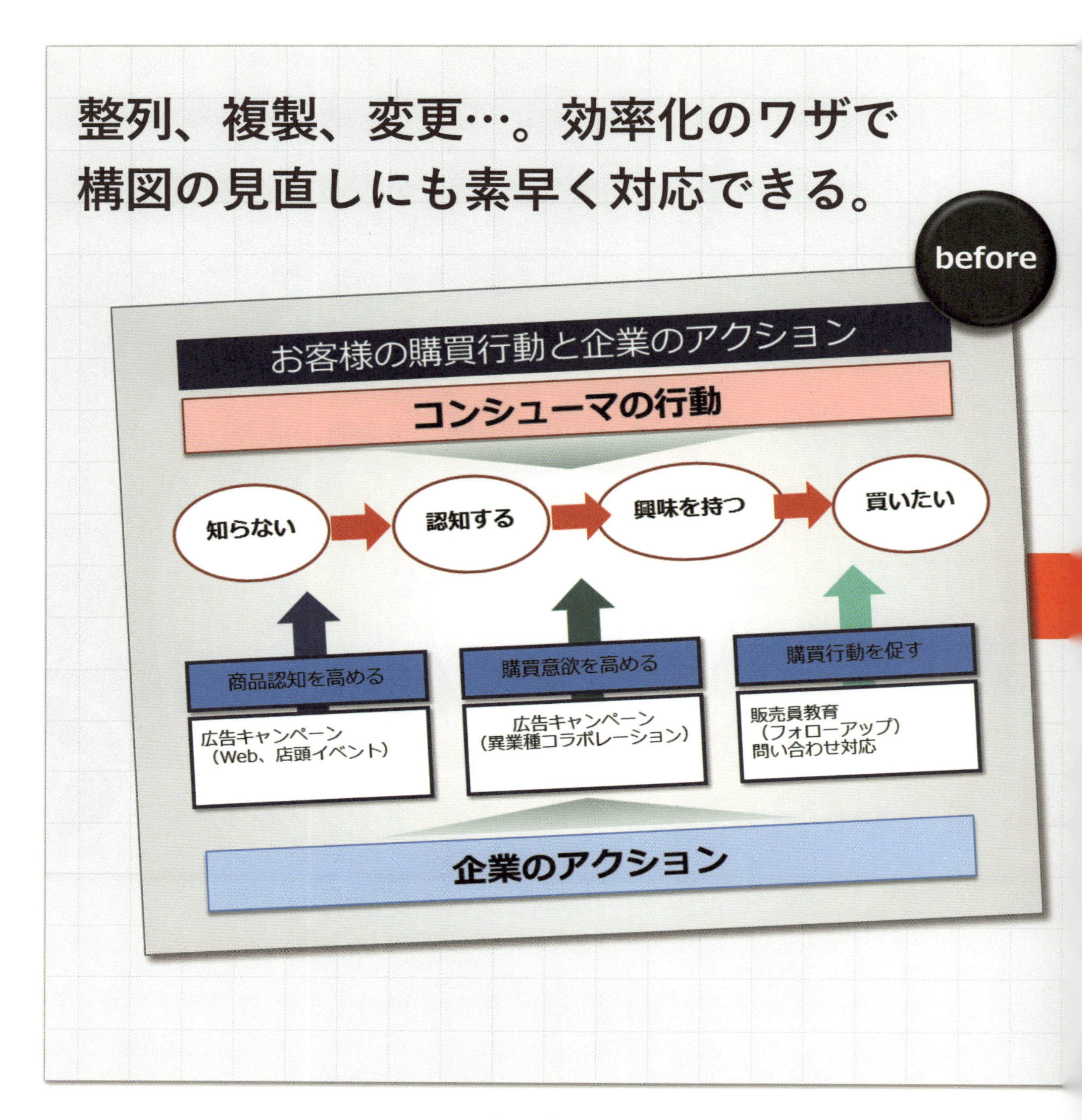
整列、複製、変更…。効率化のワザで
構図の見直しにも素早く対応できる。
before
お客様の購買行動と企業のアクション
コンシューマの行動
知らない
認知する
興味を持つ
買いたい
商品認知を高める
購買意欲を高める
購買行動を促す
広告キャンペーン
（Web、店頭イベント）
広告キャンペーン
（異業種コラボレーション）
販売員教育
（フォローアップ）
問い合わせ対応
企業のアクション

# 作業を圧倒的に時短する

知っていると知らないでは大違い、な効率化のワザを覚える

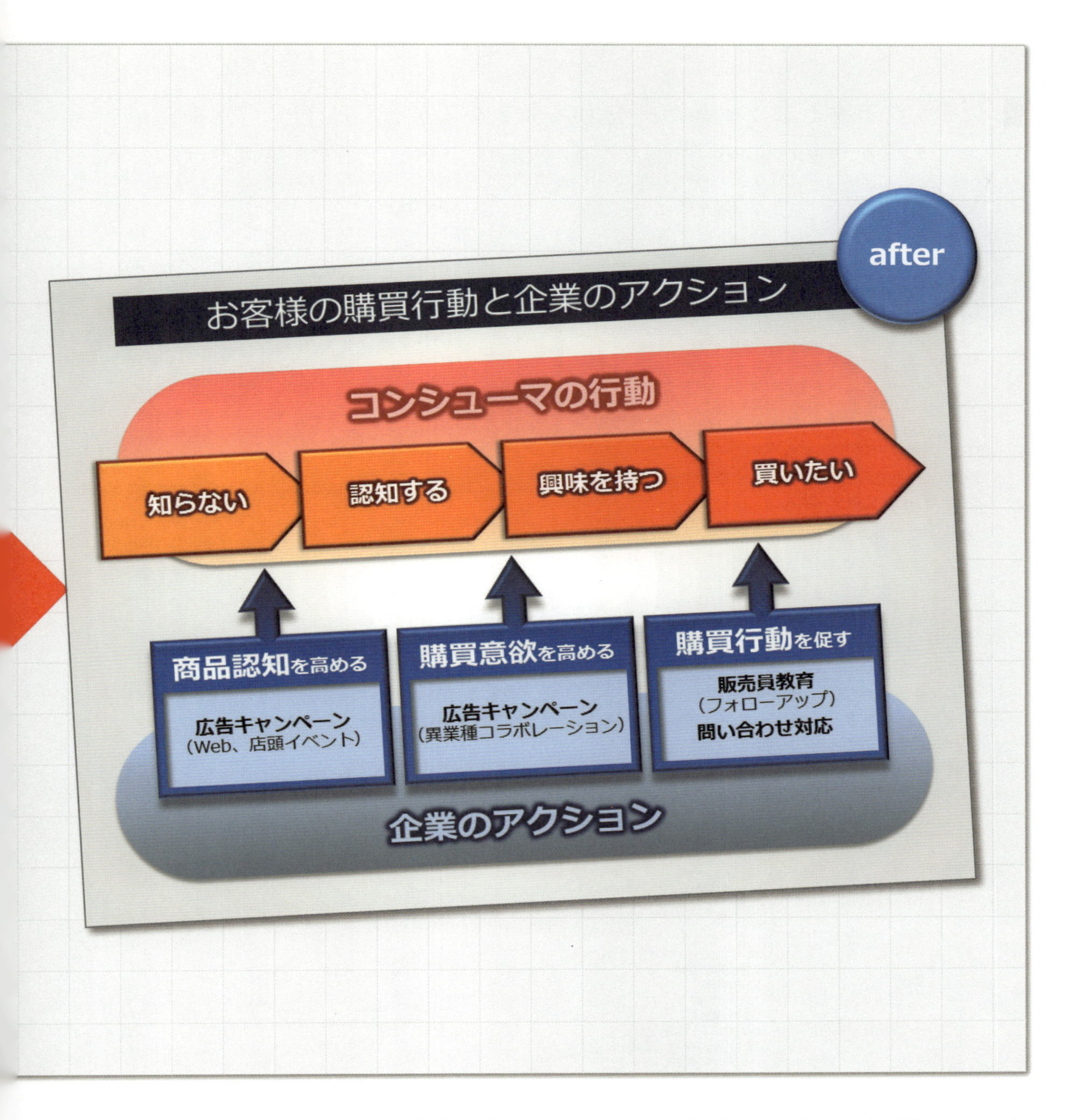


細部にまで及ぶ設定はわかるが、余計に時間がかかってしまうだけではないかと思われていませんか？　しかし、丁寧な作業ほど、仕上がりはきれいなもの。PowerPointには作業効率をアップするさまざまな機能やテクニックがあります。クイックアクセスツールバーで自分仕様のオペレーション環境を作って、カンタンにスピードアップ。効果や色などの書式を簡単に複製したり、ショートカットを覚えれば、作業効率が上がるだけでなく、仕上がりもよりきれいになるはずです。そのほかにも、効果や入力済みの文字を維持したまま図形の形を差し替えたり、重なったオブジェクトの背面にあるほうを簡単に選択したりもできます。

ここでは、そんな「知っていると知らないでは大違い」な効率化のワザを解説します。

## クイックアクセスツールバーをカスタマイズする

リボン下に**クイックアクセスツールバー**を設定して、自分がよく使うツールを並べてカスタマイズすれば、リボン表示のタブをいちいち切り替える手間が省けます。

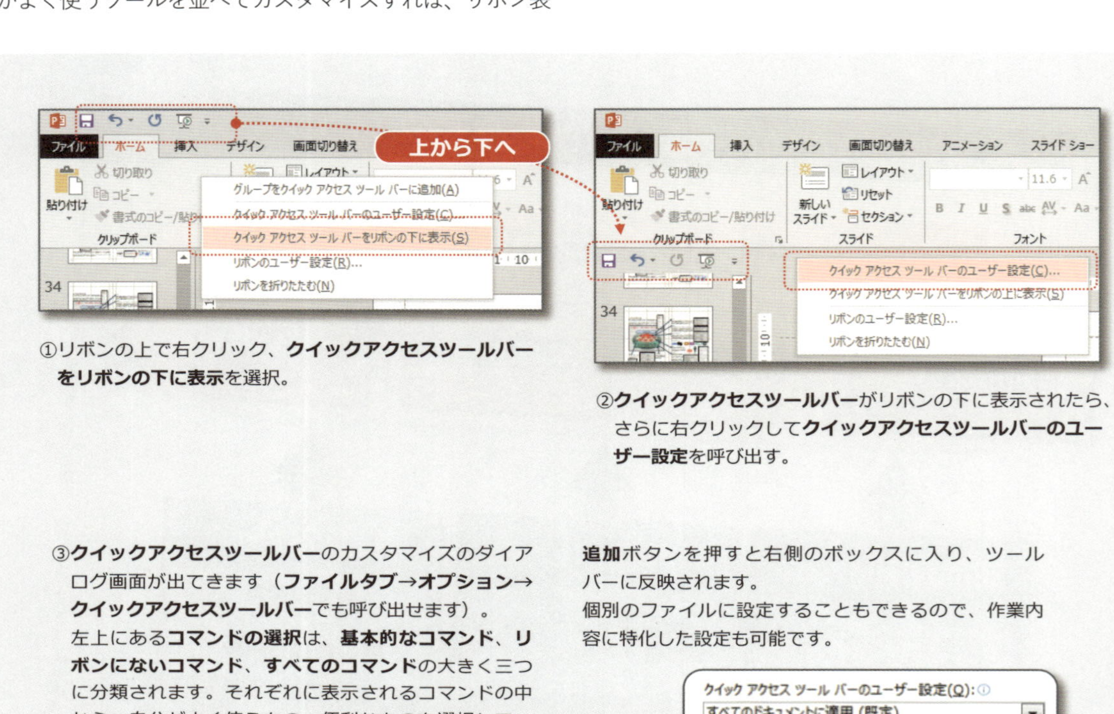


①リボンの上で右クリック、**クイックアクセスツールバーをリボンの下に表示**を選択。

②**クイックアクセスツールバー**がリボンの下に表示されたら、さらに右クリックして**クイックアクセスツールバーのユーザー設定**を呼び出す。

③**クイックアクセスツールバー**のカスタマイズのダイアログ画面が出てきます（**ファイルタブ→オプション→クイックアクセスツールバー**でも呼び出せます）。
左上にある**コマンドの選択**は、**基本的なコマンド**、**リボンにないコマンド**、**すべてのコマンド**の大きく三つに分類されます。それぞれに表示されるコマンドの中から、自分がよく使うもの、便利なものを選択して、**追加**ボタンを押すと右側のボックスに入り、ツールバーに反映されます。
個別のファイルに設定することもできるので、作業内容に特化した設定も可能です。

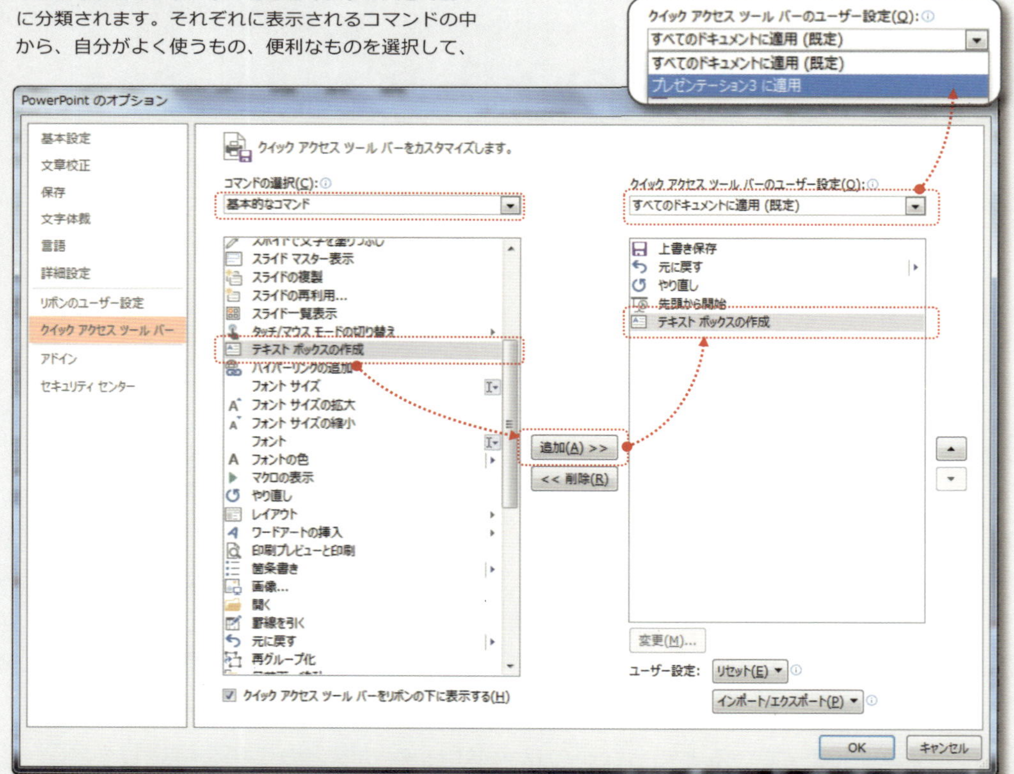

## コマンド選択の例

「ショートカット」で操作できないもの、オブジェクトの配置や移動など、レイアウト作業で頻繁に使うものを中心に選びましょう。

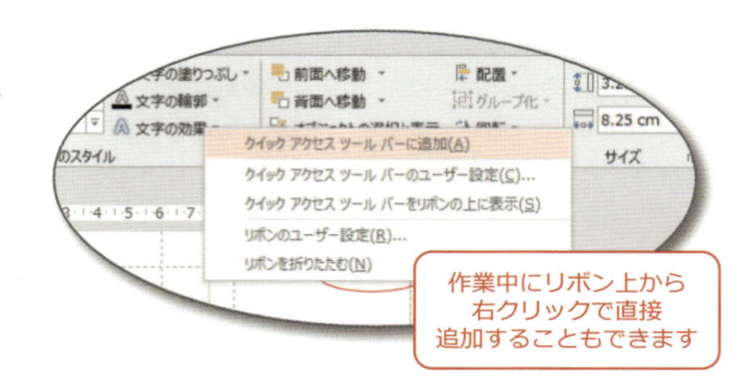


### ●基本的なコマンド

- フォントサイズの拡大/縮小
- 最前面へ移動/最背面へ移動
- 図形
- テキストボックス　など

### ●すべてのコマンド

- オブジェクトを右に揃える/下に揃える/左に揃える/上に揃える/上下中央に揃える
- 左右に整列/上下に整列　など

### ●リボンにないコマンド

- レベル上げ/レベル下げ
- 左右反転/上下反転
- 図形の型抜き/合成/重なり抽出/接合（PowerPoint 2010の場合）など

Point
**Excel、Wordでも同様の設定が可能**

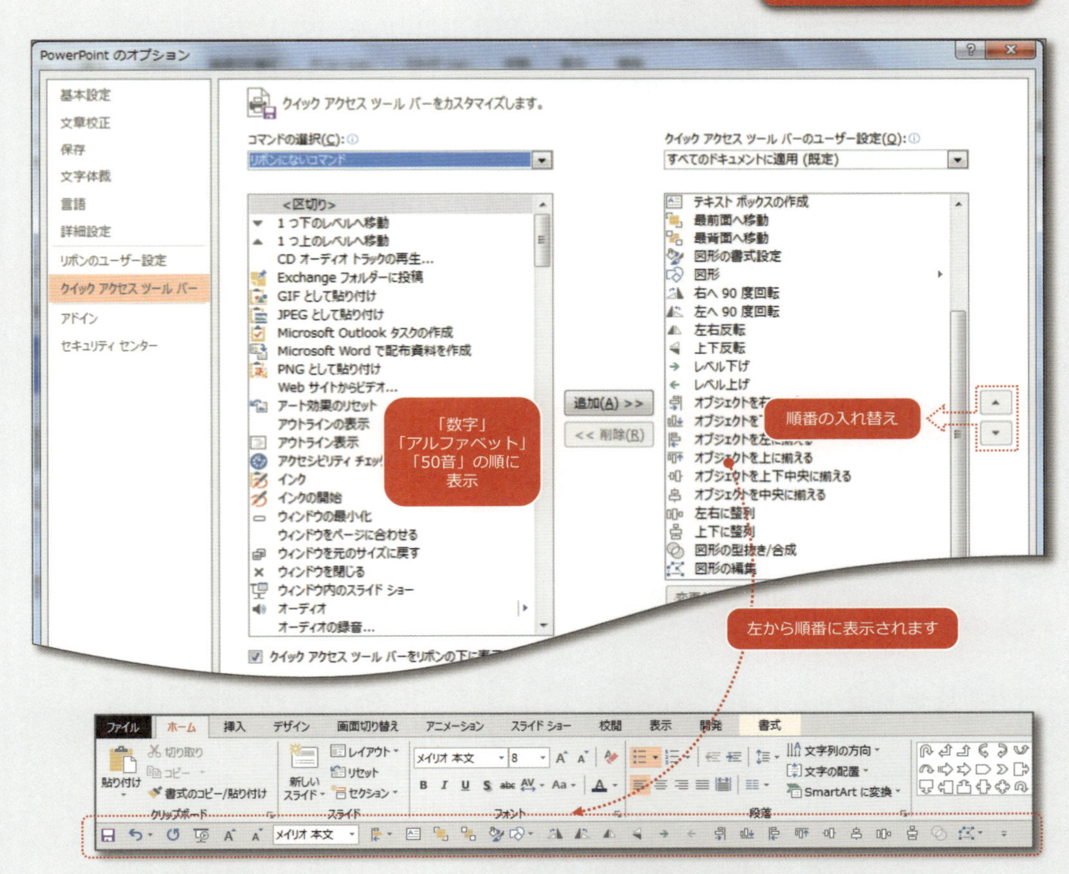


ここに挙げたのはあくまで一例です。また、多すぎると、1列に表示できないので、使い勝手を考えてセレクトしましょう。

## ショートカットで操作を効率化

ショートカットはその名前の通り、作業の近道です。リボンの切り替えの手間や、コマンドを探すのに迷ったりする時間をなくすだけでなく、マウスの動きでは制御しにくい調整が容易になるメリットもあり、操作性が格段にアップします。

### ●保存、コピー、ペーストは、パソコン操作共通の基本項目

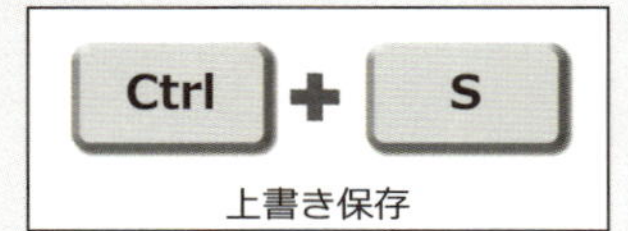


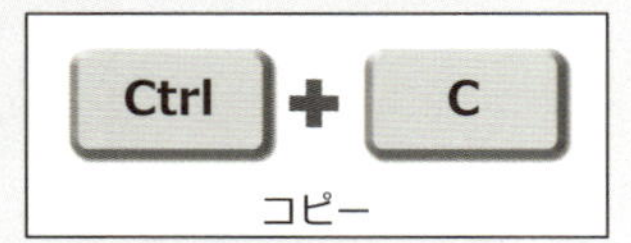


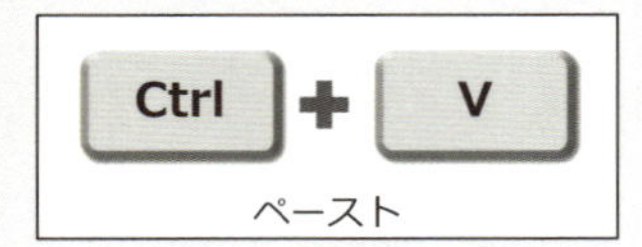


### ●文字の配置、編集、サイズ変更

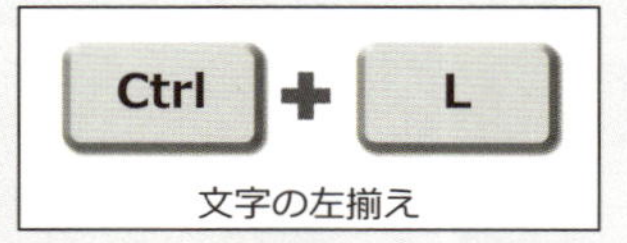

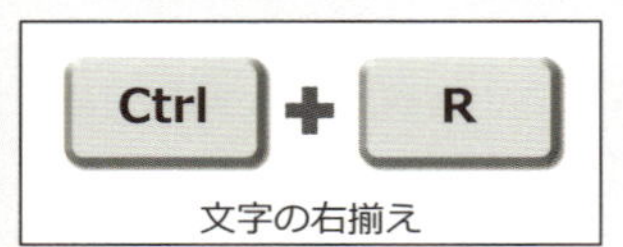


**書式タブ→段落**のコマンドと同じ

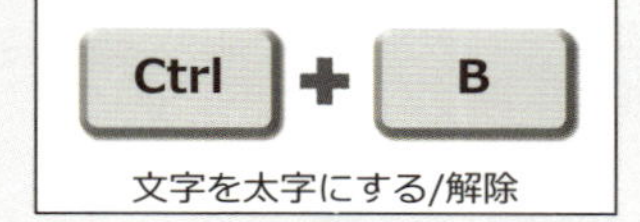

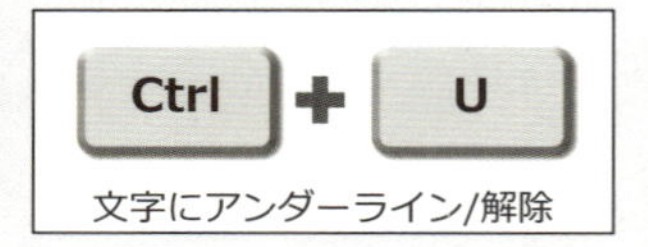


B I U **書式タブ→フォント**のコマンドと同じ

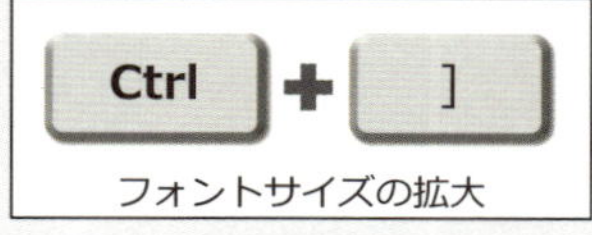


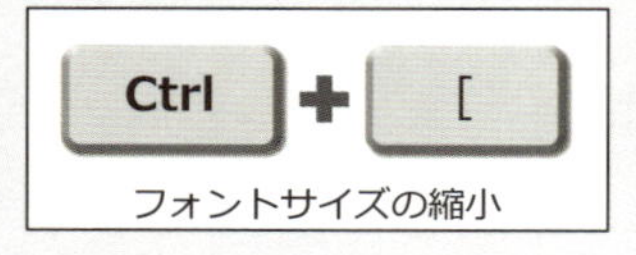

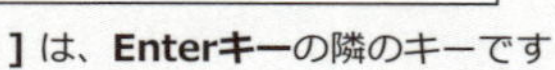
] は、**Enterキー**の隣のキーです

図形を選択して**F2**を押すとカーソルが点滅します

### ●選択/グループ化

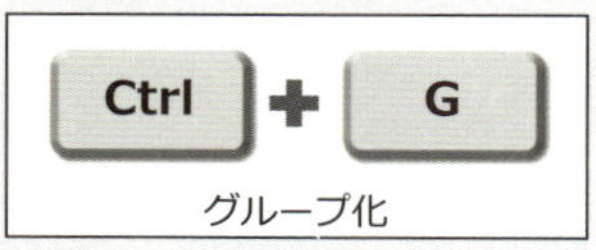


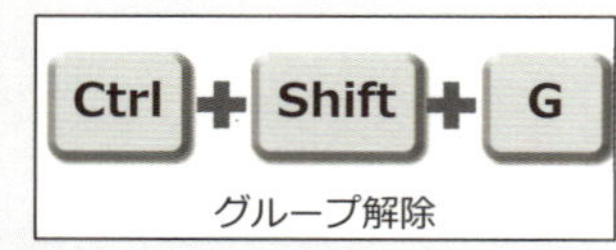


右クリックで呼び出して探す手間をなくします

### ●表示の拡大/縮小

何も選択しない状態で操作すると、スライドの中心を起点に拡大/縮小されます。特定のオブジェクトを選択した状態で操作すると、そのオブジェクトを中心に拡大/縮小されるので作業中の部分をクローズアップするのに便利です。

### ●図形描画

図形描画はマウスのドラッグ開始点が起点ですが、**Ctrlキー**を押しながら描画すると図形の中心から描けます。

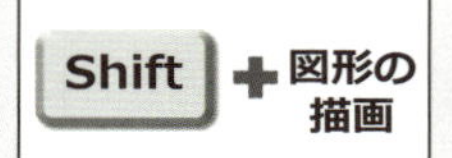


正方形、正円を描くときは**Shiftキー**を押しながら描画します。

## ●操作のやりなおし/繰り返し

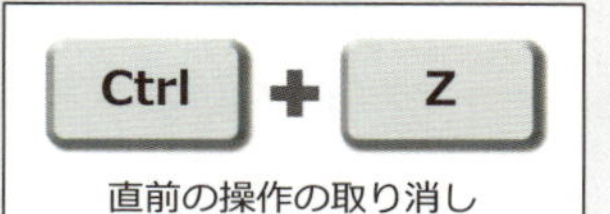

直前の操作の取り消し

操作の取り消しをさかのぼる回数は、**ファイルタブ→オプション→詳細設定→編集オプション→元に戻す操作の最大数**で設定しておきます。

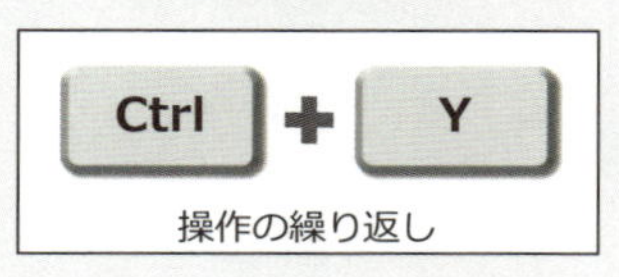

操作の繰り返し

オブジェクトの複製を何度も繰り返します。

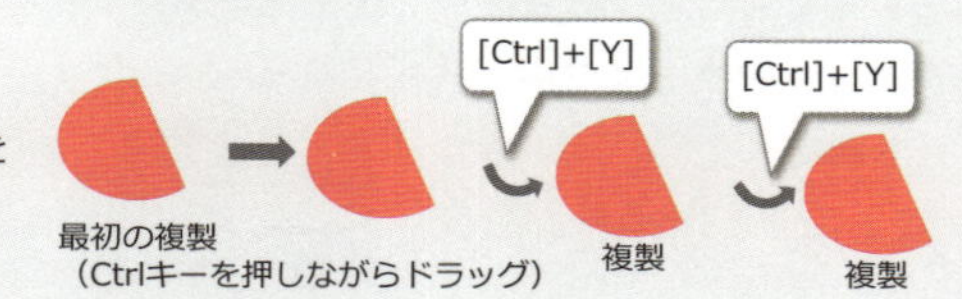


## ●移動

少しずつ右へ移動

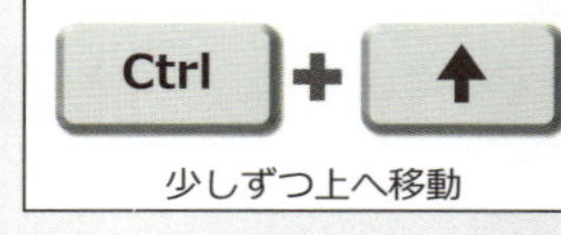

少しずつ上へ移動

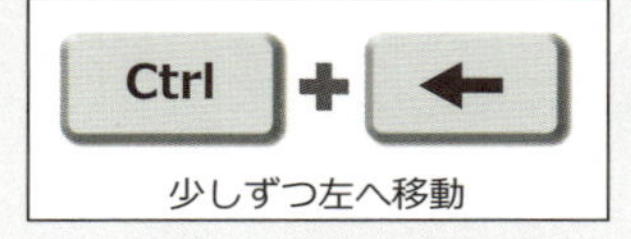

少しずつ左へ移動

少しずつ下へ移動

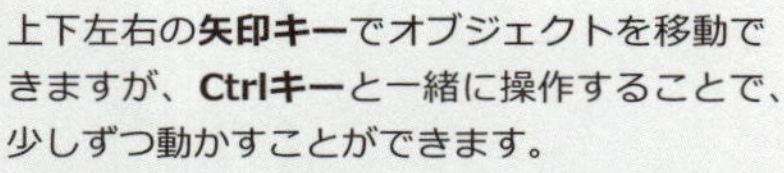

上下左右の**矢印キー**でオブジェクトを移動できますが、**Ctrlキー**と一緒に操作することで、少しずつ動かすことができます。
マウスを握りしめてドラッグする必要がなく、レイアウトの微調整には必須です。

微細な移動/拡大

オブジェクトの移動や拡大時の**スマートガイド**（赤い細点線：80ページ）を消して、吸い付かずに微細な調整ができます。

## ●拡大/縮小/回転

横方向に拡大

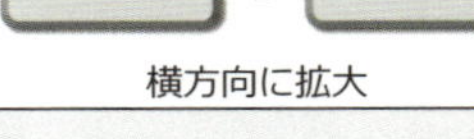

少しずつ横方向に拡大

横方向に縮小

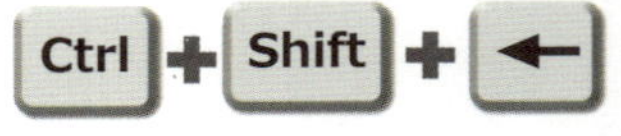

少しずつ横方向に縮小

縦方向に拡大

少しずつ縦方向に拡大

縦方向に縮小

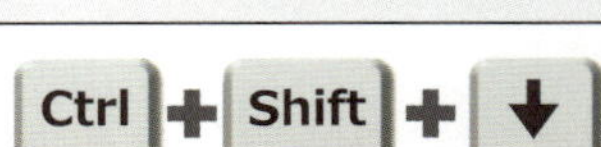

少しずつ縦方向に縮小

時計まわりに回転

少しずつ時計まわりに回転

反時計まわりに回転

少しずつ反時計まわりに回転

上下左右の**矢印キー**と**Shiftキー**の操作で、横方向や縦方向に拡大/縮小ができます。**Ctrlキー**と一緒に操作すれば、少しずつの調整ができます（縦横比が固定されているとプロポーションを保ったままになります：70ページ）。

**Altキー**と左右の**矢印キー**の操作で、オブジェクトの回転ができます。一回の操作で15°ずつ回転します。
**Ctrlキー**を加えると、回転する角度は1°ずつになります。
回転のハンドルは、画面の表示サイズが小さくなると消えてしまうので、細かい操作には便利です。

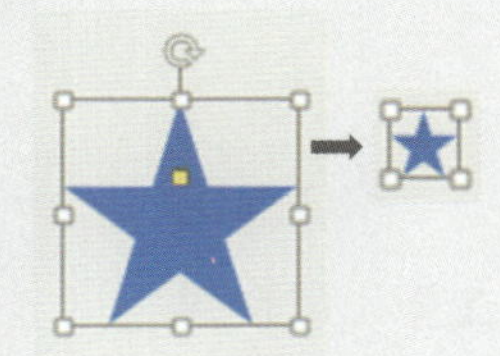

## オブジェクトを整列する

選択した図形を細かくドラッグしなくても、**図形描画**の**配置**機能で簡単にピタッと整列します。スライドの編集作業では、頻繁に使う機能なので、**クイックアクセスツールバー**（74ページ）に入れておくことをおススメします。

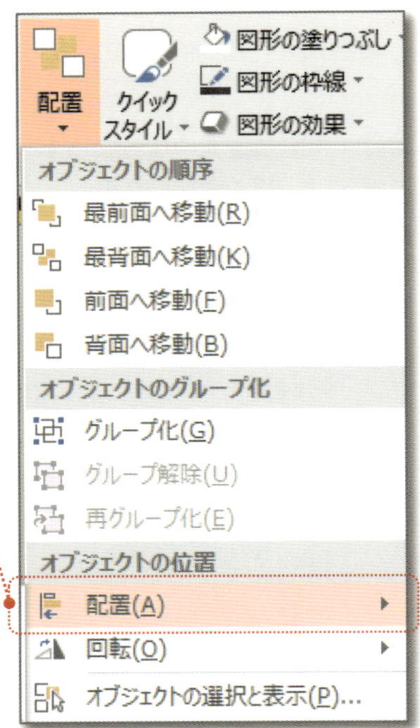


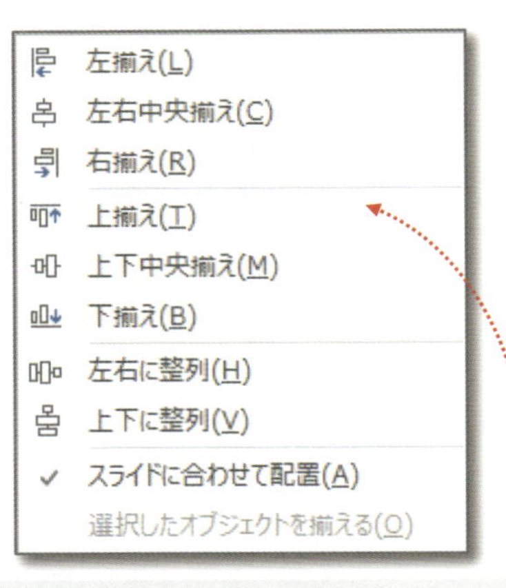


### ■左揃え（右揃え/上揃え/下揃え）

複数の選択されたオブジェクトの一番端を基準に整列します。一つのオブジェクトだけを選択した場合は、スライドの端に移動します（右図は左揃えの例）。

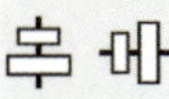

### ■左右（上下）中央揃え

複数の選択されたオブジェクトの左右中央を基準に、整列します。一つのオブジェクトだけを選択した場合は、スライドのセンターに移動します。上下方向も同様です。グループ化されたオブジェクトの場合はグループ化されたサイズが基準になります。

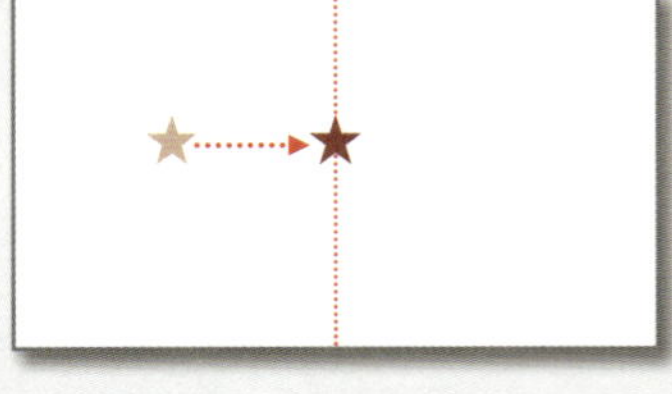
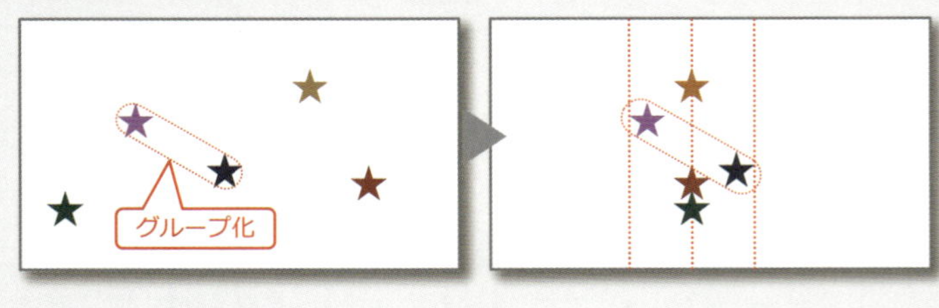


### ■左右（上下）に整列

上下（左右）に、オブジェクトを均等な間隔をあけて整列します。オブジェクトのサイズがさまざまでも、均等な間隔で整列します。

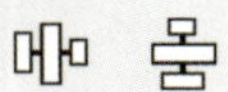

## ■「揃え」と「整列」を組み合わせる

バラバラなオブジェクトを、センターに均等に並べたり、斜めに並べたりすることも、**配置**のコマンドを組み合わせると簡単です。オブジェクトを一度選択した後は、コマンドのアイコンをクリックするだけできれいなレイアウトになります。

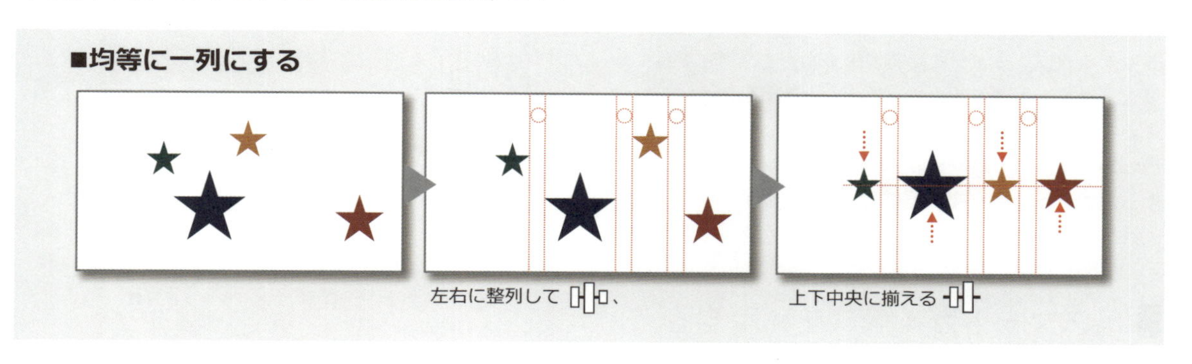


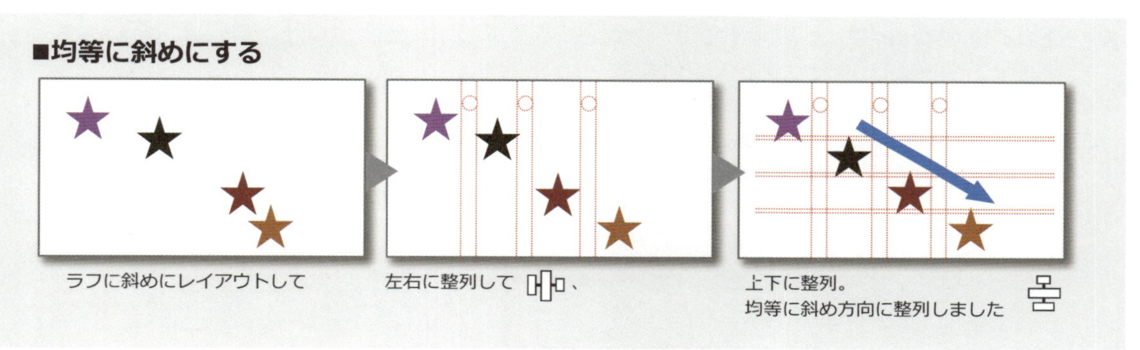


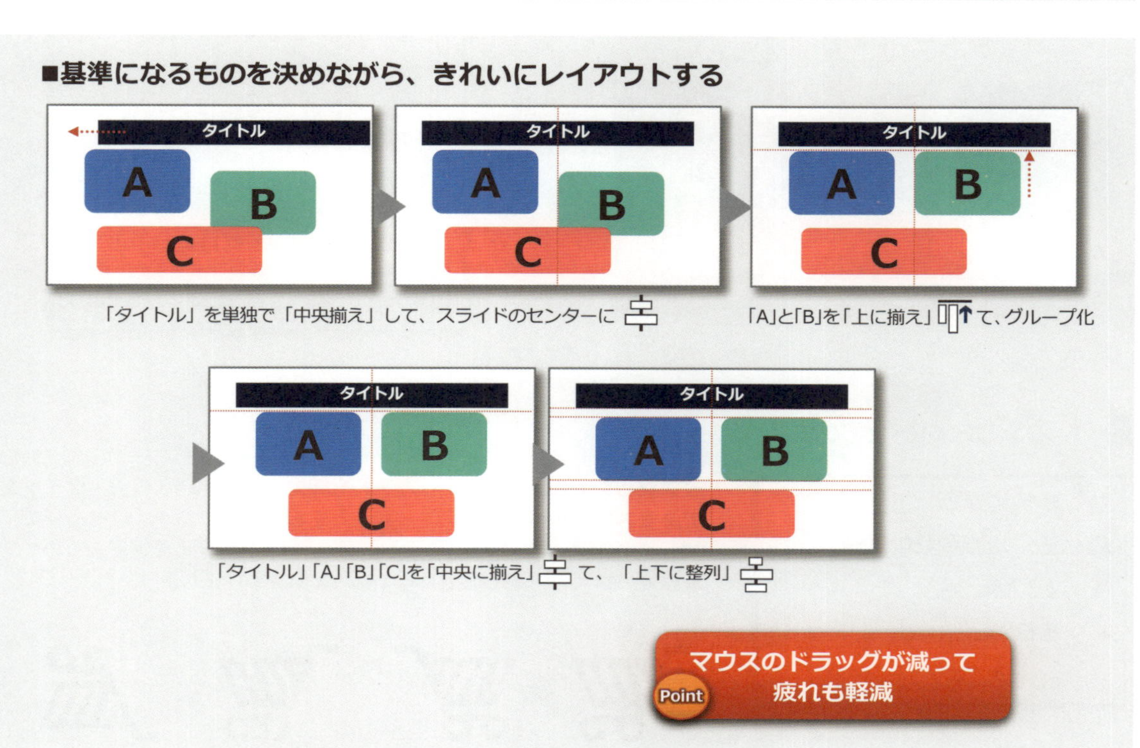

## 「ガイド」を利用する

**表示タブ**の**表示**にある**ガイド**をチェックするとスライドのセンターに十字に交差した**ガイド**が表示されます。ライン上にポインタを合わせると、ポインタの形が変わり、ラインをつまんで移動できます。**Ctrlキー**を押しながらドラッグすれば、ラインを複製できます。このガイドは、オブジェクトを吸着するので、ライン上に簡単にきれいに揃えることができます。

PowerPoint 2013からは、**マスター**（116ページ）上にガイドを表示することができるので、スライドの作業中にガイドを触って動かしてしまう、ということがなくなりました。

## 「スマートガイド」を利用する

PowerPoint 2013から、オブジェクトのドラッグ時に、**スマートガイド**（赤い細点線）が表示されるようになりました。同一スライド内のほかのオブジェクトとの相関的な位置関係をヒントとして表示し、そのまま吸着するのでレイアウトが大きく効率化できます。吸着させたくない（ガイドを一時的に消す）ときは、**Altキー**を押します。

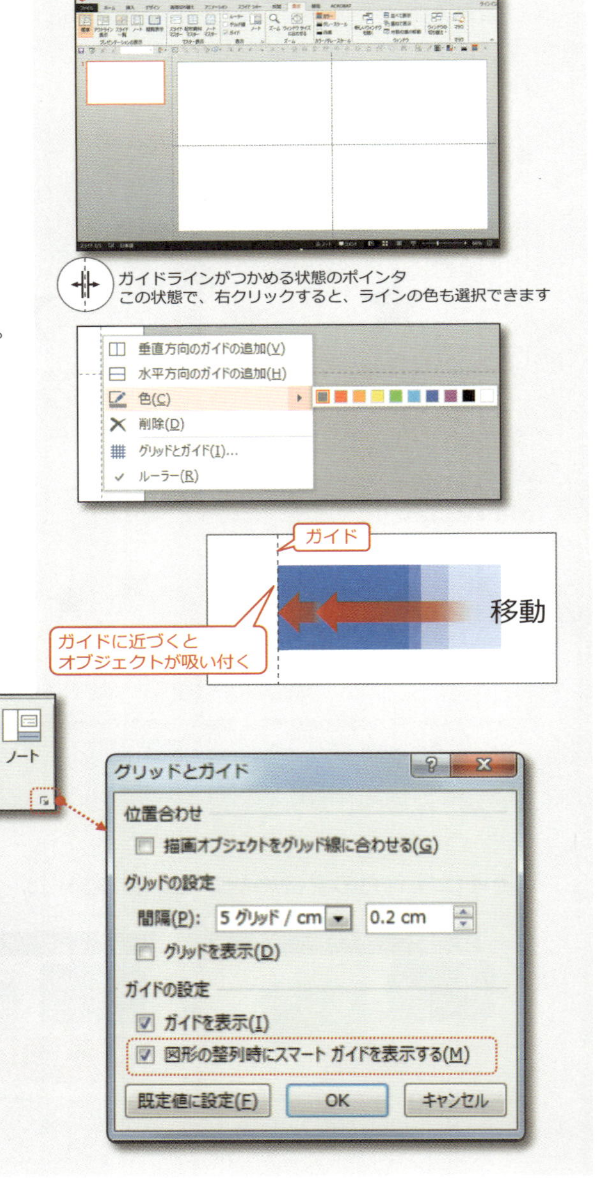


## オブジェクトを反転する

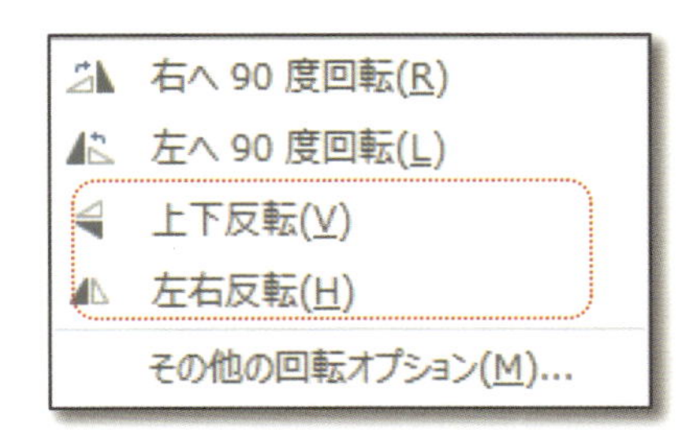


**オブジェクトの反転**（上下、左右）も頻繁に使う操作なので、**クイックアクセスツールバー**に入れておくことをおススメします。61ページで解説しているように、PowerPointの図形には上下方向の属性があるので、反転後の拡大/縮小時に混乱しないように気をつけましょう。

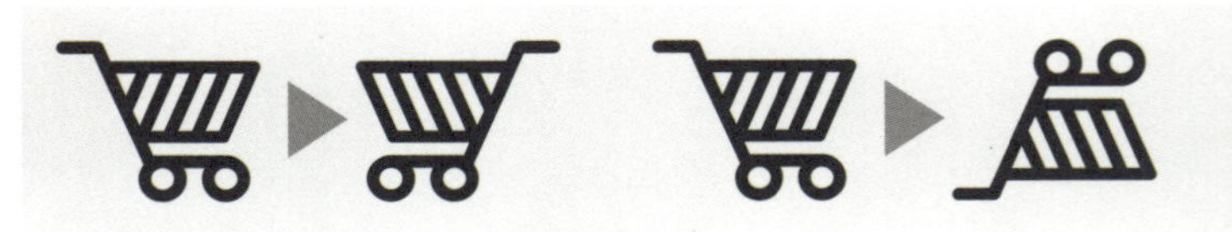

## 色や効果、文字設定をそのまま複製する

オブジェクトに編集した文字の設定（フォント、色、サイズ）や効果、図形の色や効果などの書式をほかのオブジェクトの書式に**貼り付け**（移植）するには、**ホームタブ→クリップボード→書式のコピー/貼り付け**（刷毛のアイコン）をクリックします。刷毛のアイコンがついたポインタに変わったら、適用したいほかのオブジェクトをクリックすれば、設定がそのまま移植されます。

複数のオブジェクトに連続して適用したいときは、**ダブルクリック**します。スライドの何もないところでクリックするか、**Escキー**で効果を解除できます。

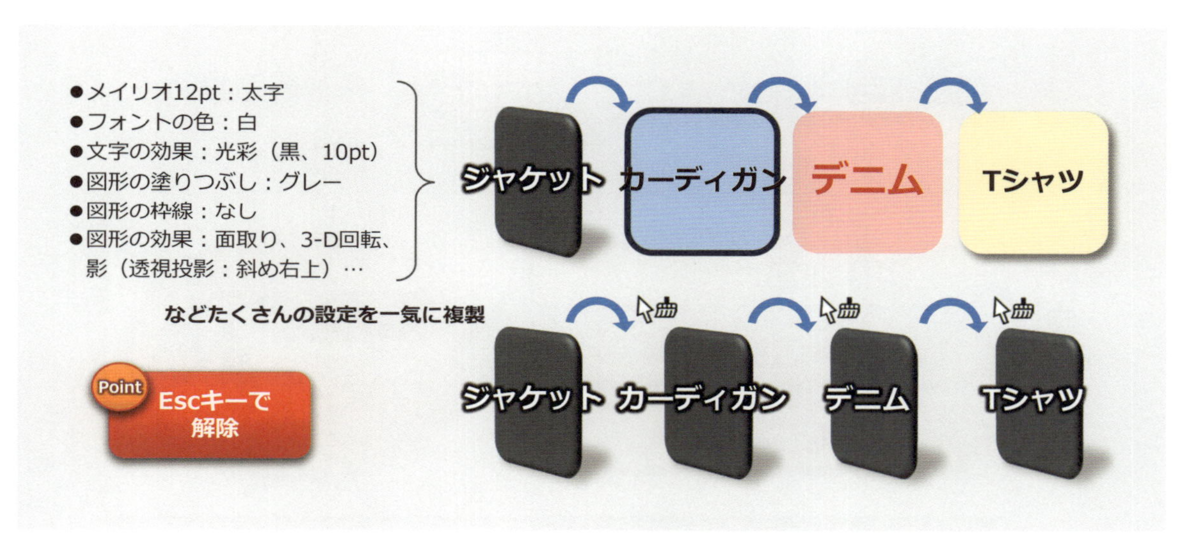

ダブルクリックでの貼り付けの効果は、単独のスライド内だけでなく、同一ファイル内の別のスライドや、別のファイルと行き来しても継続します。ほかの資料で見つけた、気に入った書式設定を複製して自分のスライドに貼り付け、といったこともできます。

## 「書式のコピー/貼り付け」を文字に適用する

一つのテキストボックスの中で、部分的にフォントを太字にしていたり、サイズを変えていたりする書式をほかの部分に適用するときは、**書式のコピー/貼り付け**をダブルクリックして刷毛のアイコンのついたカーソルに変わったら、適用したい場所を選択します。項目がたくさんあっても、強調部分の複数への適用が一気に編集できます。

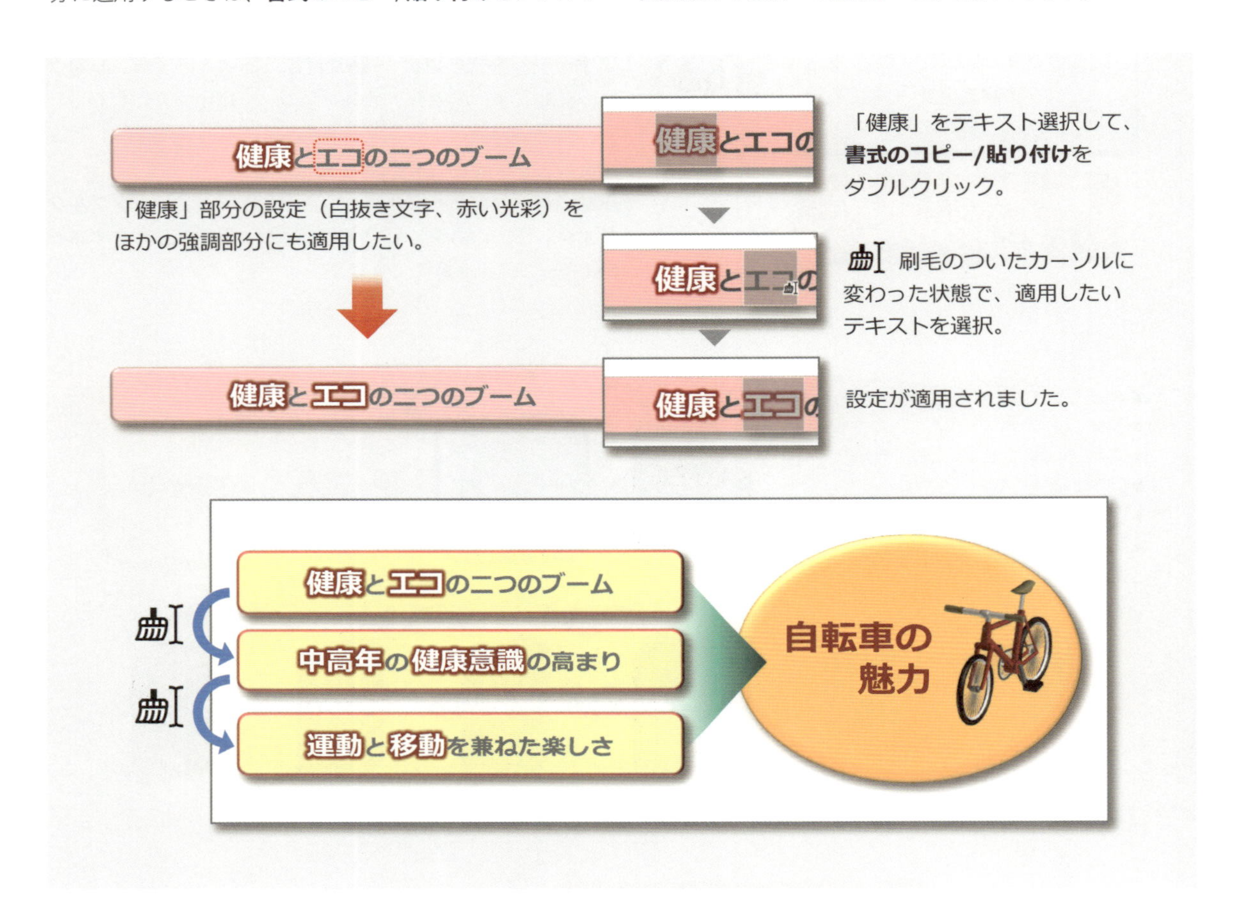


## 任意で文字の選択範囲を決められる設定

上記のように、ここからここまで強調したいと、文字を選択していると勝手にその単語の終わりのところまで選択されてしまう、といった経験はありませんか？　**ファイルタブ→オプション→詳細設定**で、**文字列の選択時に、単語単位で選択する**のチェックを外すと、任意で選択範囲を決めることができます。

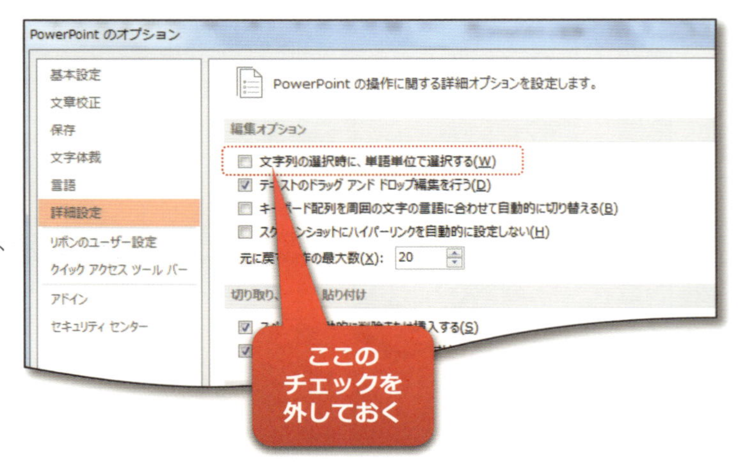

## ■ 色だけを拾う「スポイト」

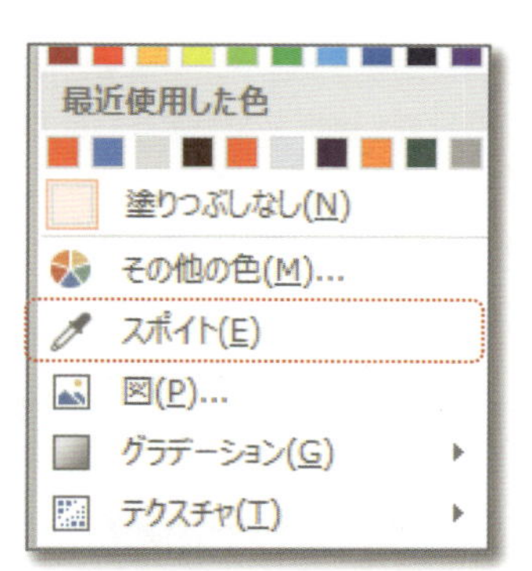


PowerPoint 2013から、カラーパレットの下に、**スポイト**機能が追加されています。**書式のコピー**では**色**以外の書式設定も一緒にコピーされてしまいますが、スポイトは純粋に色だけをコピーすることができます。
図形の色からだけでなく、画像からも色を拾うことができるので、メインビジュアルの写真のカラーをほかに展開したり、いちいち色指定の数値を見ることなく、直感的に色をコピーできます。
色をつけたい図形や文字を選択しておいて、**スポイト**に変わったポインタを動かしていくと、その周辺のピクセルの色がリアルタイムでプレビューされます。色が決まった場所でクリックすると、選択しておいたオブジェクトに、その色が反映されます。

背景の色や文字の色を、すべてメインビジュアルの画像の中からスポイトで選択することで、統一感のある印象の強い配色ができます。

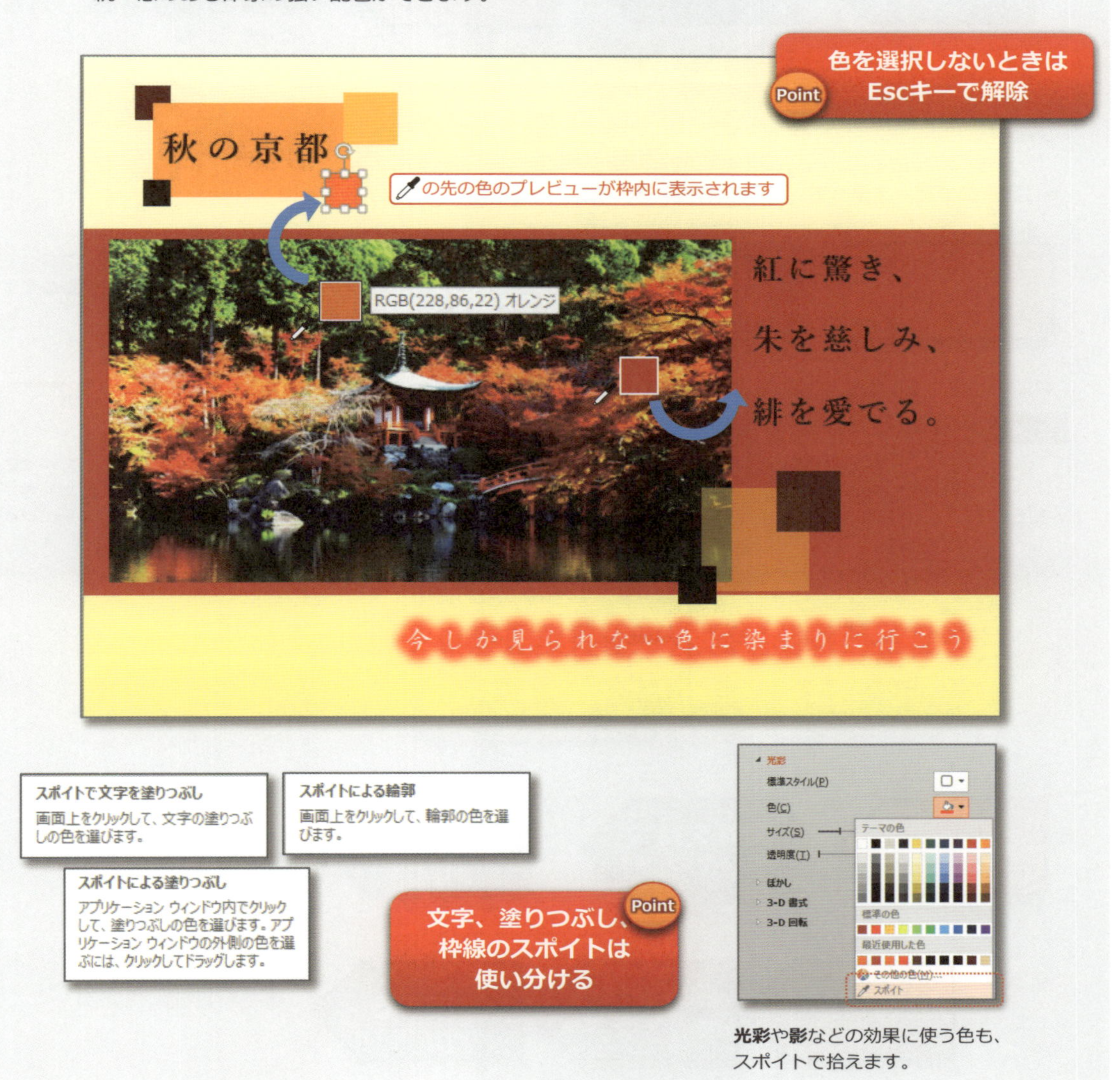


**光彩**や**影**などの効果に使う色も、スポイトで拾えます。

## 書式設定を生かしたまま図形を置き換える

四角いボックスに文字を編集しても、要素を整理したりする過程で、図形を変更することも多いでしょう。このとき、元のボックスにあったテキストをコピーし、新たに描いた図形にペーストするのは手間もかかる上に、塗りつぶしや枠線の設定、テキストの設定も、もう一度やり直すことになり、多くのロスになります。**図形の編集→図形の変更**を使えば、これらの手間を一気に解消できます。

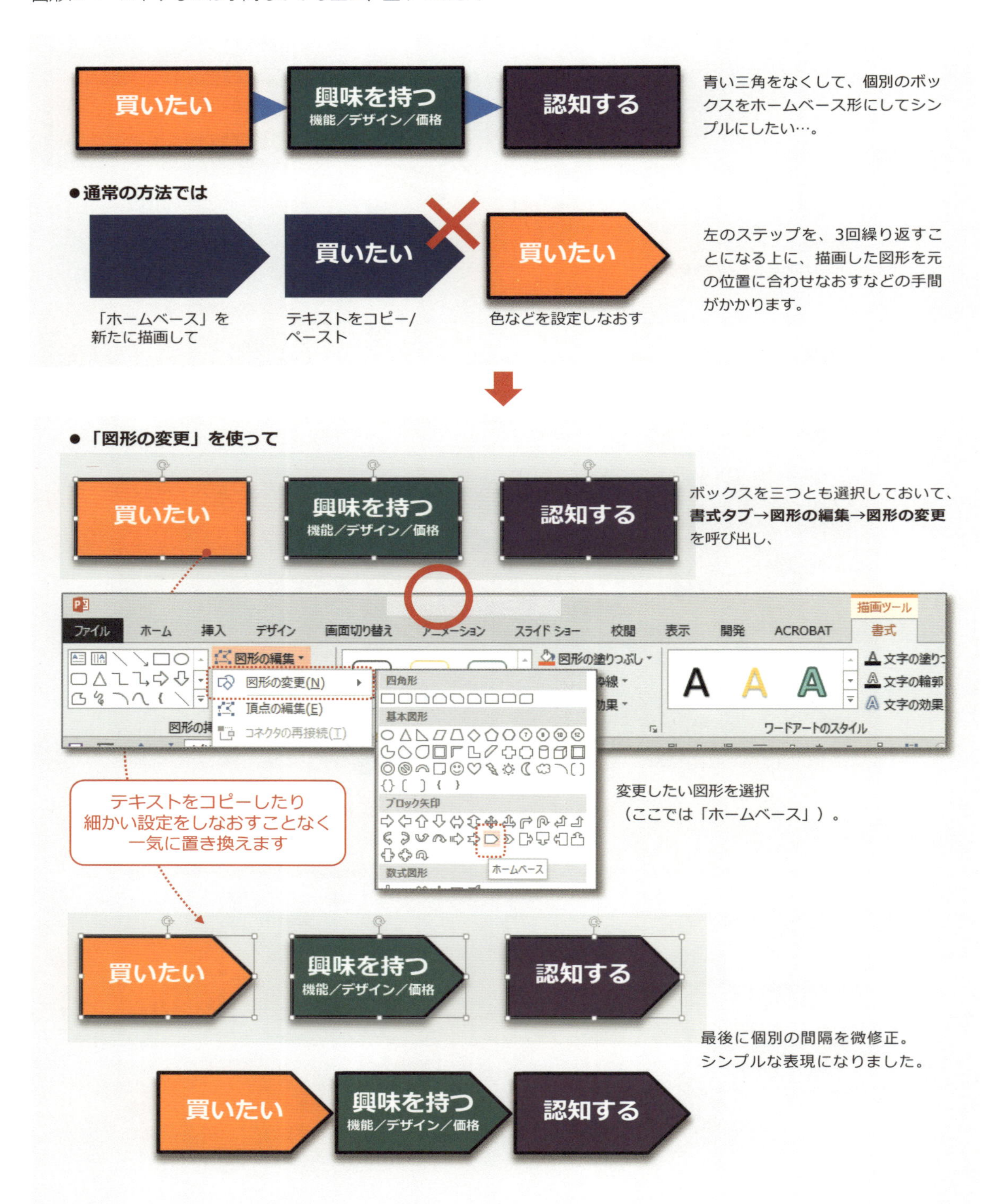

## 挿入した画像をそのまま差し替える

写真を変更するときも、新たに配置して位置や効果などを設定しなおすのは手間がかかります。画像を選択した状態で、**書式タブ→調整→図の変更**でそのまま差し替えます。

挿入した写真が間違っていたけれど、挿入しなおして、同じ設定や効果をつけるのは手間がかかる…。

枠線を赤、楕円でトリミングして、354°回転。斜め左上に内側の影の効果。

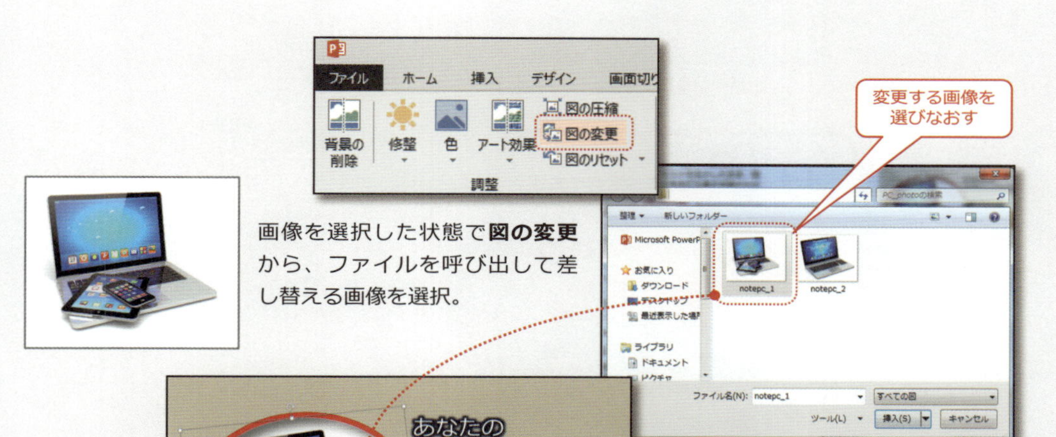


変更する画像を選びなおす

画像を選択した状態で**図の変更**から、ファイルを呼び出して差し替える画像を選択。



同じ設定のまま、画像だけ差し替わりました。

枠線を赤、楕円でトリミングして、354°回転。斜め左上に内側の影の効果。

画像を選択して、「右クリック」からでも呼び出せます。

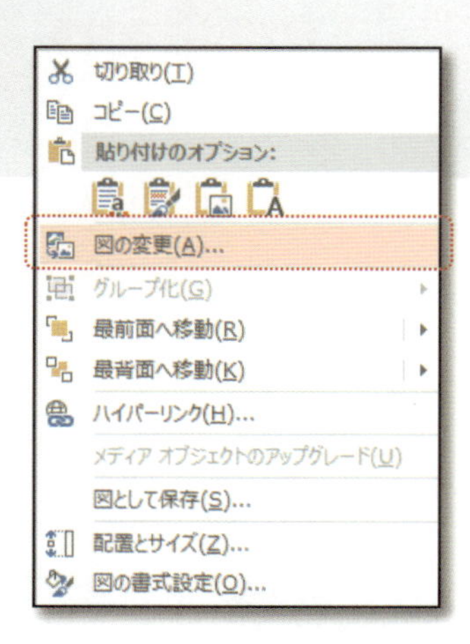

## 複雑なオブジェクトを整理する「選択と表示」

レイアウトされたオブジェクトが多くなると、オブジェクト同士が前面・背面に重なって、背面側が選択できなかったり、前後の重なりの関係が把握しきれなくなってきます。

**ホームタブ**から、**編集→選択 →オブジェクトの選択と表示**を呼び出すと、すべてのオブジェクトが一覧で表示されます。オブジェクトを非表示にして、背面のオブジェクトを選択しやすくしたり、このウィンドウ側から、オブジェクトを選択することもできます。前面・背面の順番も変更できます。実際のレイアウトに準じた順番にしておくとさらに編集しやすくなります。

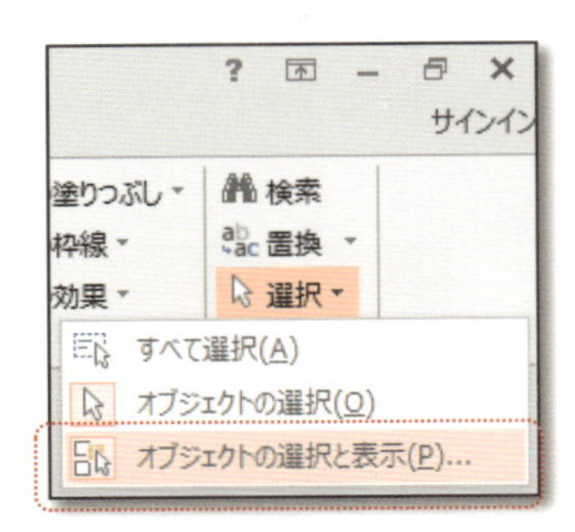


※**配置→オブジェクトの選択と表示**でも表示できます。

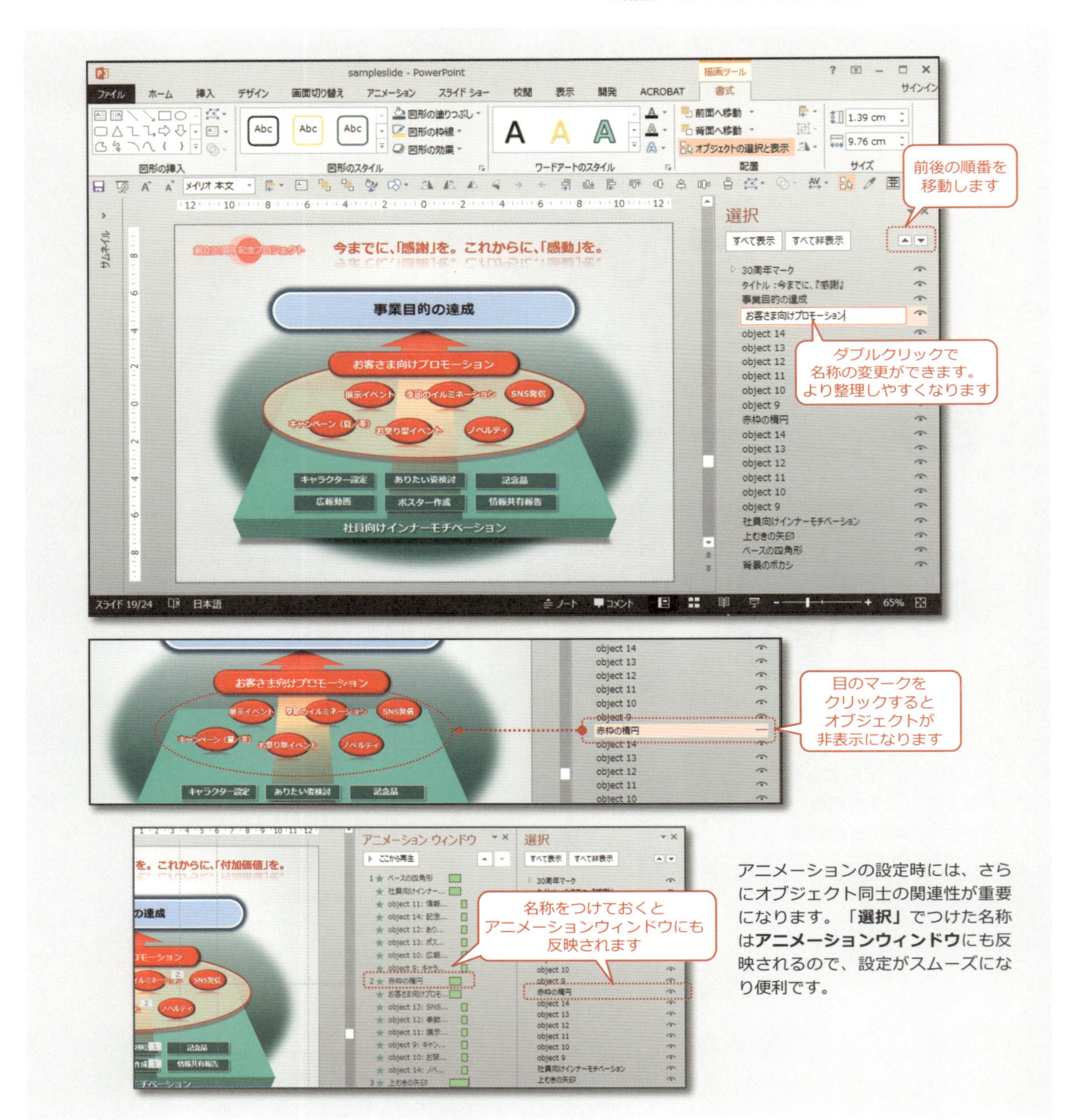


アニメーションの設定時には、さらにオブジェクト同士の関連性が重要になります。「**選択**」でつけた名称は**アニメーションウィンドウ**にも反映されるので、設定がスムーズになり便利です。

# 7 プロ並みの表現も？ 画像加工のテクニック

写真の加工もできる画像編集ソフトとしての実力を学ぶ

# プロ並みの表現も？ 画像加工のテクニック

写真の加工もできる画像編集ソフトとしての実力を学ぶ

PowerPointでは、写真はただ、取り込んで並べるだけだと思っていませんか？

図形の描画と同様、できないと思われがちな、画像データの加工。デジカメから取り込んだ少し暗い画像を明るく補正したり、カラー写真をセピア調にしてみたり、カタログ風に並べた製品写真を輪郭で切り抜いたり、さらに写真をイラスト風に加工してみるなど、実はPowerPointには、さまざまな画像加工機能があります。一般的なDTPソフトでありがちな面倒なリンクなどの手間もなく、加工した画像を簡単にリセットすることもできます。

画像編集ソフトを立ち上げて行き来することもないので、作業効率も高まります。

## ラスター（ピクセル）画像と、ベクター画像の違い

画像は、一つ一つのピクセルで構成されたラスターデータと、アンカーポイントを起点とした曲線で構成されたベクターデータの二つに分類されます。デジタルカメラで撮影した写真や、スキャンしたもの、Webに掲載されている画像はラスターデータで、ファイル形式には、JPEG、PNG、BMPなどがあります。PowerPointで図形描画されたもの（オートシェイプ）や、Illustratorで作成された企業のロゴマークなど（拡張子が「.ai」）はベクターデータです。ラスター画像は、細かいピクセルで構成されているので、拡大するとだんだん粗くなってしまいます。大きくしても粗くならないようにするには、解像度を大きくする必要があり、そうするとファイルサイズも大きく（重く）なります（一般に、JPEGだから軽い、という解釈をしている方がいますが、JPEGは画像の色数を間引いて軽くしているもので、圧縮前のTIFFやRAWデータに比べて軽いのであって、解像度とは関係ありません）。一方ベクター画像は、ポイント（PowerPointでは「頂点」といいます）で構成されているので、拡大しても輪郭は、はっきりしたままです。よほど複雑な図形を描かない限り、ファイルサイズには、ほとんど影響しません。

## ベクターデータの編集（頂点の編集）

PowerPointで描画した図形を部分的に形を変えたいとき、描いた図形を選択した状態で、右クリックして**頂点の編集**を選択すると、図形を構成しているポイントが黒く表示されて編集できるようになります。この状態で、辺の上にポインタを合わせると**頂点を追加**したり、頂点の上に合わせると**頂点を削除**でき、図形の形を変えることができます。また、黒い頂点をクリックすると、曲線を編集するハンドルが出てきます。ハンドルの先の白いポイントをつまんで動かすと、カーブの度合いを自由に変形できます。このハンドルの操作には、熟練が求められますが、慣れると、描ける図形の幅が大きく広がります（142ページ）。

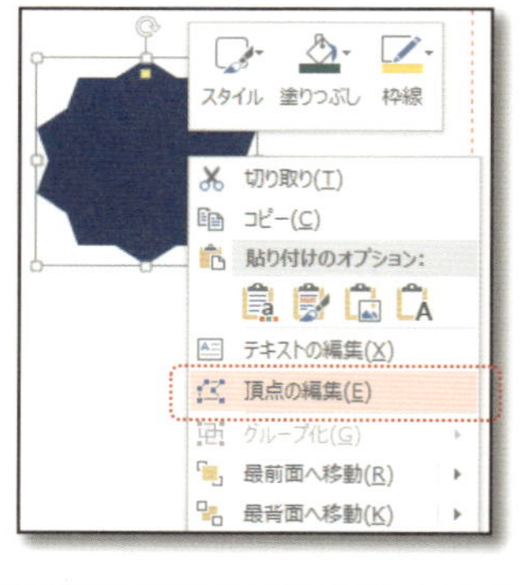


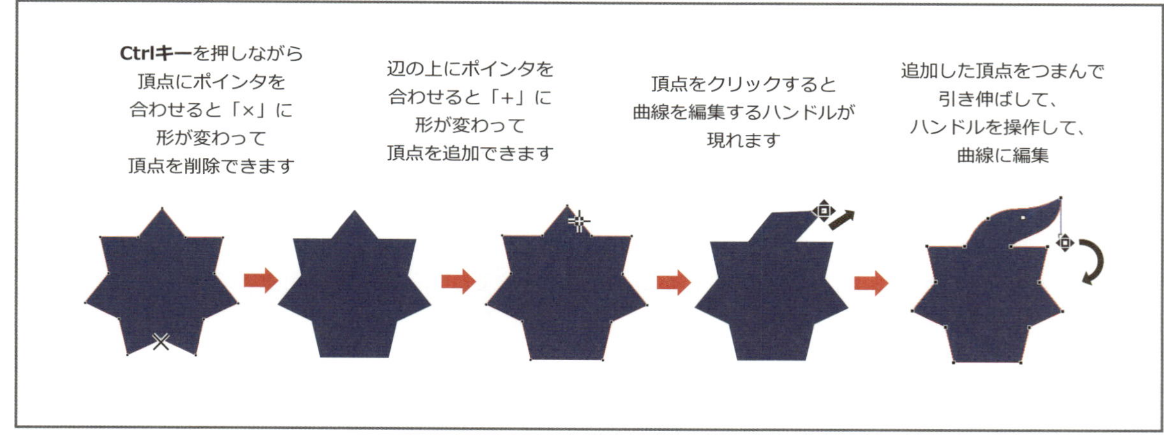

## AIデータを、PowerPointに取り込んで編集する

企業のロゴなどは、Illustratorで作成されているベクターデータがオリジナルであることがほとんどです。Webサイトなどでは、ラスターデータしか表示できないので、JPEGやPNGなどに変換してあります。

たとえば制作チームにデータを依頼すると、ほとんどJPEG画像で提供されますが、画像が小さいと拡大時に粗くなってしまいます。また、背景によって色を変えたい（白抜きにしたいなど）ときには、またデータをもらいなおす必要があります。

AIデータをEMF形式※のデータに書き出せば、ベクターデータのまま、PowerPoint上でも粗くならずに拡大できたり、色をパレットから簡単に変更したり、頂点の編集もできたりするなど、手間もなくなり自由度も広がります。

①Illustrator上でファイルタブ→書き出しで、EMF形式に書き出します
②挿入でPowerPointに取り込んだら、グループ解除します
Microsoft PowerPoint
これはインポートされた図で、グループではありません。Microsoft Office 描画オブジェクトに変換しますか?
ヘルプの表示(E) >>
はい(Y)
いいえ(N)
この情報は役に立ちましたか?
③「はい」で実行
④さらにもう一回グループ解除を実行
Kai corporation
⑤オブジェクトがバラバラになります
⑥オブジェクトを含まない透明な外枠は削除します
⑦残ったオブジェクトを再度グループ化します
⑧PowerPoint上で、色の変更も簡単。図形の効果もつけられます


ベクターデータで提供されているフリー素材のイラストなども、Illustratorの作業環境があれば、EMFに書き出して取り込んでクリップアートとして使うことができます。絵がシャープであること、たくさん使ってもファイルが重くなりにくいなどのメリットがあります。人物のイラストで、ネクタイの色を変えたりPowerPoint上でバリエーションが作れます。EMFに書き出す元データのサイズが小さいと、曲線が乱れるので注意してください。

A4(Illustrator)に対して描いた大きさが**小さいと書き出し後の曲線ががたつく**
A4(Illustrator)に対して描いた大きさが大きいとなめらかな曲線がキープできる


※**Enhanced Metafile Format（EMF）**：WMF（Windows Metafile）から32bit版に拡張された画像ファイルフォーマット

## 画像をトリミングする

レイアウトした画像の一部をトリミングするべきなのに、画像をつまんで引っぱって変形させている資料が多くみられます。正しくトリミングしましょう。角版（四角い画像）のトリミングのほかに、描画できる図形に合わせてトリミングすることもできます。
画像の上で右クリックして**トリミング**のアイコンを選択します。四方の角と辺の中央に画像を囲むように黒いガイドが出てきます。ガイドにポインタを合わせて、それぞれ「T」や「L」の形に変わったら押すように動かすとトリミングできます。

画像を横長に切り取りたいのに

変形させてしまった

変形させずに正しくトリミングできました

## 図形に合わせてトリミングする

角版ばかり並んだレイアウトは、ややもすると単調な印象になります。トリミングを丸くしてみたり、いろんな図形にしてみることで、目線を引いたり、リズム感のあるレイアウトができます。**書式タブ→サイズ**の**トリミング**をプルダウンすると、**図形に合わせてトリミング**とともに描画図形の一覧が出てくるので、任意の図形を選択します。**ハート**や**星**でアクセントをつけてみるのも面白いでしょう。

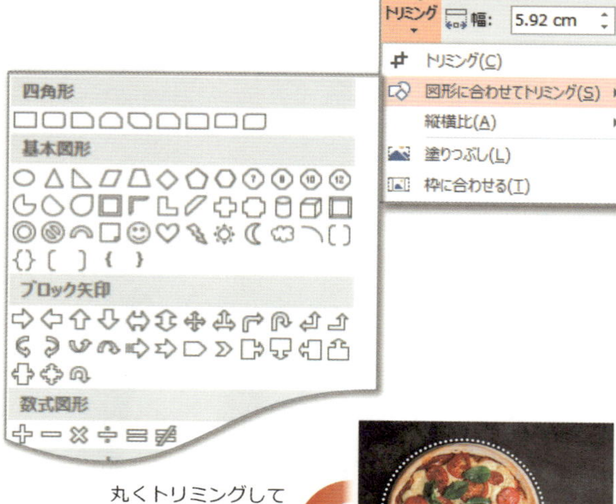

丸くトリミングして
背景をつける

トリミングツールで
図形のプロポーションを調整

## 画像の色みやコントラストを調整する

企画書作りをするときに、急遽写真が必要になったけれど、カメラマンに頼む余裕がないなど、最近はスマホでも性能のよいカメラが搭載されているので、ちょっとした報告書などにも、自分で撮影した写真を使うことも増えました。しかし、実際に配置してみると、青空が濁っていたり、顔色が悪かったり、想像していたような色ではないこともよくあります。こんなときは、わざわざ画像編集のツールを使わなくても、**書式タブ→修整**で、**シャープネス**や、**明るさ/コントラスト**が簡単に調整できます。

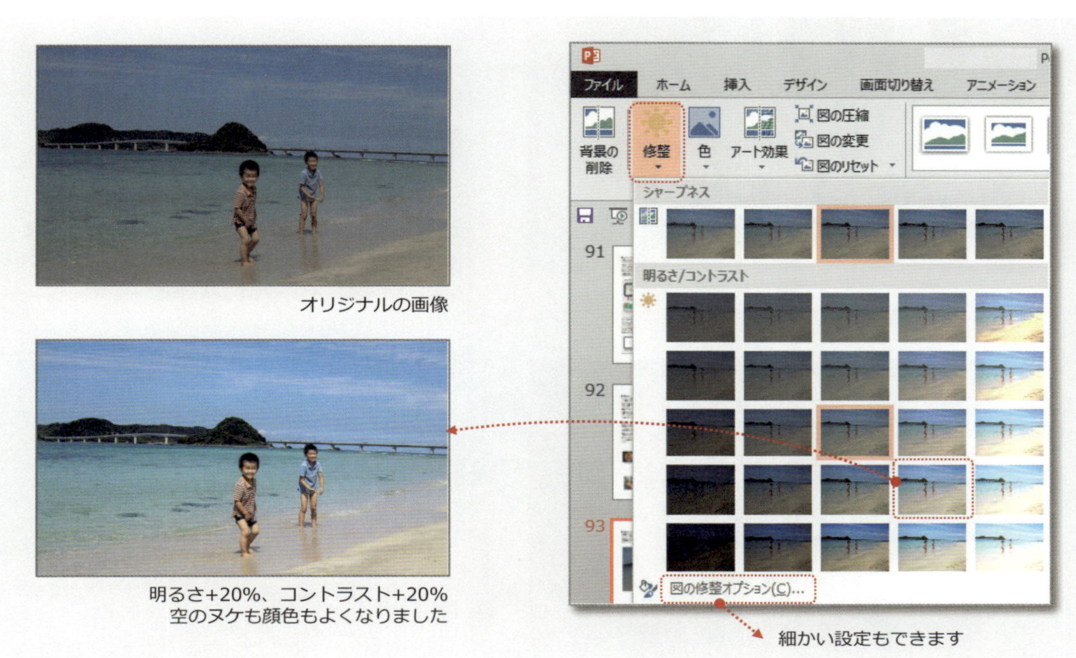


オリジナルの画像

明るさ+20%、コントラスト+20%
空のヌケも顔色もよくなりました

細かい設定もできます

**修整**の隣の**色**からは、彩度の調整や、トーン、セピア調などカラーのフィルターをかけたような色の変更などの加工ができます。

彩度200%

色のトーン：温度11200K

セピア

赤

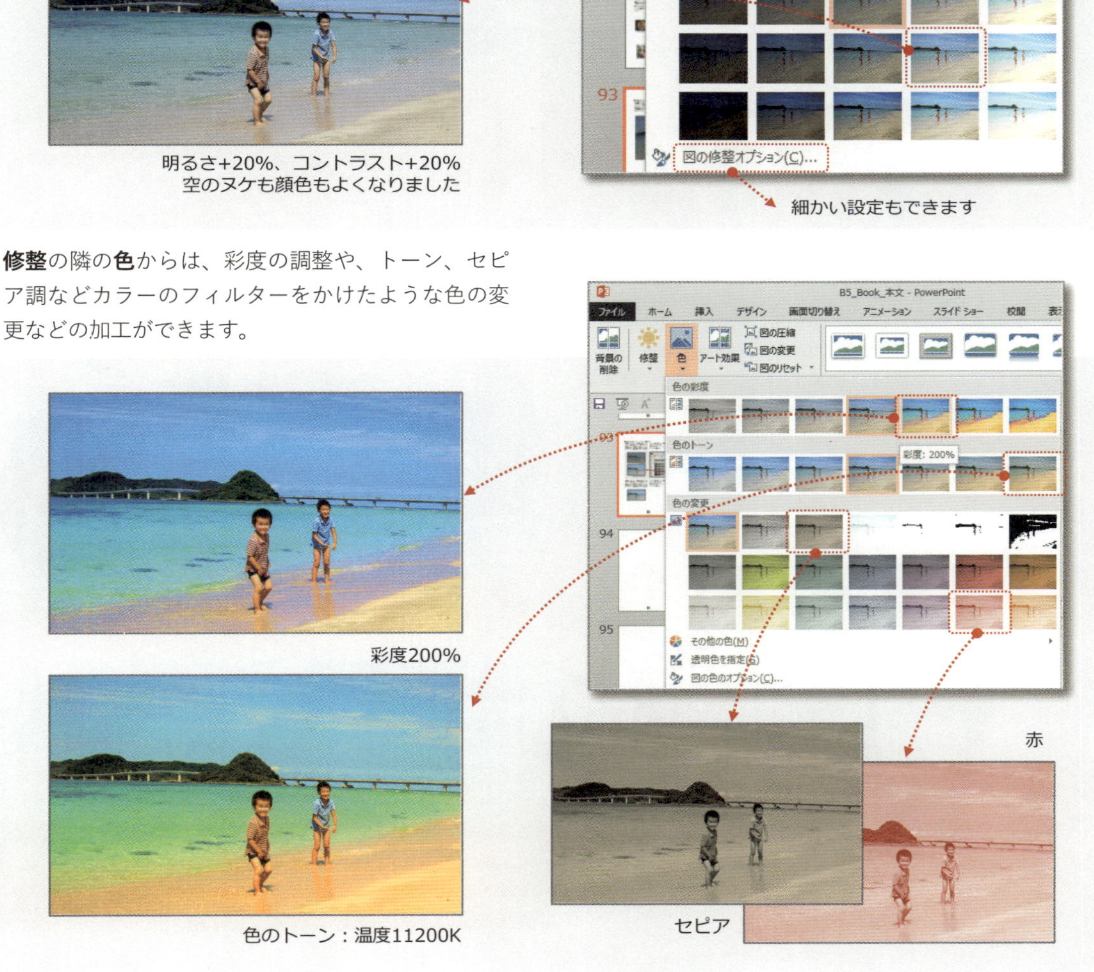

## 画像を切り抜く

背景を削除して、必要な部分をキリヌキで表現する機能です。

保持したい部分

保持したい部分

削除したい部分

削除したい部分

保持したい部分

①**書式タブ→調整**の、**背景の削除**を選択すると、リボンが上のように切り替わって、画像のピクセルを読み取って自動的に背景を削除します。

領域を調整

②編集する領域が狭かったり、削除してほしくないところまで削除されていたり、反対に残っていたりするので**保持する領域としてマーク**、**削除する領域としてマーク**にツールを持ち替えて、調整します（ポインタがペン形に変わるので、それぞれの領域をなぞります）。

保持する領域としてマーク

削除する領域としてマーク

③きれいに背景を削除して、手前の人物だけをキリヌキできました。

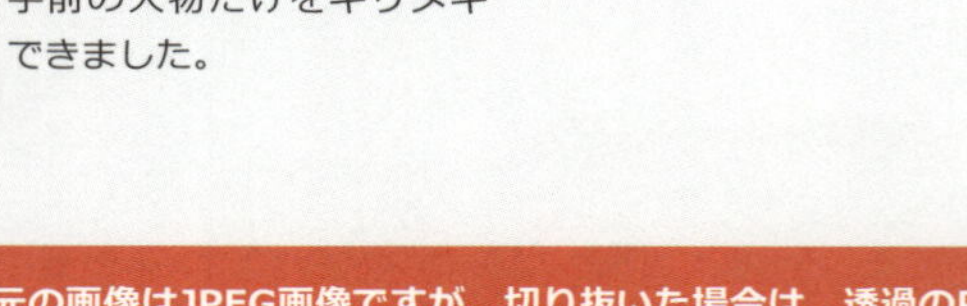

元の画像はJPEG画像ですが、切り抜いた場合は、透過のPNG画像になっています。またピクセルを読み取っているので、画像が粗いときれいにキリヌキできない場合があります。

## アート効果で、絵画のような表情をつける

写真をイラストのように加工します。先ほど背景を削除した画像を加工してみましょう。

**書式タブ→調整のアート効果の例**

鉛筆：モノクロ　　鉛筆：スケッチ

線画　　白黒コピー　　パッチワーク

テクスチャライザー　　パステル：なめらか　　ガラス

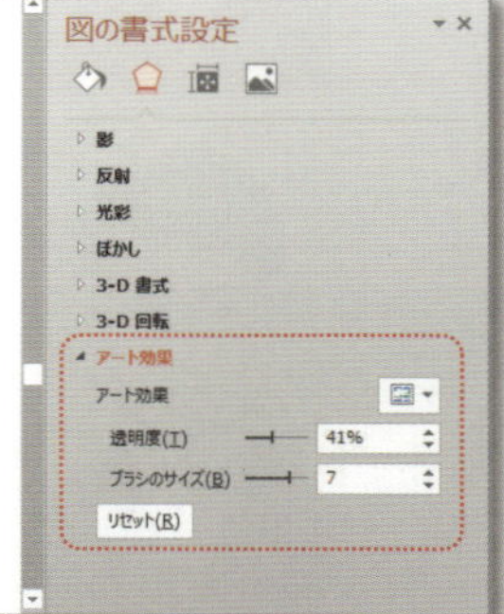


**ペイント：ブラシの調整例**

**アート効果のオプション**で効果のレベルを調整できます。

## 図形を画像化して、質感をつける

描画した図形（ベクターデータ）も、画像として取り込みなおせば、アート効果が適用できます。フラットな配色のイラストに質感をつけたり、表情のある吹き出しや、背景に地紋をつけたりできます。

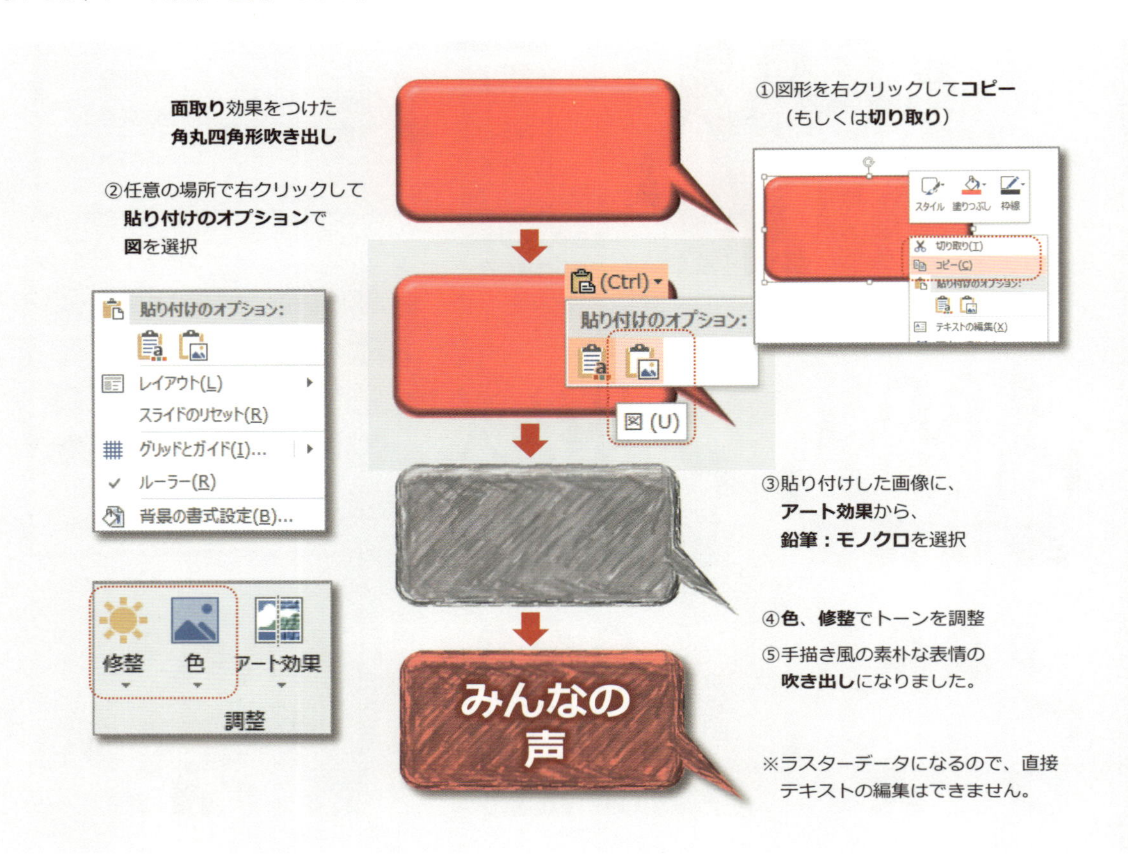

70ページで描いたイラストも、
図として貼り付けすることで、
アート効果がかけられます。
落書き調にしたり、パステル画のようにしたり、布地にプリントしたようなイメージにしたり、イラストの印象も変わります。

## 画像を半透明にして合成する

**図形の塗りつぶし**を使って、画像で塗りつぶすことによって、ラスターデータ画像を半透明にすることができます。

## 画像を圧縮してファイルを軽くする

通信容量の増大、スマホなどのカメラ機能の向上により、サイズの大きい画像を簡単にやり取りできるようになりました。しかし、気がつくとメガバイト単位の画像をいくつも貼り付けて、PowerPointファイル自体が重くなっていた、などということも少なくありません。

**書式タブ→調整→図の圧縮**で、**図のトリミング部分を削除する**にして、用途に応じた解像度を選択します。

トリミングしただけでは実は周囲の画像が残っています。**図のリセット**をクリックするとトリミングされた部分が現れます。

ファイルサイズ300kの画像が

10kになりました

一度圧縮すると、トリミング部分が削除されて、元の画像にはリセットしないので、オリジナルの画像は残しておくよう注意してください。また、**この画像だけに適用する**をチェックしておかないと、ファイル内すべての画像が圧縮されてしまうので注意してください。

トリミングと同時に、解像度も選択します。メール添付できるレベルにファイルサイズを小さくしたいという場合は、**電子メール用（96ppi）**を選択しますが、通常は、**印刷用（220ppi）**を選択しておくと、多少のサイズ変更や印刷時にも、画像が粗くならずにすみます。画面表示の使用に限定されていれば、**画面用（150ppi）**を選択します。**ドキュメントの解像度**は、**ファイルタブ→オプション→詳細設定のイメージのサイズと画質**で設定した解像度です（100ページ）。

## 加工した画像を保存する

このように加工した画像は、任意の形式の画像ファイルとして保存できるので、クリップアートとしてストックしたり、Web用に展開したり、さまざまな用途に活用できます。

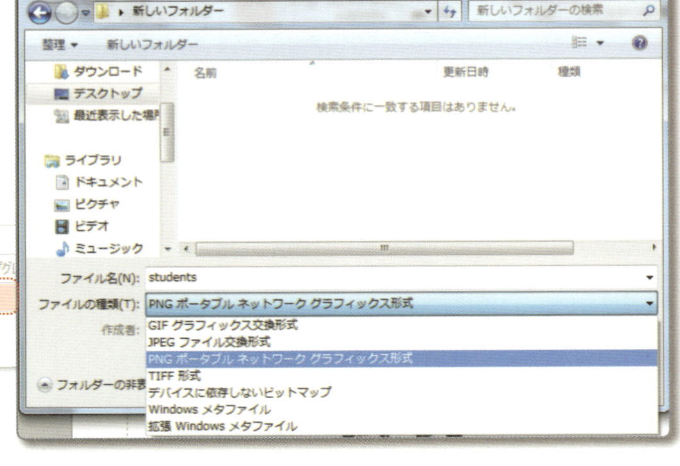


WebやほかのPPTへ展開をするときは、JPEG形式か、PNG形式が一般的です。JPEG形式は、比較的ファイルサイズを小さくできますが、画像が粗くなります。また切り抜いた画像でも白い背景がついて角版の状態になります。PNG形式では、画質が劣化せず、先ほどの金魚のような透明、半透明の状態で保存できますが、色数の多い写真などの場合は、ファイルサイズが大きくなるので注意しましょう。

## 写真を文字の形にトリミングする

37ページで解説した**文字の効果：変形**で変形された文字は、97ページのように、**画像で塗りつぶす**ことができます。これを応用すれば写真を文字の形にトリミングできます。透明度の調整ができるほか、さまざまな効果を適用することもできます。文字として編集も可能です。

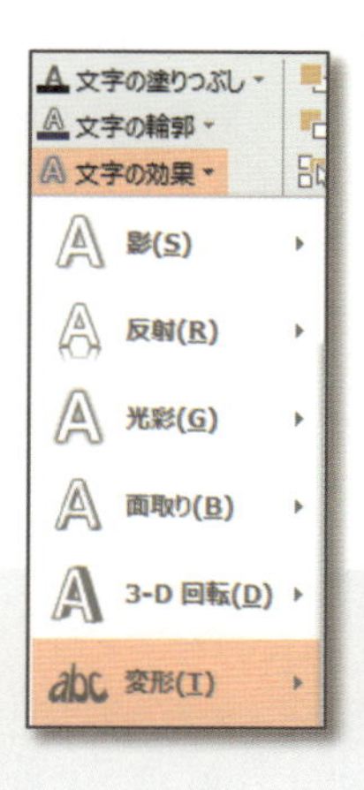

①変形をかけた文字のテキストボックスのサイズに合わせて背景の画像をトリミングします。

②右クリックでトリミングした画像を**切り取り**（クリップボードに記憶）。

③変形した文字を、**「塗りつぶし（図またはテクスチャ）」**で塗りつぶし

図形の書式設定
図形のオプション　文字のオプション
文字の塗りつぶし
塗りつぶしなし(N)
塗りつぶし (単色)(S)
塗りつぶし (グラデーション)(G)
塗りつぶし (図またはテクスチャ)(P)
塗りつぶし (パターン)(A)
図の挿入元
ファイル(F)...　クリップボード(C)　オンライン(E)...
テクスチャ(U)
透明度(T)　0%

④白い光彩効果をつけて、元の背景画像と重ねました。

◆「文字の効果」が適用できます

秋の京都　「面取り」＋「影」

秋の京都　「反射」

変形した文字は、このように、半分図形、半分テキストの特性を持っているので、そのまま編集したり、フォントを変更することができます

晩秋の京都

◆画像をはめ込んだまま、テキストの編集ができます

秋の京都

◆画像をはめ込んだまま、フォントを変更できます

## 画像の圧縮設定を確認する

きれいな画像を挿入したはずなのに、編集をしているうちに、いつの間にか粗い画像になっていた、ということがあります。
この現象を解消するには、**ファイルタブ→オプション→詳細設定**の**イメージのサイズと画質**を確認しましょう。ここで**ファイル内のイメージを圧縮しない**のチェックが外れていると、ファイル内の画像すべてが保存のたびに圧縮されてしまい、粗いものになってしまいます。ここは必ずチェックしておいて、画像の圧縮は、目的に応じて個別に設定するように気をつけましょう。

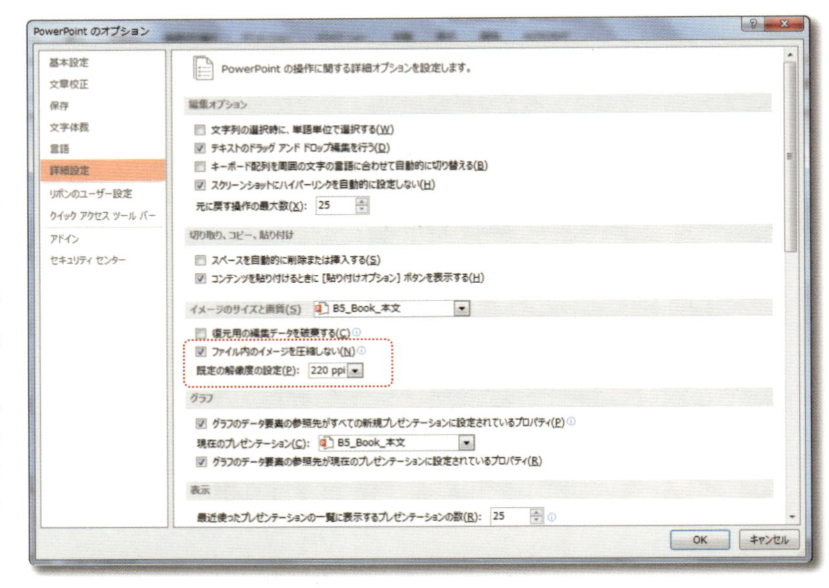


## 印刷の設定を確認する

せっかく**図形の効果**で影をつけてスライドを作成したのに、プリントアウトすると影が出ない、ということがあります。
これもやはり**ファイルタブ→オプション→詳細設定**で解決します。下にスクロールしていくと、**印刷**の設定があります。ここで**高品質で印刷する（すべての影効果も印刷されます）**にチェックを入れていないと、影が印刷されません。事前にチェックしておきましょう。

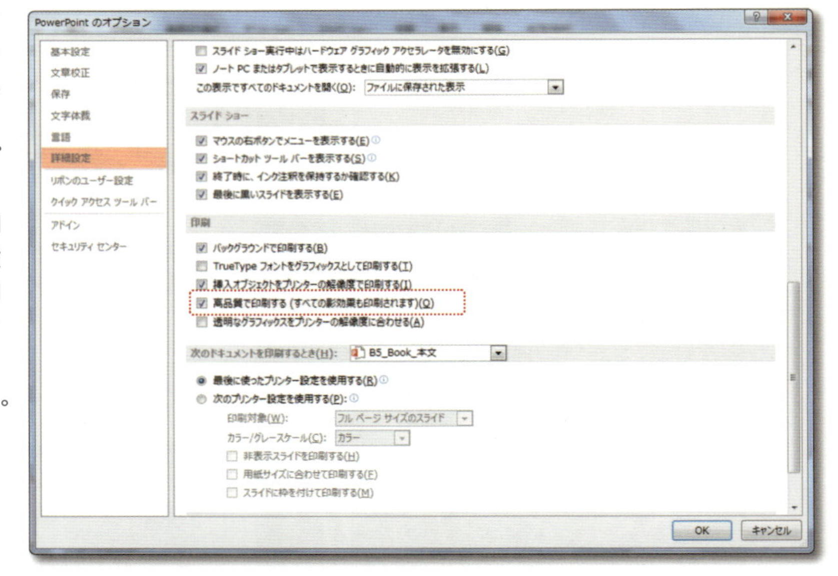

# 8

# SmartArtは説得力の宝庫

頭を悩ませるチャートを、すばやく、きれいに仕上げる

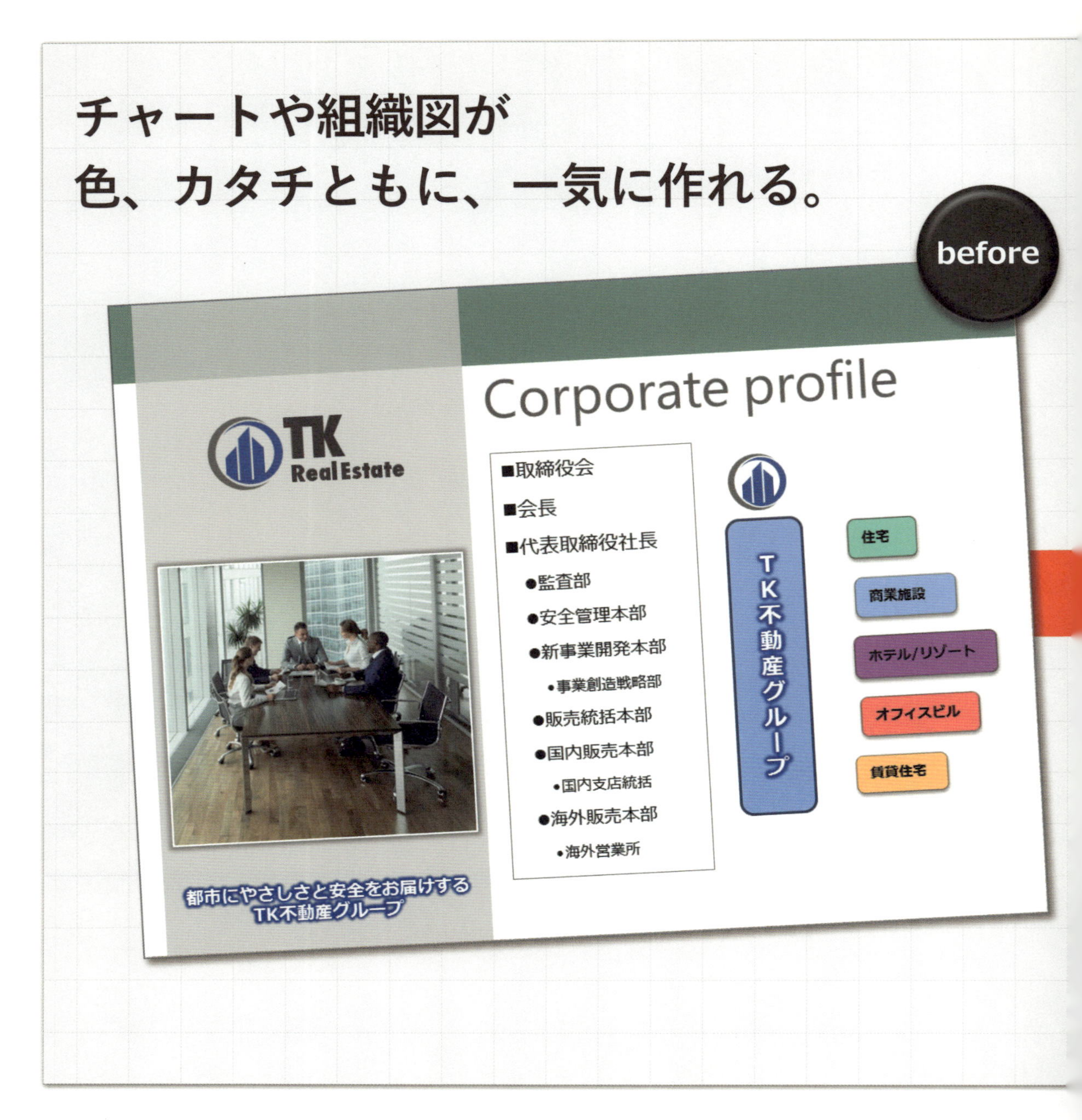
チャートや組織図が
色、カタチともに、一気に作れる。
before
Corporate profile
TK
Real Estate
■取締役会
■会長
■代表取締役社長
●監査部
●安全管理本部
●新事業開発本部
•事業創造戦略部
●販売統括本部
●国内販売本部
•国内支店統括
●海外販売本部
•海外営業所
TK不動産グループ
住宅
商業施設
ホテル/リゾート
オフィスビル
賃貸住宅
都市にやさしさと安全をお届けする
TK不動産グループ

# SmartArtは説得力の宝庫

頭を悩ませるチャートを、すばやく、きれいに仕上げる

一つ一つ図形を並べて、それぞれに文字を入力して、整列して…。チャート図や、組織図などを作成する作業は、気の遠くなるような面倒な作業かもしれません。チャートの構造も、なかなかいいものが思い浮かばず、ただいたずらに箱を並べるだけで、わかりやすい構造化には程遠いものになりがちです。「SmartArt」機能を使えば、用意されているたくさんのグラフィックから選んで文字を入力するだけできれいなチャートが描けます。パレットの色から規則性を持って、自動的に配色されているので、一つずつ色を考える必要もなく、効率的です。並んだグラフィックを見るだけでも、発想のヒントにもなります。

## SmartArtはチャートの宝庫

**挿入タブ→図→SmartArt**で、さまざまなグラフィックチャートが選べます。呼び出したチャート図は、項目を追加したり、色や効果のパターンも選べます。テーマに設定したカラーパレットの色から自動的に組み合わせるので、悩まずに調和の取れた配色ができます。構造化に迷ったら、提示されるチャート図をヒントにすれば、発想が広がるかもしれません。グループ化を解除することで、個別のオブジェクトに分解できるので、細かい編集が可能になります。

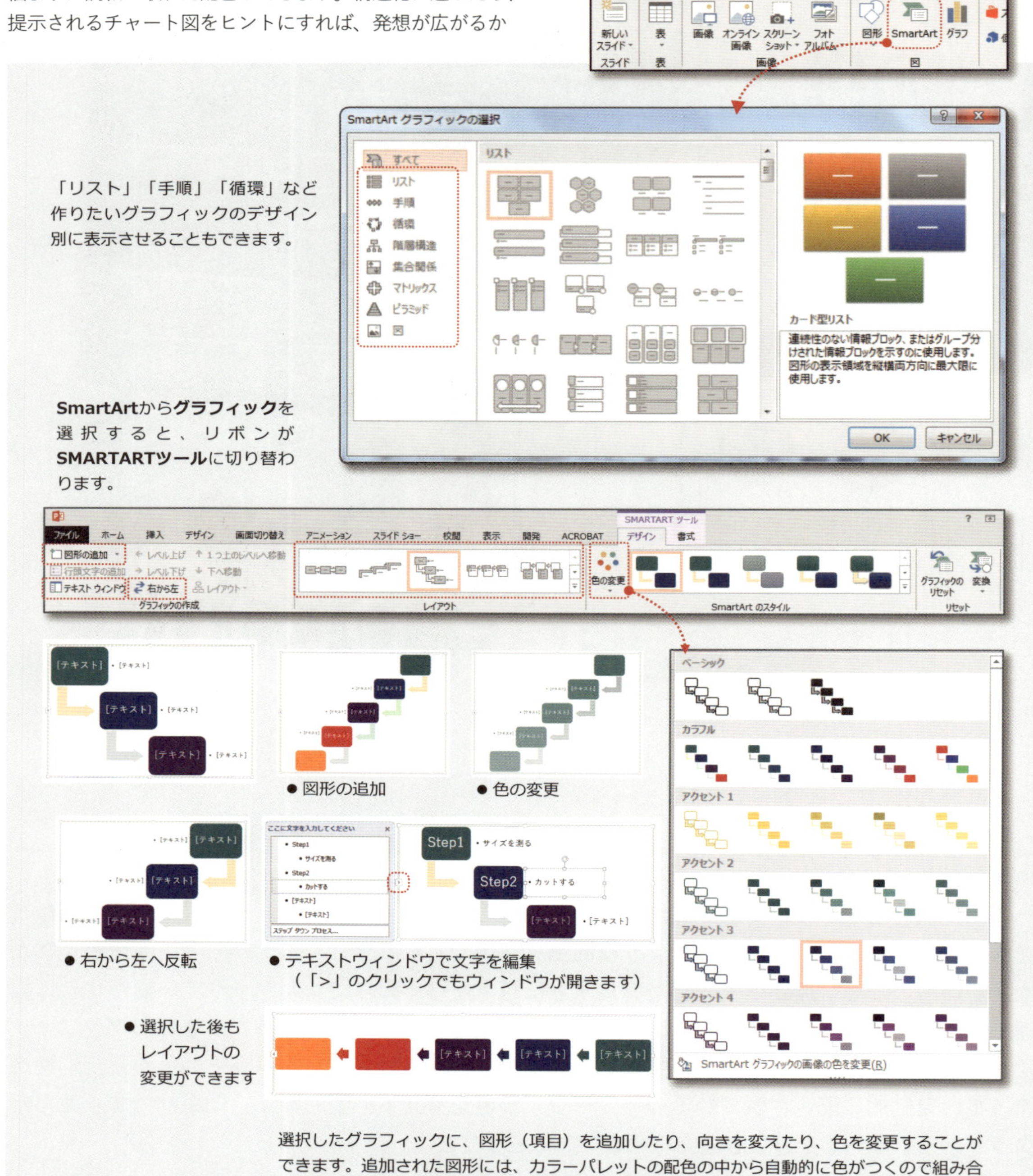


「リスト」「手順」「循環」など作りたいグラフィックのデザイン別に表示させることもできます。

**SmartArt**から**グラフィック**を選択すると、リボンが**SMARTARTツール**に切り替わります。

● 図形の追加
● 色の変更
● 右から左へ反転
● テキストウィンドウで文字を編集（「>」のクリックでもウィンドウが開きます）
● 選択した後もレイアウトの変更ができます

選択したグラフィックに、図形（項目）を追加したり、向きを変えたり、色を変更することができます。追加された図形には、カラーパレットの配色の中から自動的に色がつくので組み合わせで迷うことはありません。また、パレットすべての色を使ったカラフルな配色だけでなく、各アクセントカラー別のグラデーション表示など、作成しているスライドの色に合わせてバリエーションを提示してくれます。

SMARTARTツールの配下のタブを書式に切り替えると、
レイアウト内の図形やテキストの書式設定が、個別にできます。

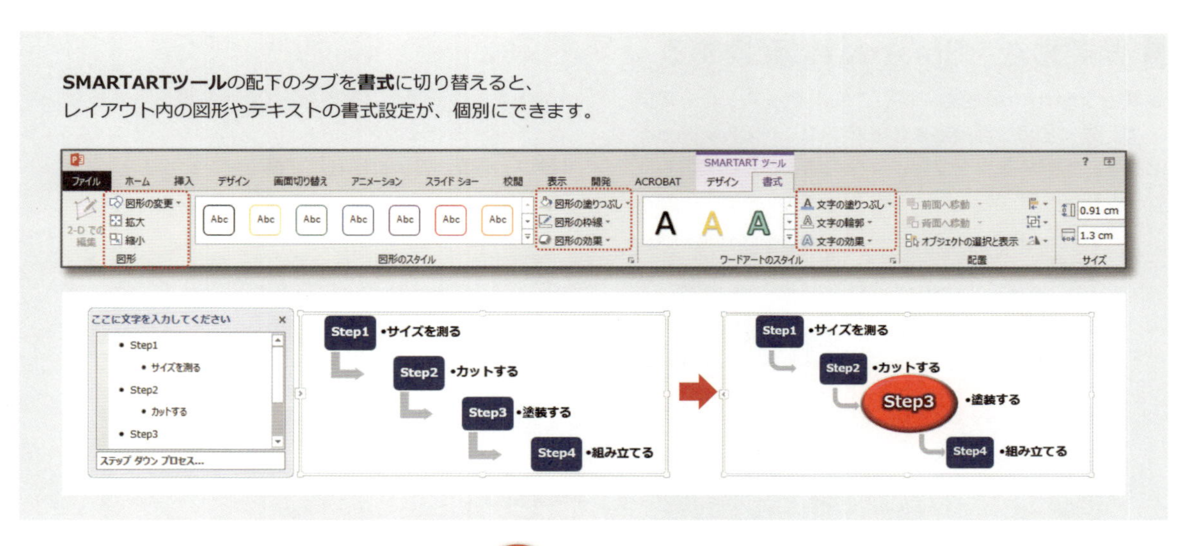

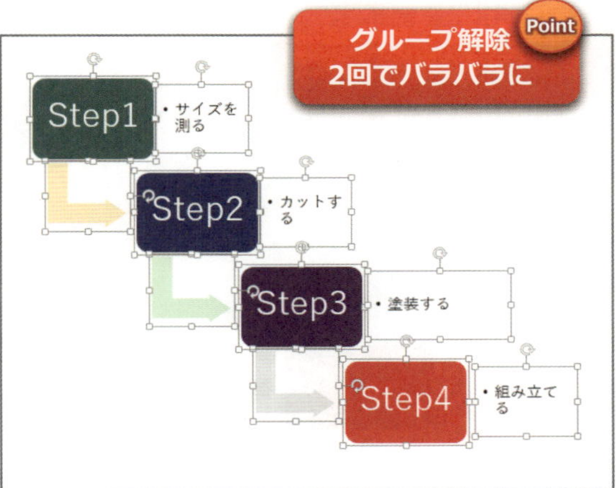


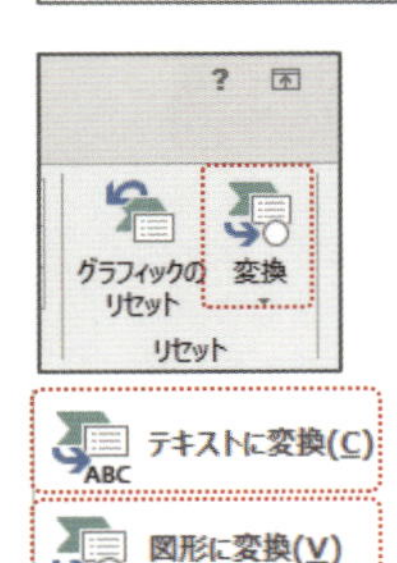


• Step1
  • サイズを測る
• Step2
  • カットする
• Step3
  • 塗装する
• Step4
  • 組み立てる

**テキストに変換**にすると、図形がなくなって箇条書きのテキストになります。

## SmartArtをバラバラにする

SmartArtグラフィックを維持したまま部分的に編集する必要がないとき(リセットしたりほかのグラフィックに変更する必要のないとき)は、図形に変換してしまうほうが編集しやすくなります。**SMARTARTツール**の**デザイン**の右端の**リセット/変換**から**図形に変換**を選択すると、SmartArtグラフィックから図形に変換され、個別に編集できるようになります。

※**図形に変換**しただけでは、グラフィック全体がグループ化された状態です。個別のオブジェクトにバラバラにするには、もう一度グループ解除する必要があります。**図形に変換**を選択しなくても、ダイレクトにグループ解除を2回繰り返しても同じです。

変換後の図形は、デフォルトの図形とは違っているので気をつけましょう。たとえば角丸の四角形の形でも変更点（黄色い可変点）がなく、縦横比を変えてサイズを変更すると形が崩れます。変換後、図形のプロポーションを変える場合は**図形の変更**（84ページ）で差し替えておきましょう。

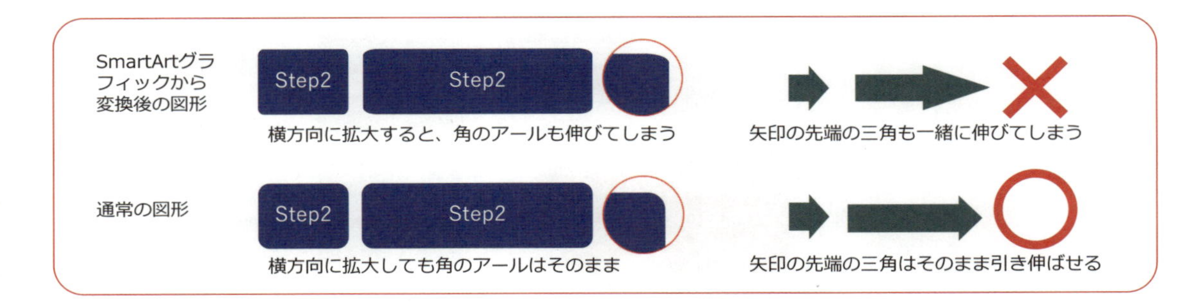

## 箇条書きをSmartArtに変換する

便利なSmartArt機能を、逆引き的にテキストから変換します。先に項目を箇条書きしておいて、一気にチャート化します。選択するグラフィックを完成形としなくても、テキストを一つ一つ図形に入力していく手間もかからないので、チャート作成のスピードアップにつながります。**ホームタブ→段落→SmartArtに変換**で呼び出します。

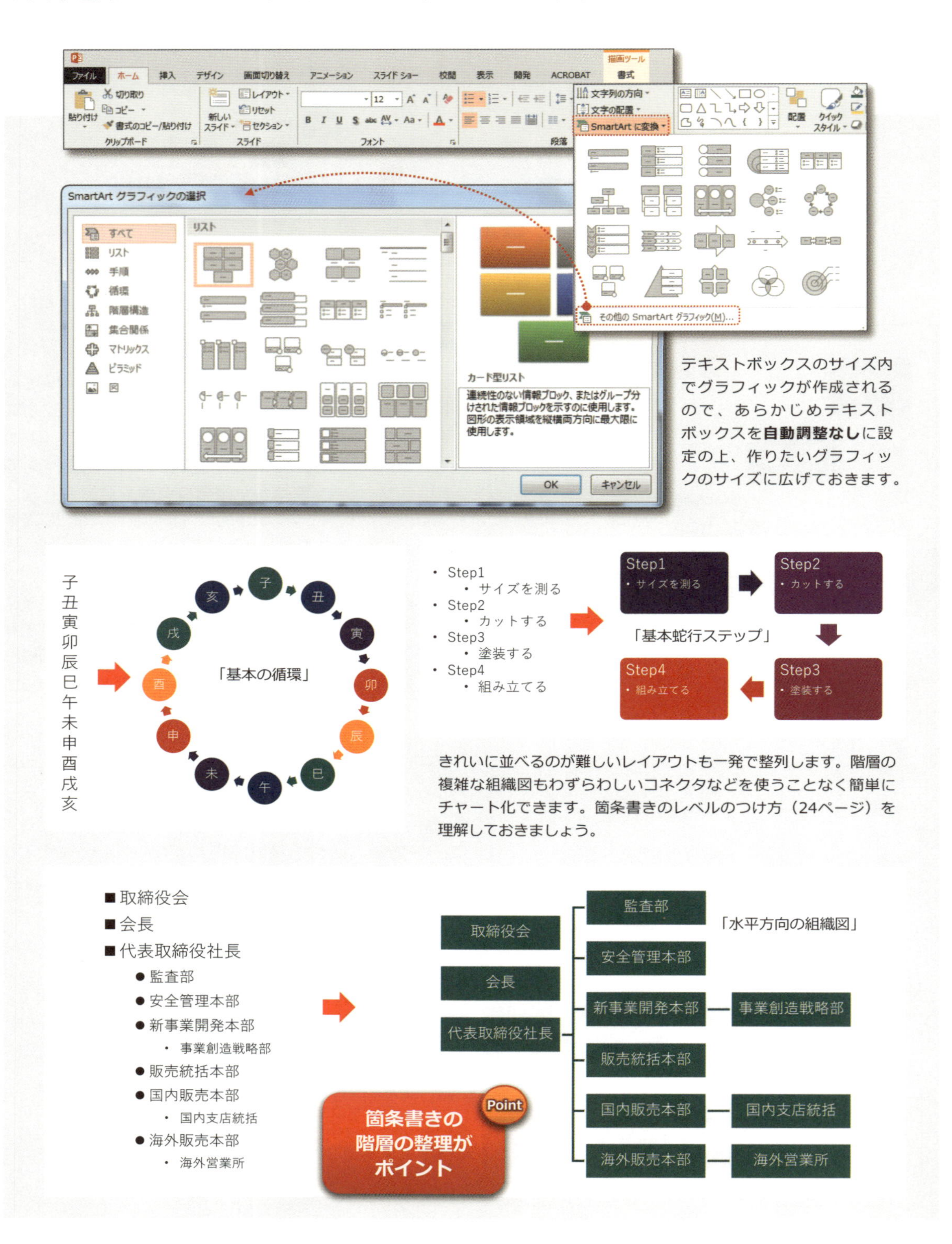


テキストボックスのサイズ内でグラフィックが作成されるので、あらかじめテキストボックスを**自動調整なし**に設定の上、作りたいグラフィックのサイズに広げておきます。

きれいに並べるのが難しいレイアウトも一発で整列します。階層の複雑な組織図もわずらわしいコネクタなどを使うことなく簡単にチャート化できます。箇条書きのレベルのつけ方（24ページ）を理解しておきましょう。

Point
箇条書きの
階層の整理が
ポイント

# 9 印刷、プレゼン時に役立つ表示

こんなはずじゃ?! をなくす便利な機能を学ぶ

グレースケール表示を調整できれば
モノクロでも見やすい資料に。
今しか見られない色に染まりに行こう
秋の京都
before
秋の京都

# 印刷、プレゼン時に役立つ表示

こんなはずじゃ?!をなくす便利な機能を学ぶ

サイネージなど日常的にカラー表示されるものがあふれていますが、書類に関しては、経費削減などの目的から、モノクロプリントを推奨する企業も多いのではないでしょうか。ところが、キレイに完成したつもりでも、いざモノクロでプリントすると、イメージと違っている、といったことがあります。これはPowerPointが「グレースケール表示」に特化して、個別の設定ができるようになっているためです。明度差の確認にもなる「グレースケール表示」のコントロールの方法を解説します。ほかにも、企画書を整理しやすくする、セクション分け、全体表示、ノート表示なども紹介します。

## モノクロプリントに適した設定にする

リボンを、**表示タブ→カラー/グレースケール**から**グレースケール**を選択すると、スライド画面がグレースケール表示に変わります。同時にリボンも**グレースケール**に変わり、個別にグレーの度合いを調整できる**選択したオブジェクトの変更**メニューに切り替わります。

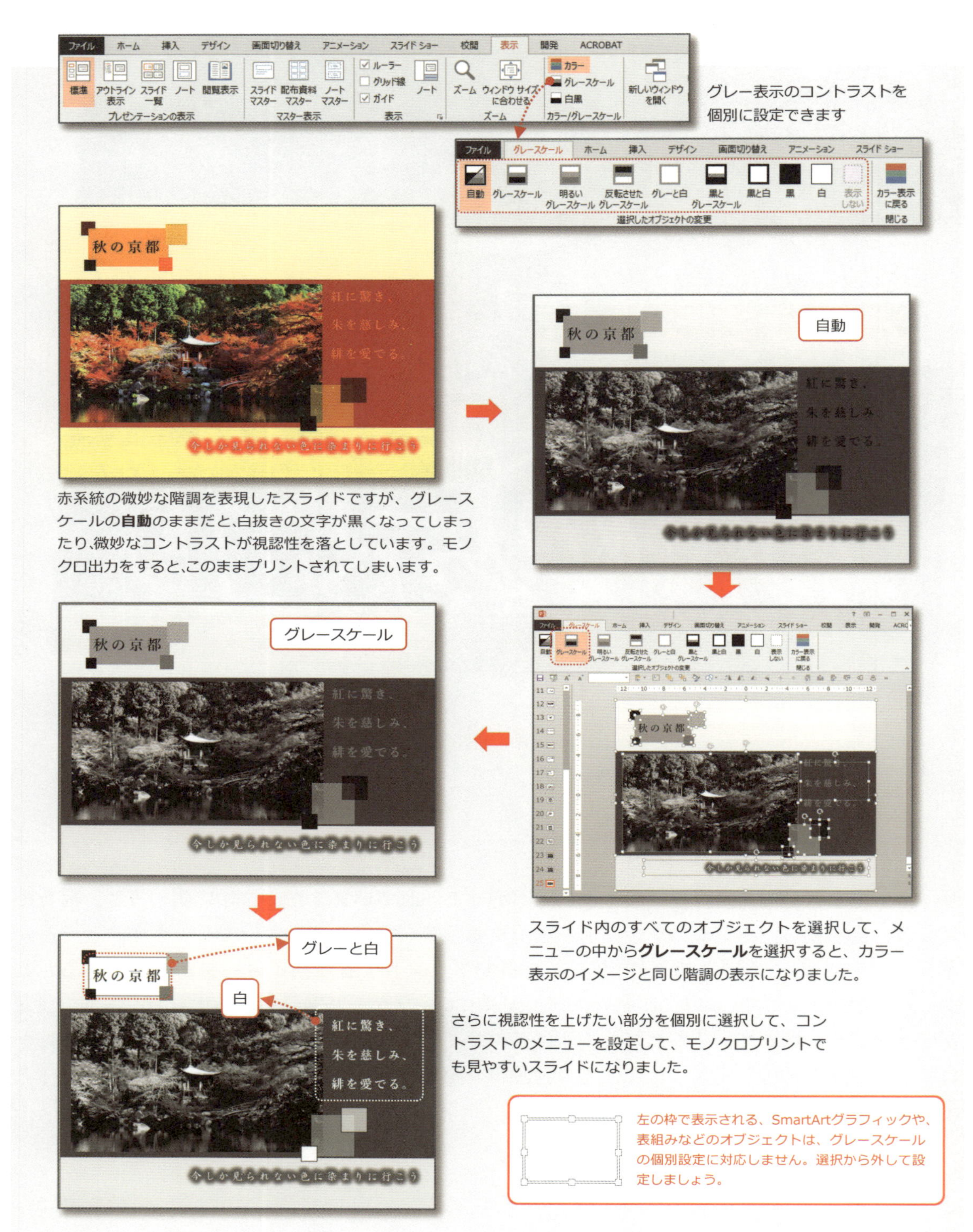


赤系統の微妙な階調を表現したスライドですが、グレースケールの**自動**のままだと、白抜きの文字が黒くなってしまったり、微妙なコントラストが視認性を落としています。モノクロ出力をすると、このままプリントされてしまいます。

スライド内のすべてのオブジェクトを選択して、メニューの中から**グレースケール**を選択すると、カラー表示のイメージと同じ階調の表示になりました。

さらに視認性を上げたい部分を個別に選択して、コントラストのメニューを設定して、モノクロプリントでも見やすいスライドになりました。

左の枠で表示される、SmartArtグラフィックや、表組みなどのオブジェクトは、グレースケールの個別設定に対応しません。選択から外して設定しましょう。

## 構成を整理するセクションと全体表示

企画書も、20枚、30枚と多くなってくると、全体のストーリーを考えた構成が資料作りの重要なポイントになってきます。だらだらとスライドを重ねていると、作成していても整理がつかなくなり、結果的に伝わりにくいプレゼンになってしまいます。スライドとして扉を挟むなどの工夫とともに、ファイル上も章（セクション）で分けて整理しましょう。

### ■セクションを分けて名前をつける

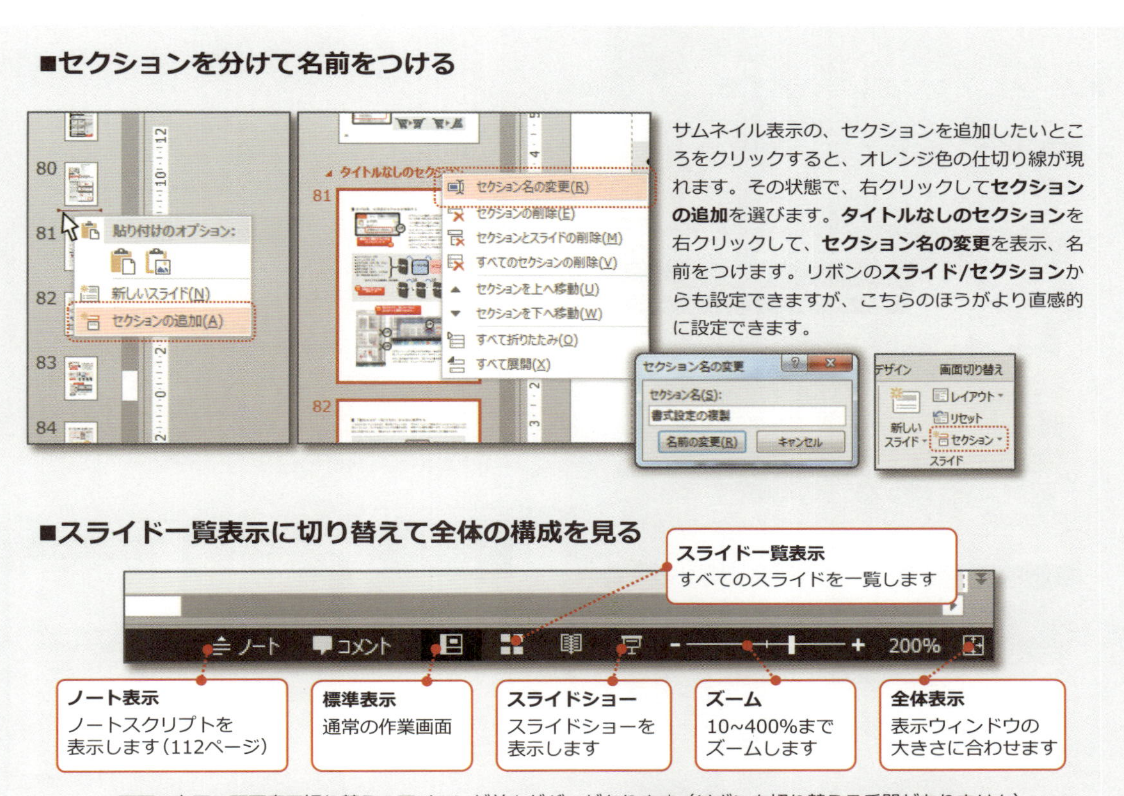


サムネイル表示の、セクションを追加したいところをクリックすると、オレンジ色の仕切り線が現れます。その状態で、右クリックして**セクションの追加**を選びます。**タイトルなしのセクション**を右クリックして、**セクション名の変更**を表示、名前をつけます。リボンの**スライド/セクション**からも設定できますが、こちらのほうがより直感的に設定できます。

### ■スライド一覧表示に切り替えて全体の構成を見る

画面の右下に画面表示切り替えのアイコンが並んだバーがあります（リボンを切り替える手間がありません）。**スライド一覧表示**を選択すると、セクション別に区切られてスライドが表示されます。

**Point** 制作中の全体の見直しが容易に

111

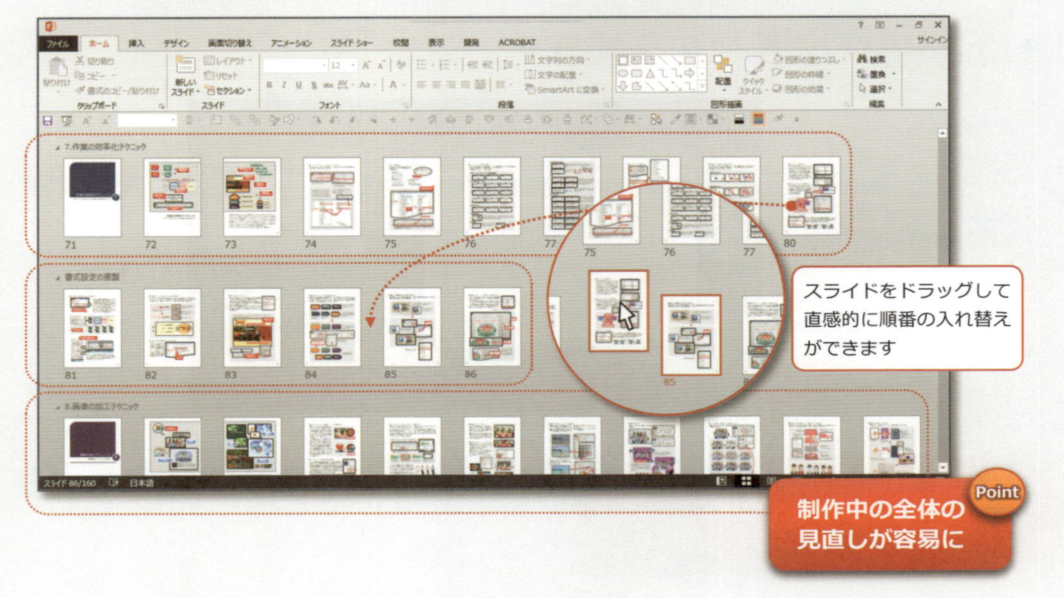

## ノート表示を有効活用する

プレゼンテーション用のスライドに、多くの内容を細かく詰め込んでも、見てもらえないだけでなく印象も散漫になります。スライドは訴求点を絞ってシンプルに作ったけれど、プレゼンの場で話す内容を忘れないようにしっかりとメモしておきたい。そんなときにはノート機能が役に立ちます。PowerPoint 2013では、**スライドショー**表示で、**発表者ビュー**にすれば、**ノート**を見ながらのプレゼンも可能です。また、ノート表示でプリントアウトすれば、配布資料として、話した内容も残しておくことができます。

### ■ノートにスクリプトを入力する

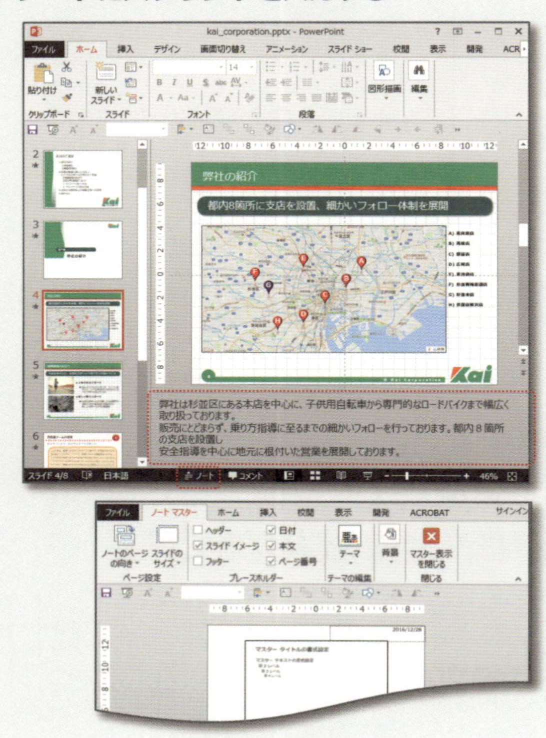


画面表示の切り替えバーから**ノート**を選択すると、作業スライドの下にノートの入力エリアが表示されます。スライドには表示されないメモとして文字が入力できます。

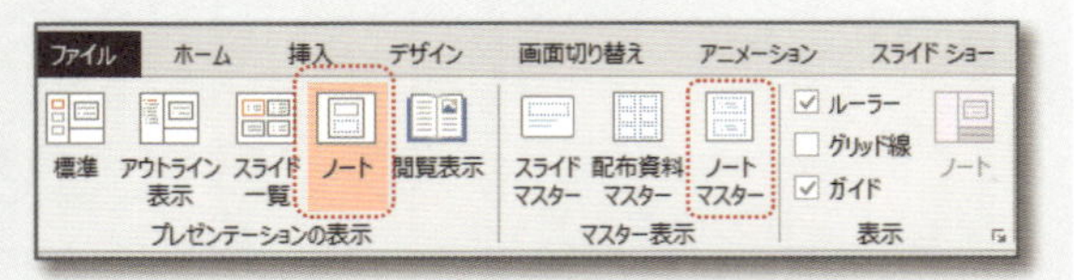


ノート表示に切り替えて、プリントアウトすると、スライドの下にノートが表示されたレイアウトでプリントアウトできます。配布資料に活用できます。ノート表示のレイアウトは、**ノートマスター**から設定できます。

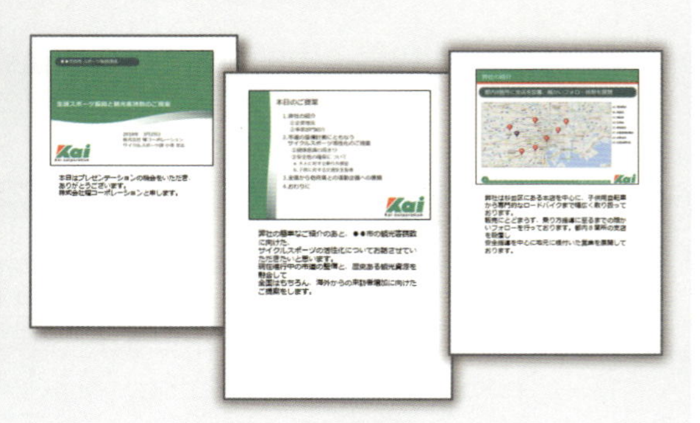

### ■ノートスクリプトを見ながらプレゼンする

**スライドショー**表示にしたとき画面下に表示される右側の**スライドショーオプション**をクリックして**発表者ビューを表示**を選択します。ノートスクリプトと、次のスライドが表示されるのでプレゼンがスムーズに行えます。

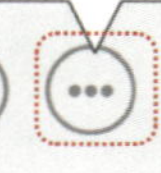

**Point** **ノートに頼りすぎのプレゼンは格好よくないので、注意**

# 10 統一感を一発で再現するスライドマスター

## コピペ、コピペに頼らずにスタイルを決める

# 自分の企画書に合わせたスライドマスターで読みやすいフォーマットを決める。

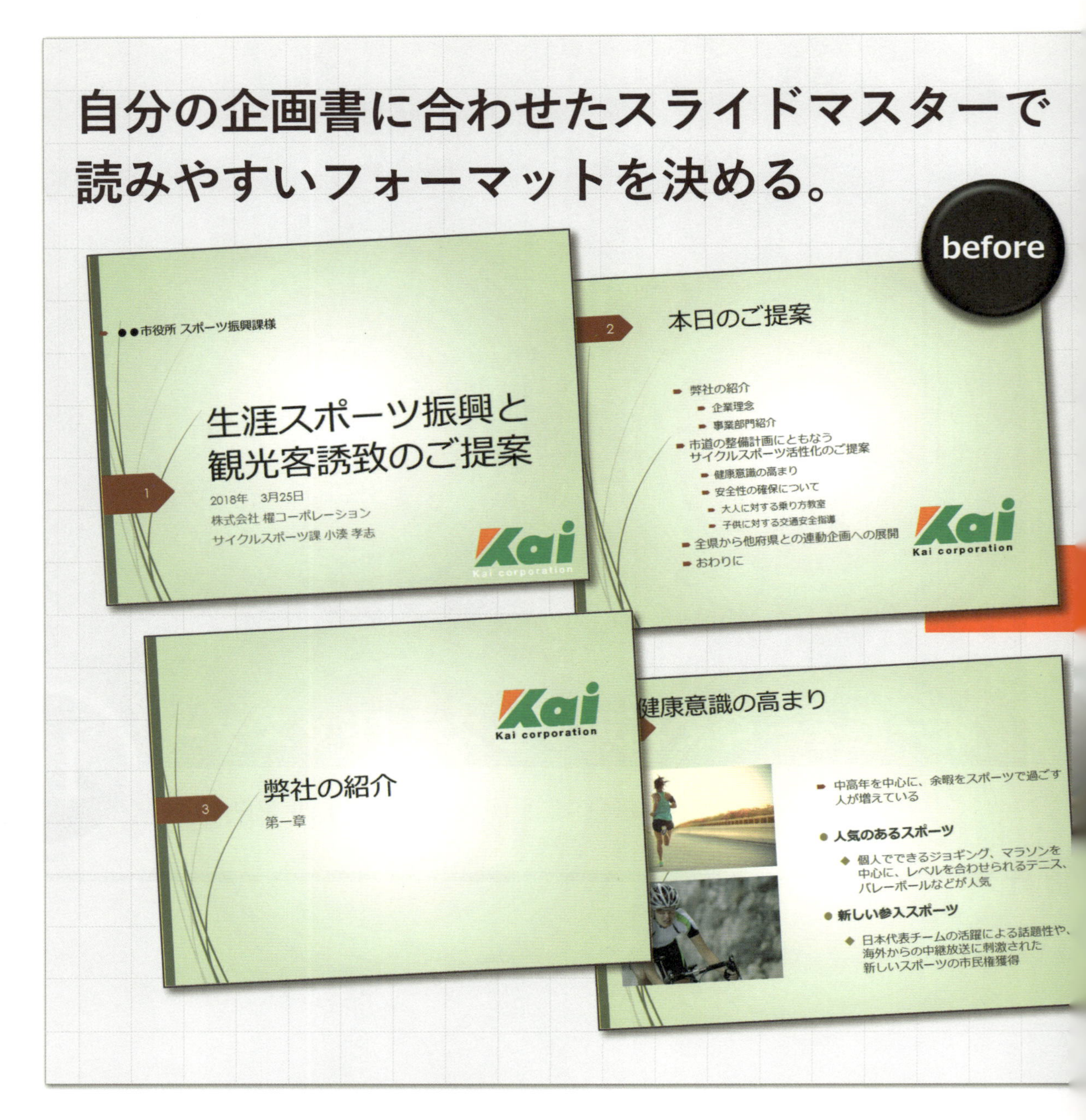


## 統一感を一発で再現するスライドマスター

コピペ、コピペに頼らずにスタイルを決める

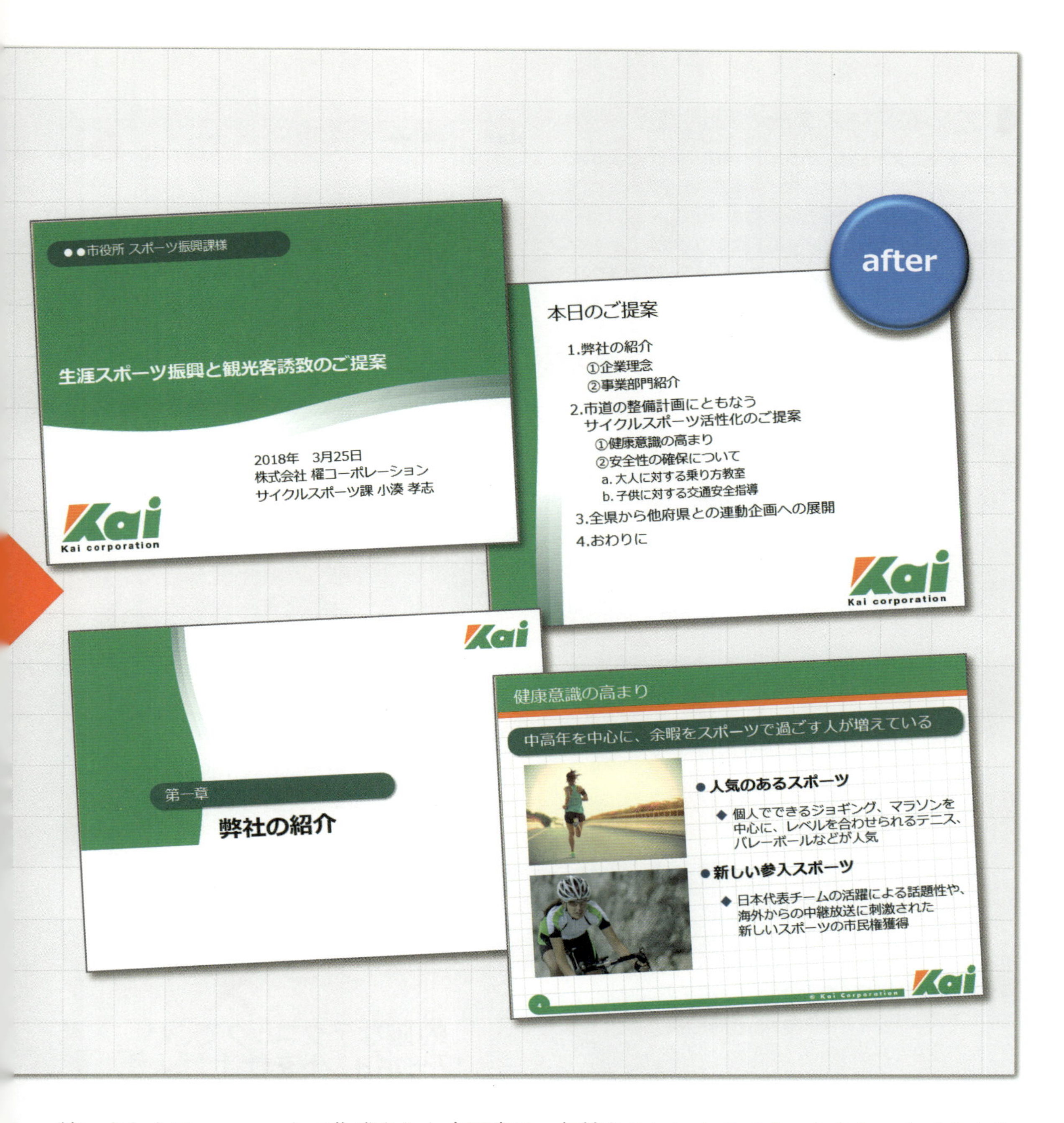


統一されたフォーマットで作成された企画書は、気持ちのいいものです。しかし、タイトルやロゴなどの位置を決めたつもりでも、スライドを複製しているうちに、いつのまにかずれたり、大きさが変わってしまったり。

PowerPointには、デフォルトで多くのテンプレートが用意されていますが、装飾が過剰だったり、あまりに汎用的な使用を想定しているためか、そのままでは実際の企画書作成には使えないものばかりです。自分の作る資料に合わせた、オリジナルのテンプレートを作って、正しくスライドマスターを適用すれば、見た目が揃うだけでなく、マスターを共有することで、何人かで手分けして作業したファイルでもマージしやすくなり、効率が上がります。

## スライドマスターとは何か？

**スライドマスター**とは、スライド作成のベースとなる裏方、フォントの種類やサイズ、色、レイアウトを入力フォームのように定義付けているものです。
新規にPowerPointのファイルを開くと①のような表示になります。タブを切り替えて、**表示→スライドマスター**にすると、②の表示に変わります。これが**スライドマスター**です。左側のサムネイル一番上の、少し大きい画面を**マスター**、その下に連なる小さな画面を**レイアウト**といいます。

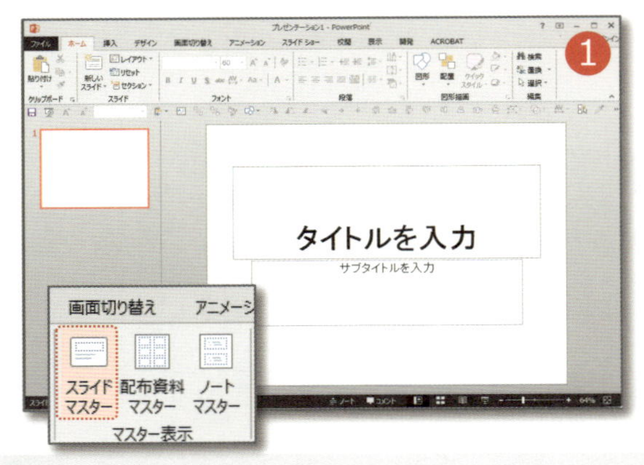


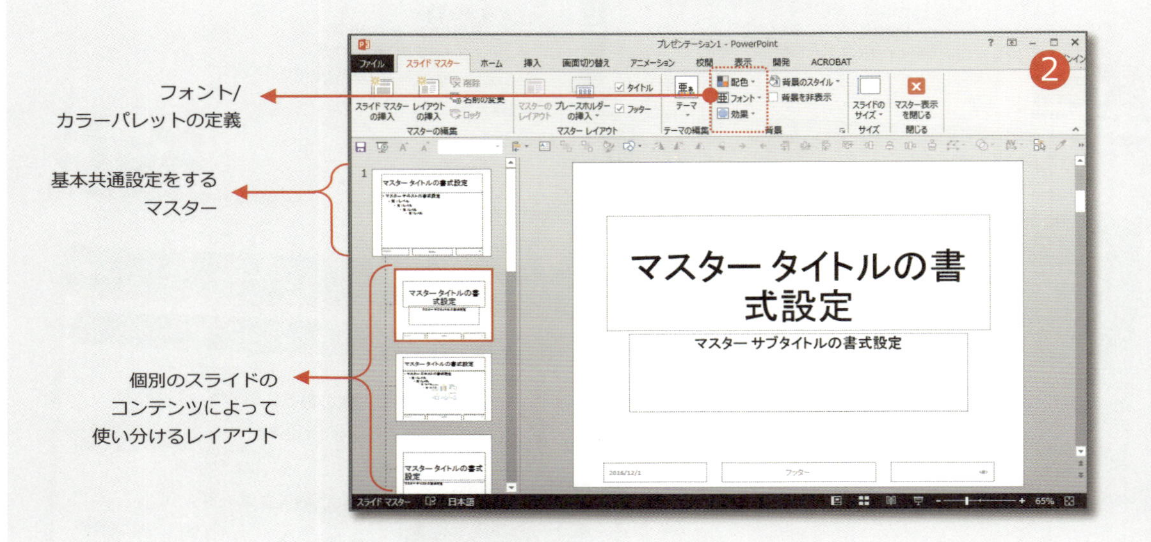


デフォルトのマスターにしたがって、文字を入れてみても、実際の文字数が考慮されていないため、見栄えのよくないものになります。デザインを変えてみても、資料のイメージに合わなかったり、バランスがよくなかったり、あまり現実的ではないために、文字の設定などをその都度変更することになり、新しい資料を作るたびに、フォーマットの定まらないものになってしまう原因になります。

企業のロゴを決まった位置に入れたり、資料の内容に合わせた文字数を考慮して、オリジナルのスライドマスターを作ることで、不用意に触って動かしてしまうこともなくなり、ムダなコピーや煩雑な設定から解放されます。

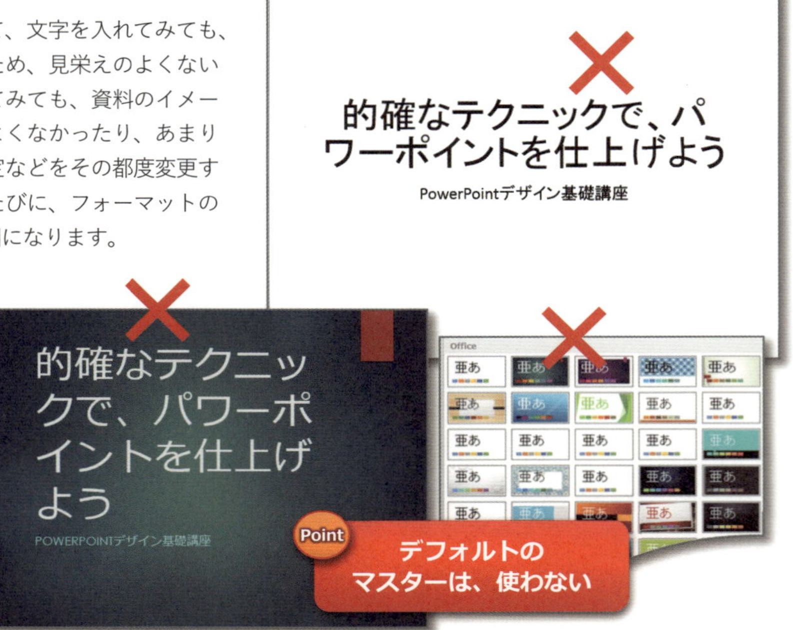

## スライドマスターをカスタマイズする

新規ファイルを開いたら、**表示タブ→スライドマスター**に切り替えて、**配色**からカラーパレット（52ページ）を、**フォント**からは使用するフォントパターンを作成します。

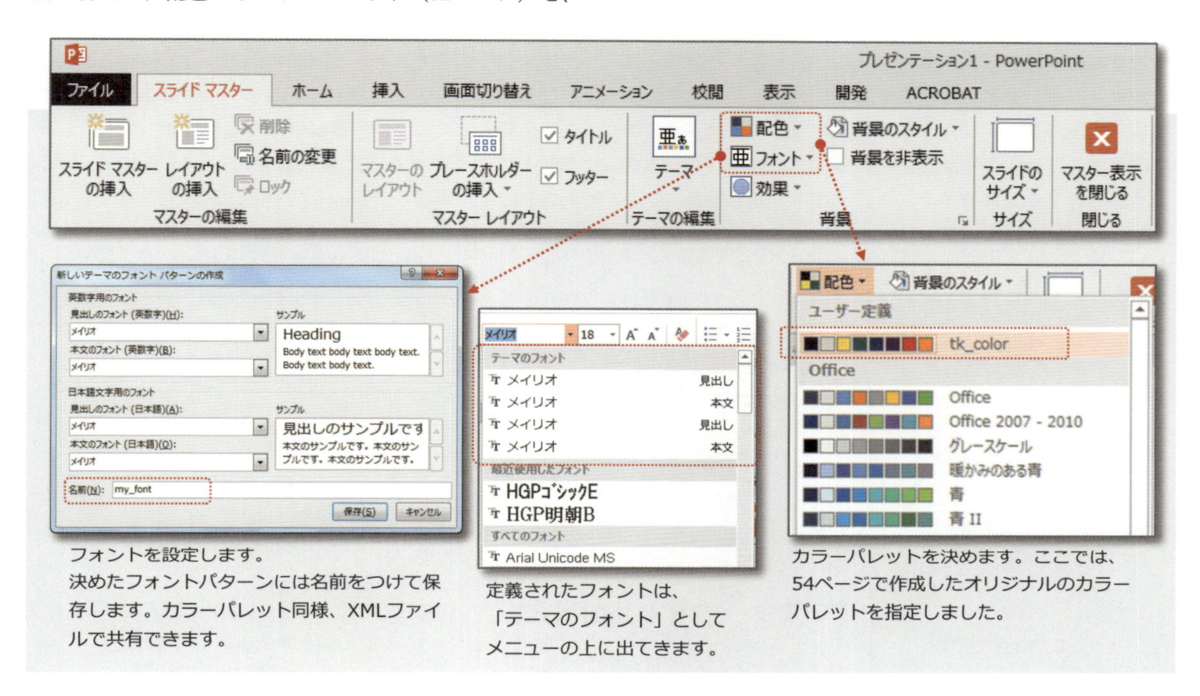

フォントを設定します。決めたフォントパターンには名前をつけて保存します。カラーパレット同様、XMLファイルで共有できます。

定義されたフォントは、「テーマのフォント」としてメニューの上に出てきます。

カラーパレットを決めます。ここでは、54ページで作成したオリジナルのカラーパレットを指定しました。

## 必要なレイアウトを整理する

デフォルトの**マスター**には、デザインによっては、11から多いものでは20近くものレイアウトがありますが、通常の企画書レベルではこんなに多くのレイアウトは必要ありません。

「表紙」「目次」「章を分ける扉」「本文用のタイトルとコンテンツ」「本文用のヘッドコピーとコンテンツ」「フリーにコンテンツを入れる白地」の6パターンで、作ってみましょう。

Point: レイアウトの数は必要なものだけシンプルに

使いそうにないレイアウトが多い

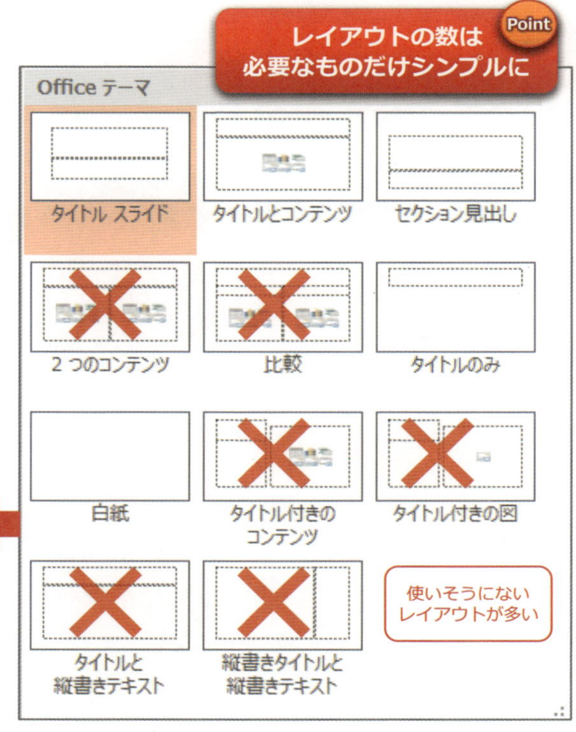


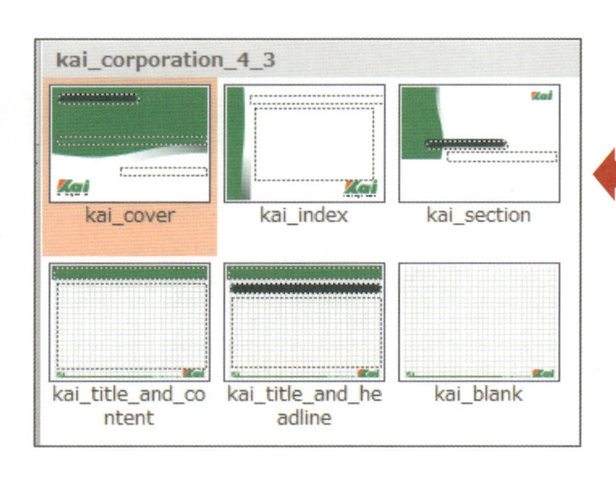

## マスターで、フォントの共通要素を定義する

サムネイルの一番上の少し大きい画面、**マスター**で、すべてのレイアウトの基本共通要素になるテキストボックスの設定や、背景のデザインをします。
**マスターのレイアウト**をクリックして表示される**プレースホルダー**から、**タイトル**と**テキスト**をチェックします。
**プレースホルダー**とは、フォントや表などのオブジェクトを編集するために場所や設定を決めておく入力フォームのようなものです。スライドマスター表示を閉じると、スライド上では見た目の目安として点線の枠と**タイトルを入力**などの文字で表示されますが、何も入力しなければ、スライドショー画面では表示されませんし、プリントもされません。
書式の設定方法については、テキストボックスの設定と同じです。スライドマスター表示のまま、リボンの**ホーム**をクリックしてテキストボックスの設定から書式を任意で設定します。ここではタイトルのフォントサイズを24pt、大きさを変えたくないので**自動調整なし**に設定しました。**テキスト**は、**デフォルトの箇条書き**の設定を外して、インデントの下げ幅をルーラーを使って、段差を少なくしました。**プレースホルダー**は、作業スライド上では、位置やサイズ、フォントの設定などの編集が可能ですが、リセットされると、元の位置、フォント設定に戻ります。

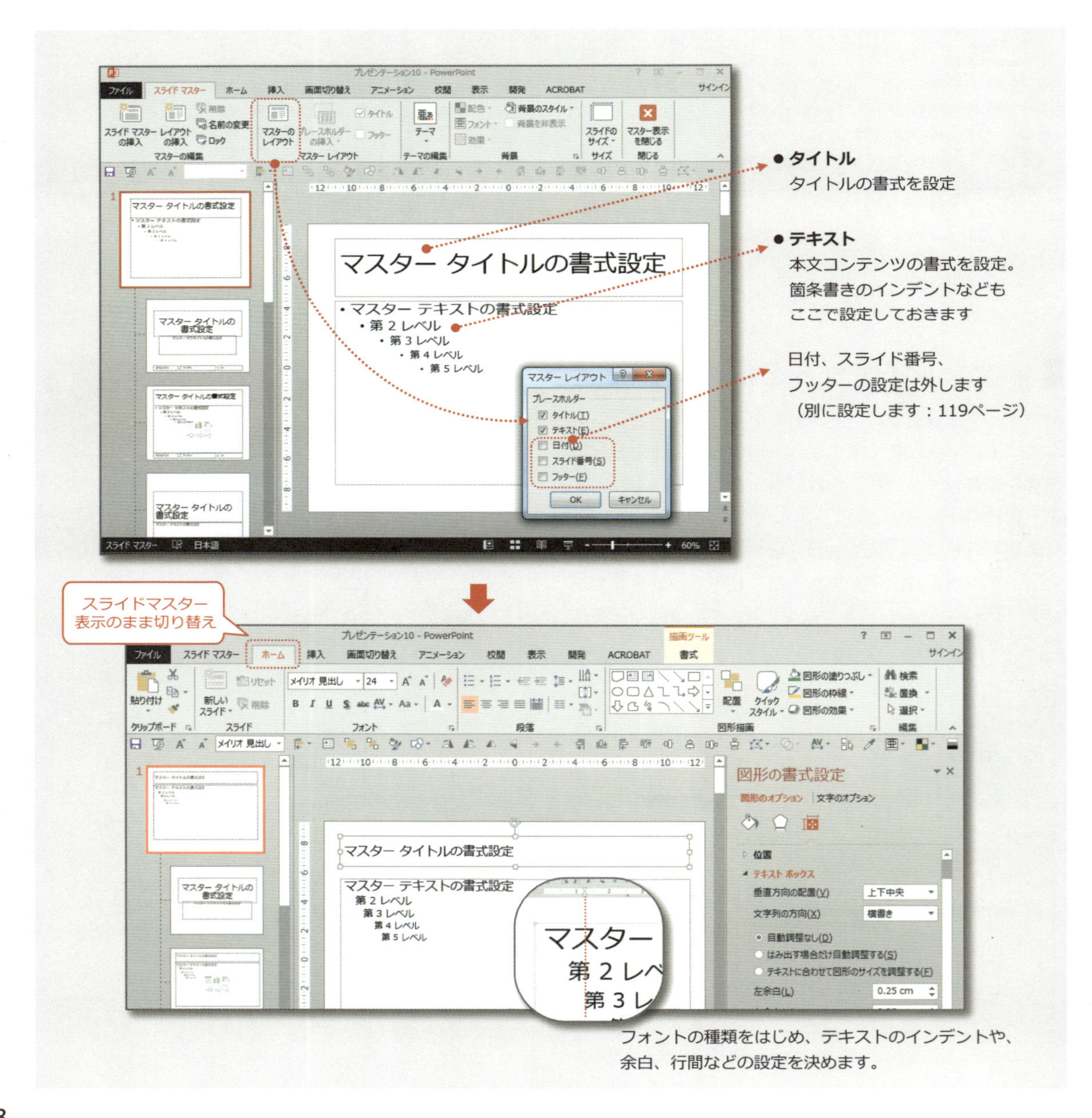

## マスターに、共通のデザインをする

フォントの設定ができたら、背景などのデザイン要素と、**スライド番号**の設定をします。
ここでは、全面に方眼のデザインを敷いて、右下に企業ロゴを挿入、スライドの下に社名表記を（帯の色は、ロゴからスポイトで配色）、スライド番号は、それ自体をデザイン要素にするため、円を**テキストボックス**として設定し、左下にレイアウトしました。

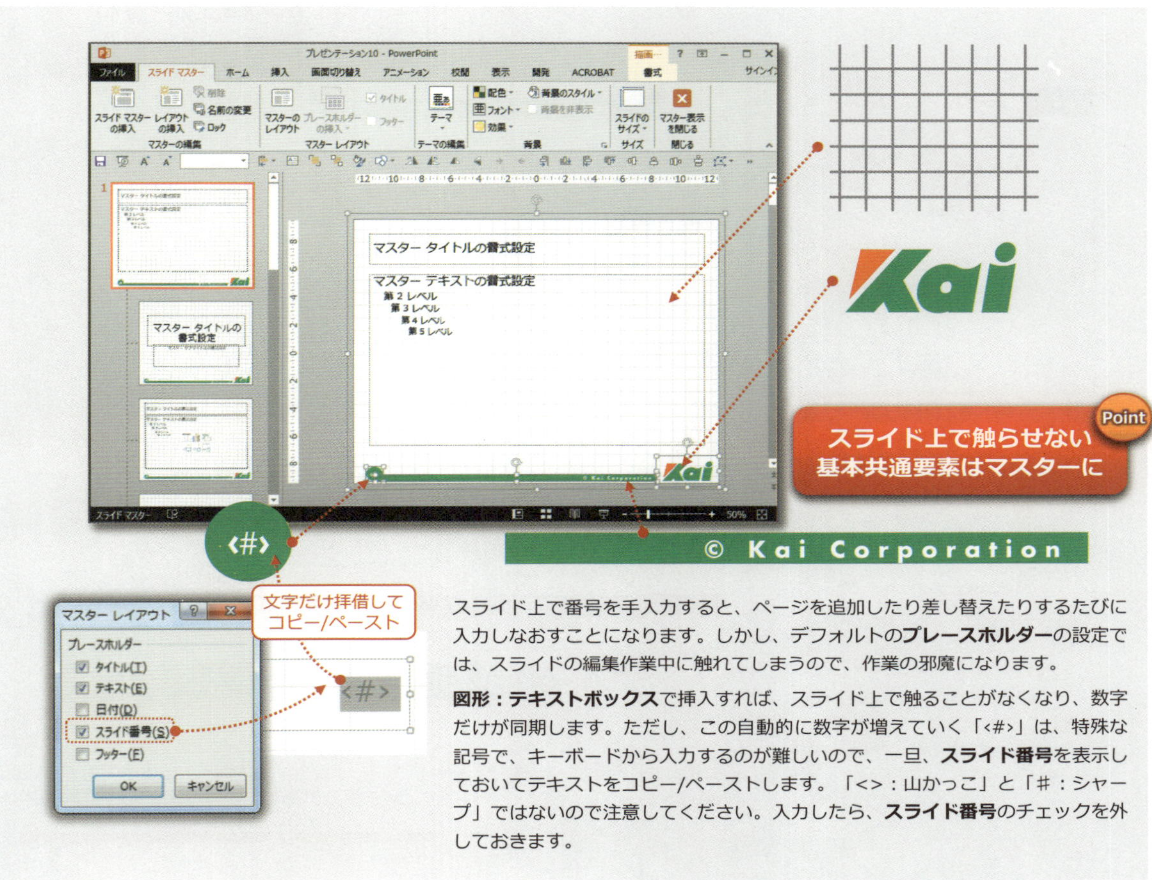


スライド上で番号を手入力すると、ページを追加したり差し替えたりするたびに入力しなおすことになります。しかし、デフォルトの**プレースホルダー**の設定では、スライドの編集作業中に触れてしまうので、作業の邪魔になります。

**図形：テキストボックス**で挿入すれば、スライド上で触ることがなくなり、数字だけが同期します。ただし、この自動的に数字が増えていく「‹#›」は、特殊な記号で、キーボードから入力するのが難しいので、一旦、**スライド番号**を表示しておいてテキストをコピー/ペーストします。「<>：山かっこ」と「#：シャープ」ではないので注意してください。入力したら、**スライド番号**のチェックを外しておきます。

## 不要なレイアウトをすべて削除する

**マスター表示**を一度閉じて、**ホーム**表示にしたら、不要なスライドをすべて削除します。もう一度**スライドマスター**表示に戻り、**マスター**の下にある**レイアウト**をすべて削除します。

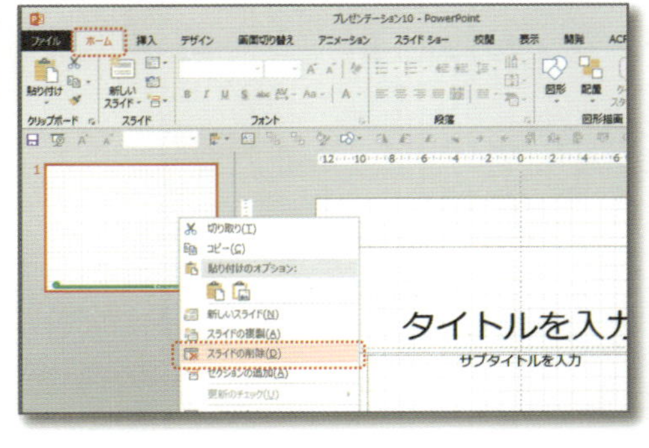

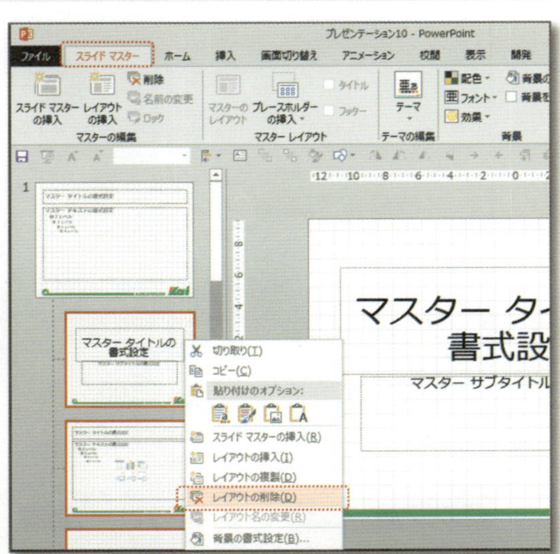

## 本文用のレイアウトを作る

汎用性の高い、スライドタイトルと、本文のみのシンプルなレイアウトを作成します。

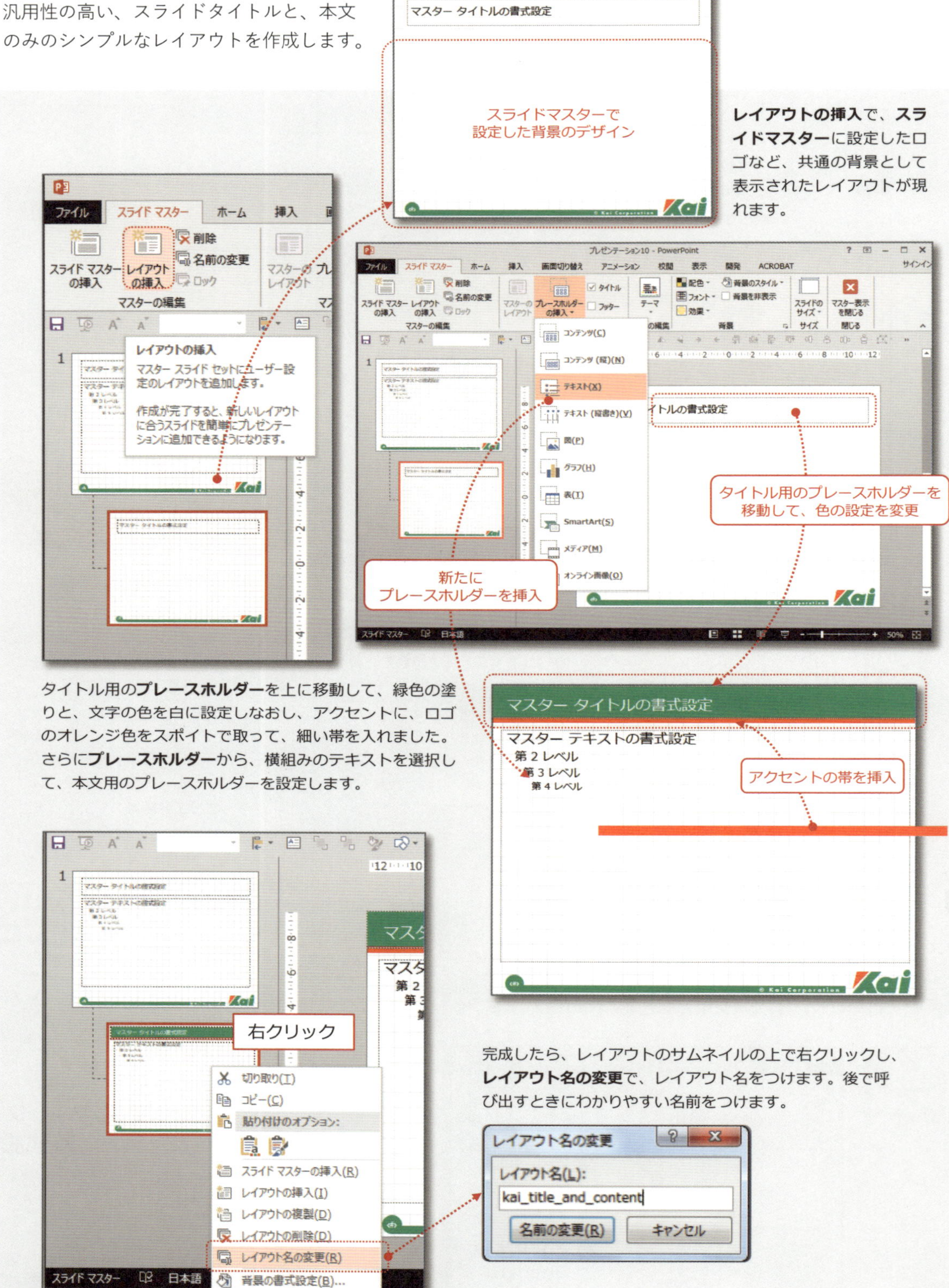


**レイアウトの挿入**で、**スライドマスター**に設定したロゴなど、共通の背景として表示されたレイアウトが現れます。

タイトル用の**プレースホルダー**を上に移動して、緑色の塗りと、文字の色を白に設定しなおし、アクセントに、ロゴのオレンジ色をスポイトで取って、細い帯を入れました。さらに**プレースホルダー**から、横組みのテキストを選択して、本文用のプレースホルダーを設定します。

完成したら、レイアウトのサムネイルの上で右クリックし、**レイアウト名の変更**で、レイアウト名をつけます。後で呼び出すときにわかりやすい名前をつけます。

## ヘッドラインのある本文用のレイアウトを作る

メッセージを端的に伝える、全体のヘッドライン（見出しになる文章）を入れたレイアウトを作ります。

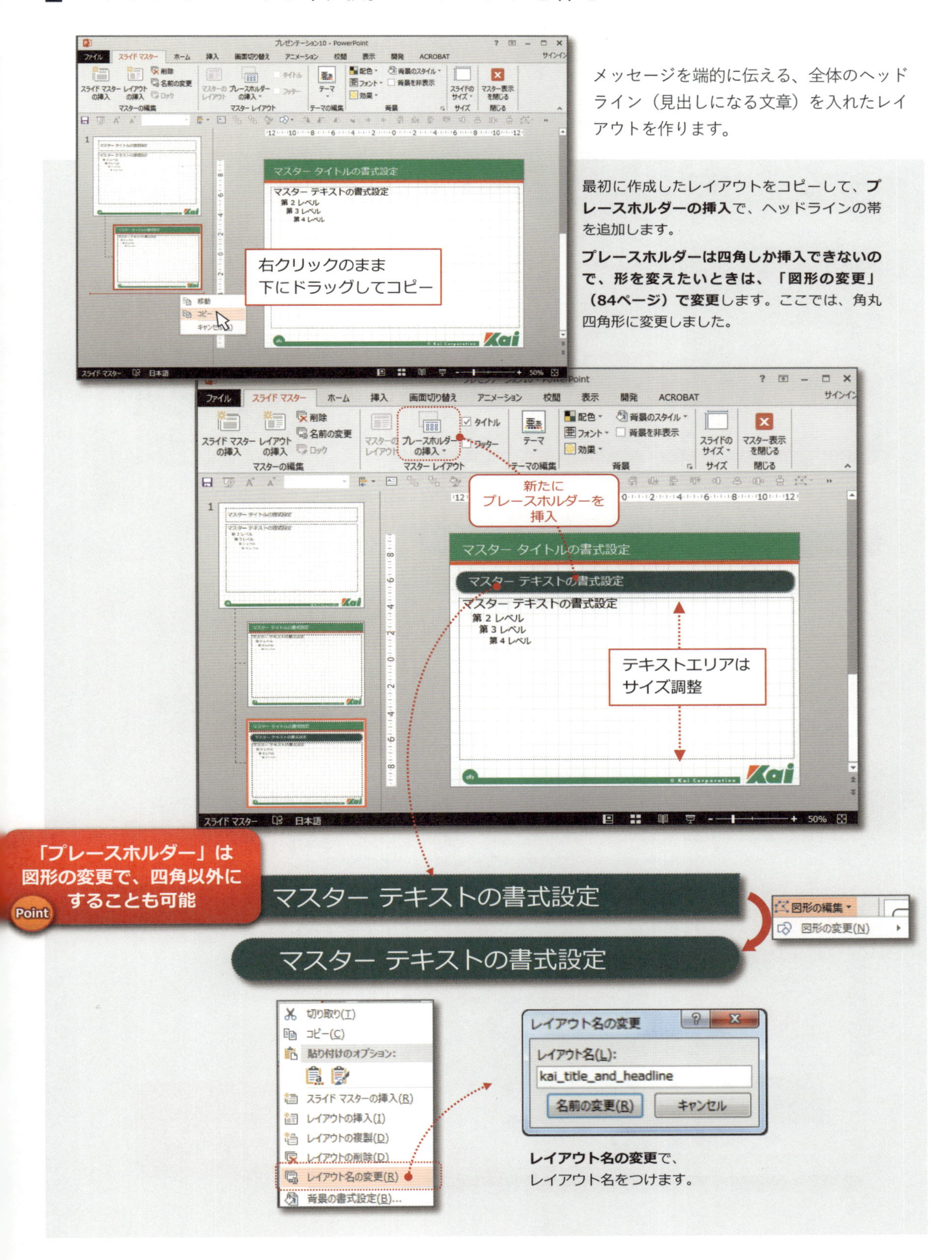


最初に作成したレイアウトをコピーして、**プレースホルダーの挿入**で、ヘッドラインの帯を追加します。

**プレースホルダーは四角しか挿入できないので、形を変えたいときは、「図形の変更」（84ページ）で変更**します。ここでは、角丸四角形に変更しました。

**レイアウト名の変更**で、
レイアウト名をつけます。

## 表紙用のレイアウトを作る

企画書や提案書の「顔」になる表紙。第一印象を考慮してロゴの扱いを大きくしたり、継続的に使う汎用性にも気をつけながら、本文とは一味違ったレイアウトを作ってみましょう。

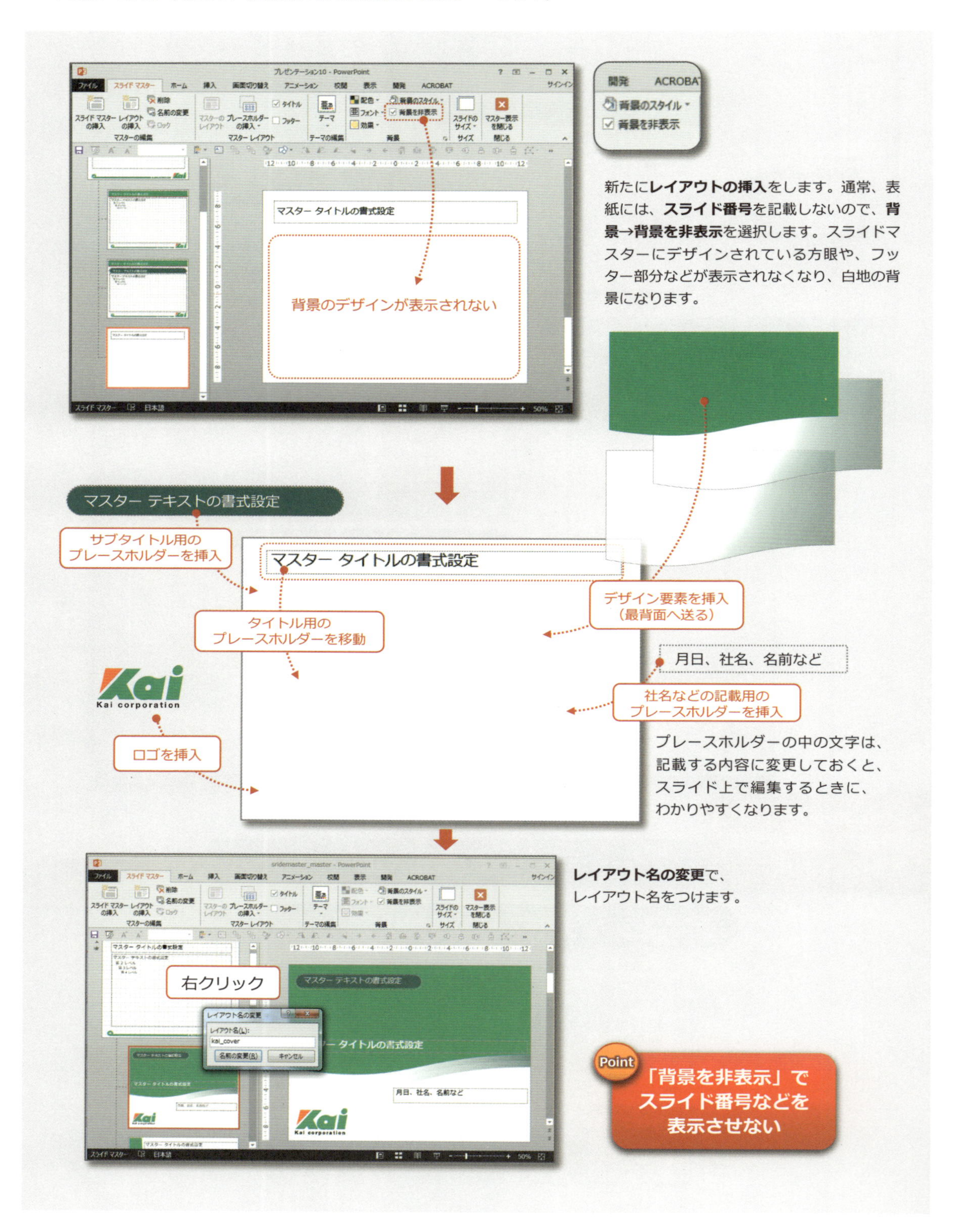

## 目次用のレイアウトを作る

ページ数の多い企画書や提案書はもちろん、プレゼンテーション用のスライドでも、目次で内容を整理しておくと、読む人、聞く人への理解度が違います。目次用のレイアウトもあらかじめ作っておきましょう。

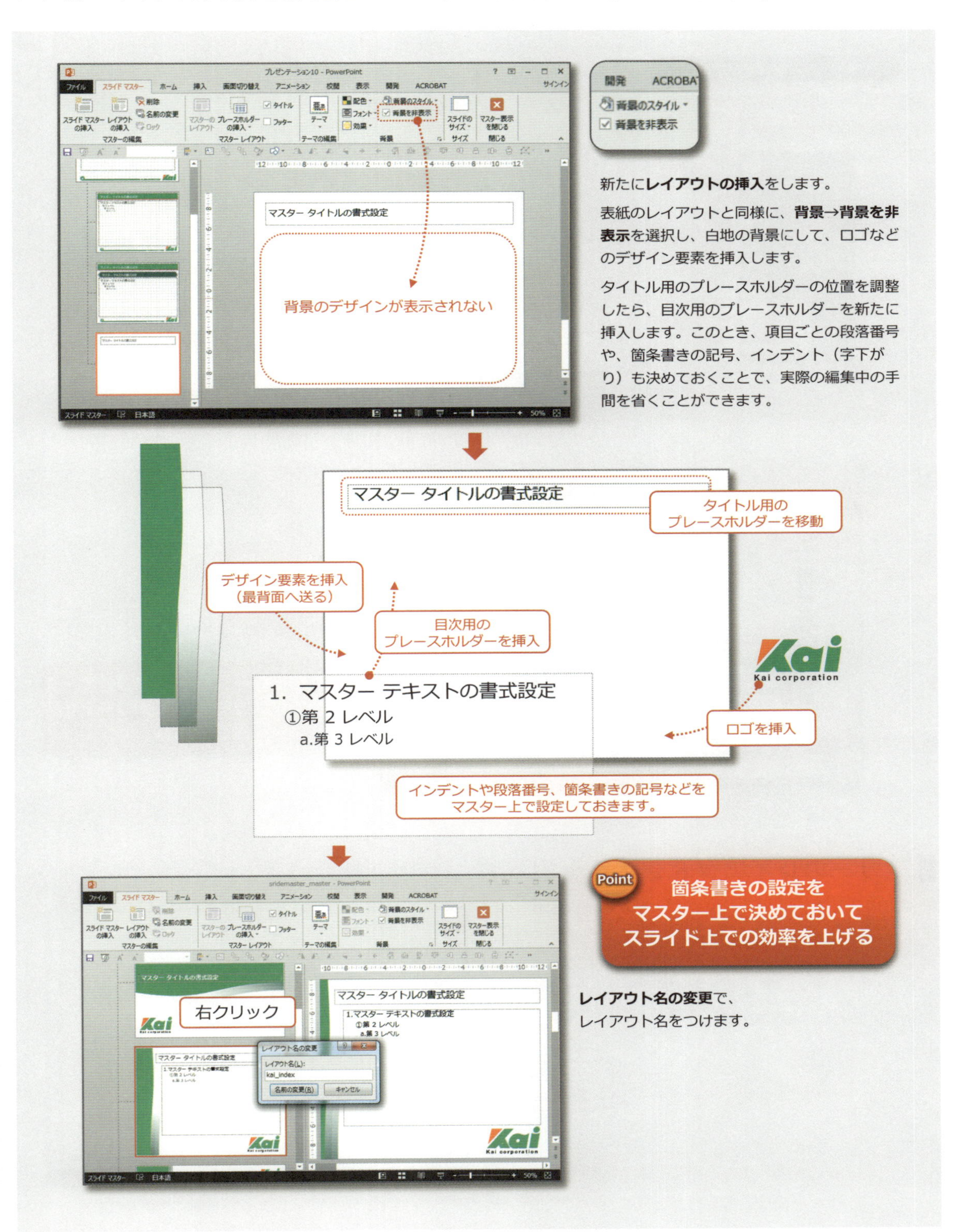


新たに**レイアウトの挿入**をします。

表紙のレイアウトと同様に、**背景→背景を非表示**を選択し、白地の背景にして、ロゴなどのデザイン要素を挿入します。

タイトル用のプレースホルダーの位置を調整したら、目次用のプレースホルダーを新たに挿入します。このとき、項目ごとの段落番号や、箇条書きの記号、インデント（字下がり）も決めておくことで、実際の編集中の手間を省くことができます。

**Point**
**箇条書きの設定を**
**マスター上で決めておいて**
**スライド上での効率を上げる**

**レイアウト名の変更**で、
レイアウト名をつけます。

## 扉用のレイアウトを作る

目次同様、扉を挟んで、章立て（セクション）を整理すれば、見る人にとってだけでなく、制作する側も構成を考えやすくなり、ストーリーの通った、訴求力のある企画書になります。

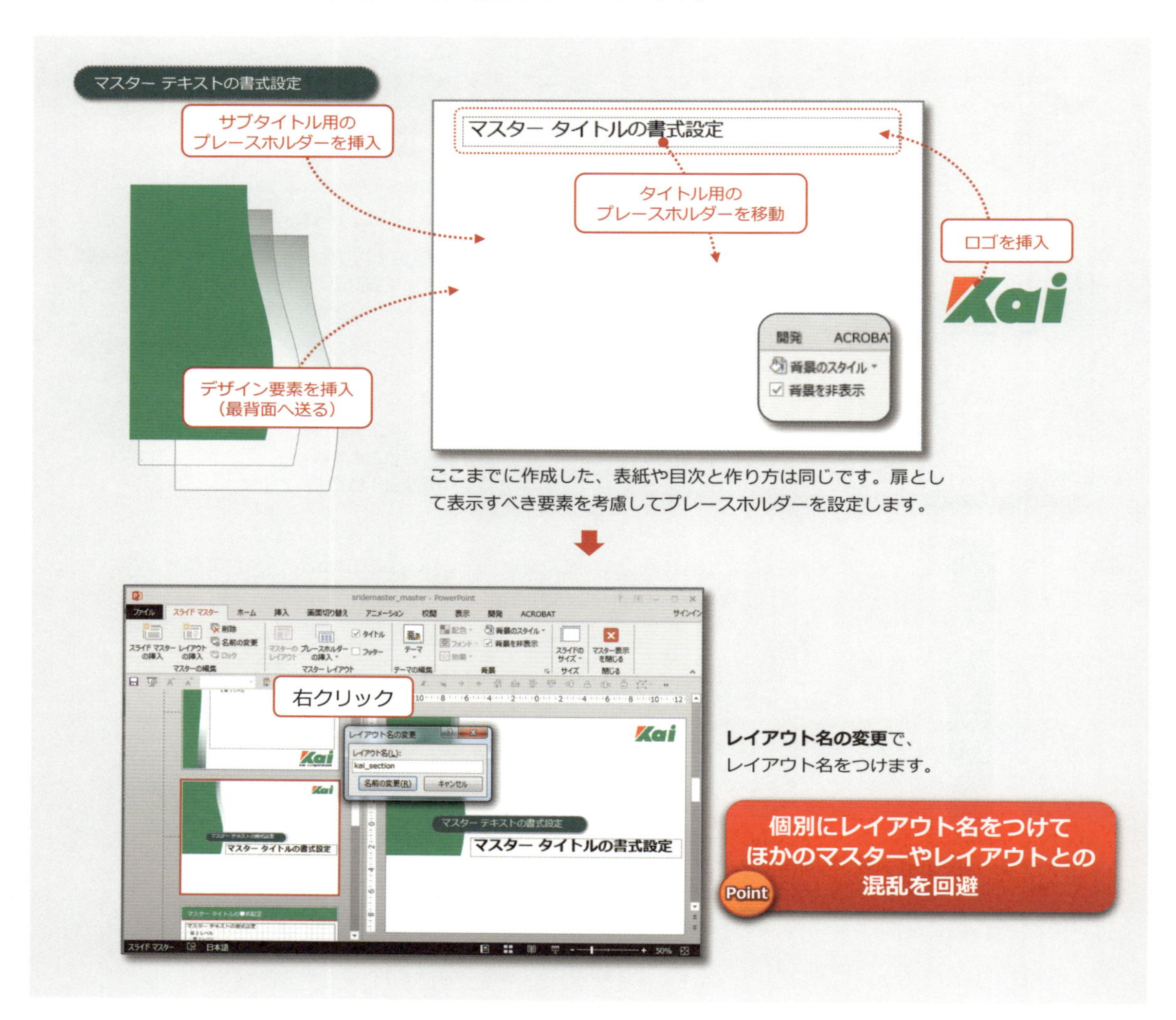


ここまでに作成した、表紙や目次と作り方は同じです。扉として表示すべき要素を考慮してプレースホルダーを設定します。

**レイアウト名の変更**で、レイアウト名をつけます。

**Point** 個別にレイアウト名をつけてほかのマスターやレイアウトとの混乱を回避

## フリーのレイアウトを作る

すべてのスライドにタイトルや本文が入るとは限りません。図や、写真だけを並べたりするスライドでは、プレースホルダーがかえって邪魔になることもあります。マスターの背景表示だけにした、フリーなレイアウトも作っておきましょう。

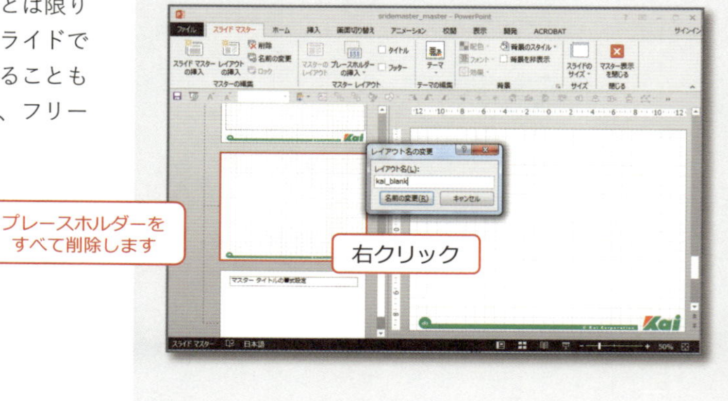

## スライドマスターに名前をつけて登録する

必要なレイアウトが揃ったら、**スライドマスター**に名前をつけて、**テーマ**として保存します。**Officeテーマ：THMXファイル**として保存され、**デザイン**の**ユーザー定義**に呼び出せるようになります。THMXファイルには、カラーパレットやテキストの定義情報も含まれているので、共有すれば、グループや会社で統一されたテンプレートとしてPowerPoint資料を作成することができます。

**スライドマスター**（サムネイルの一番上の大きい画面）上で、右クリックして**マスターの名前変更**を選択します。**レイアウト名の変更**ダイアログが表示されますが、スライドマスター名をつけることになります。

共有するグループや社名などがわかりやすい名前や、スライドのサイズ（4:3か16:9かなど）がわかるような名前をつけておきましょう。

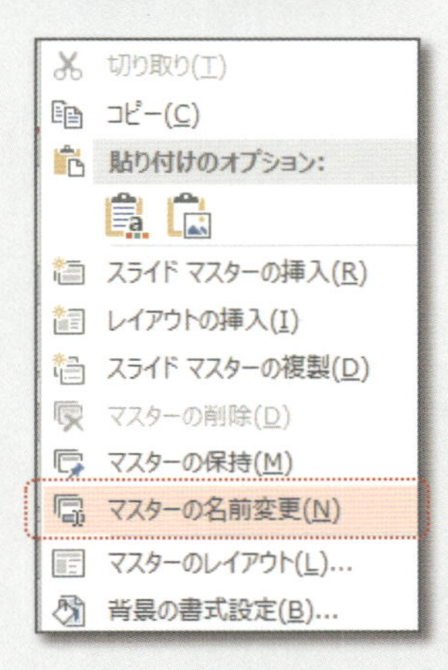


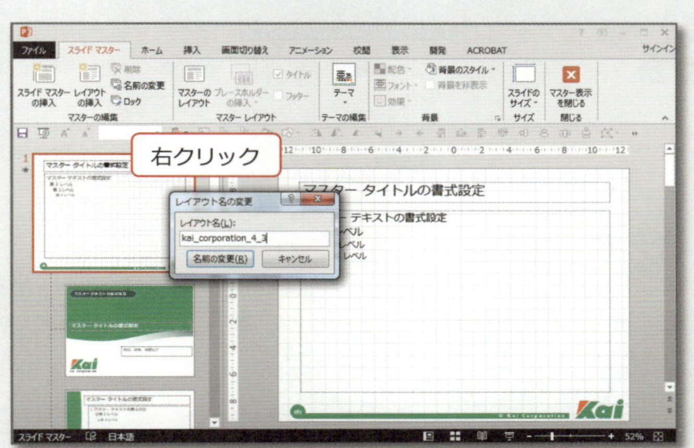


次に、**テーマ**の下の▼をクリックして、一番下に表示される**現在のテーマを保存**を選択します。表示されたディレクトリにあらためてファイル名をつけます。わかりやすく、マスターの名前と同じにしておくのがよいでしょう。

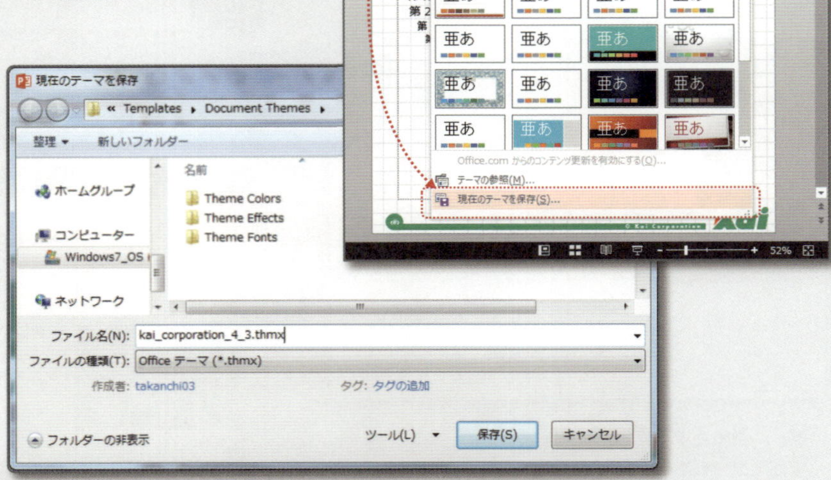


**■XMLファイルの保存先**
<C:¥Users¥ユーザー名¥AppData¥Roaming¥Microsoft¥Templates¥Document Themes>
※Windows7の場合。OSや環境によって保存先は異なる場合があります。

## 適宜、レイアウトを呼び出してスライドを作成する

出来上がったファイルを、テンプレートとして展開します。新規ファイルを開いた場合も、**デザインタブ**の**ユーザー定義**から選択すれば、テンプレートのデザインに切り替わります。**スライドマスター**から、作成するスライドごとの内容に適したレイアウトを呼び出して作業します。テンプレートとして過去のスライドからコピーしてこなくても体裁が揃い、フォントを指定しなおすこともありません。ページ数も自動的に同期して、ロゴや画像などもスライドごとに貼っていないので、触ってしまってイライラすることがなくなり、圧倒的に作業効率が上がるはずです。ファイルサイズがムダに大きくなることもありません。

出来上がったレイアウトは、表紙、目次、扉、本文用の順番に入れ替えておくとよいでしょう。新たにレイアウトを増やすときは、混乱を防ぐために区別がつけられるレイアウト名をつけておきます。

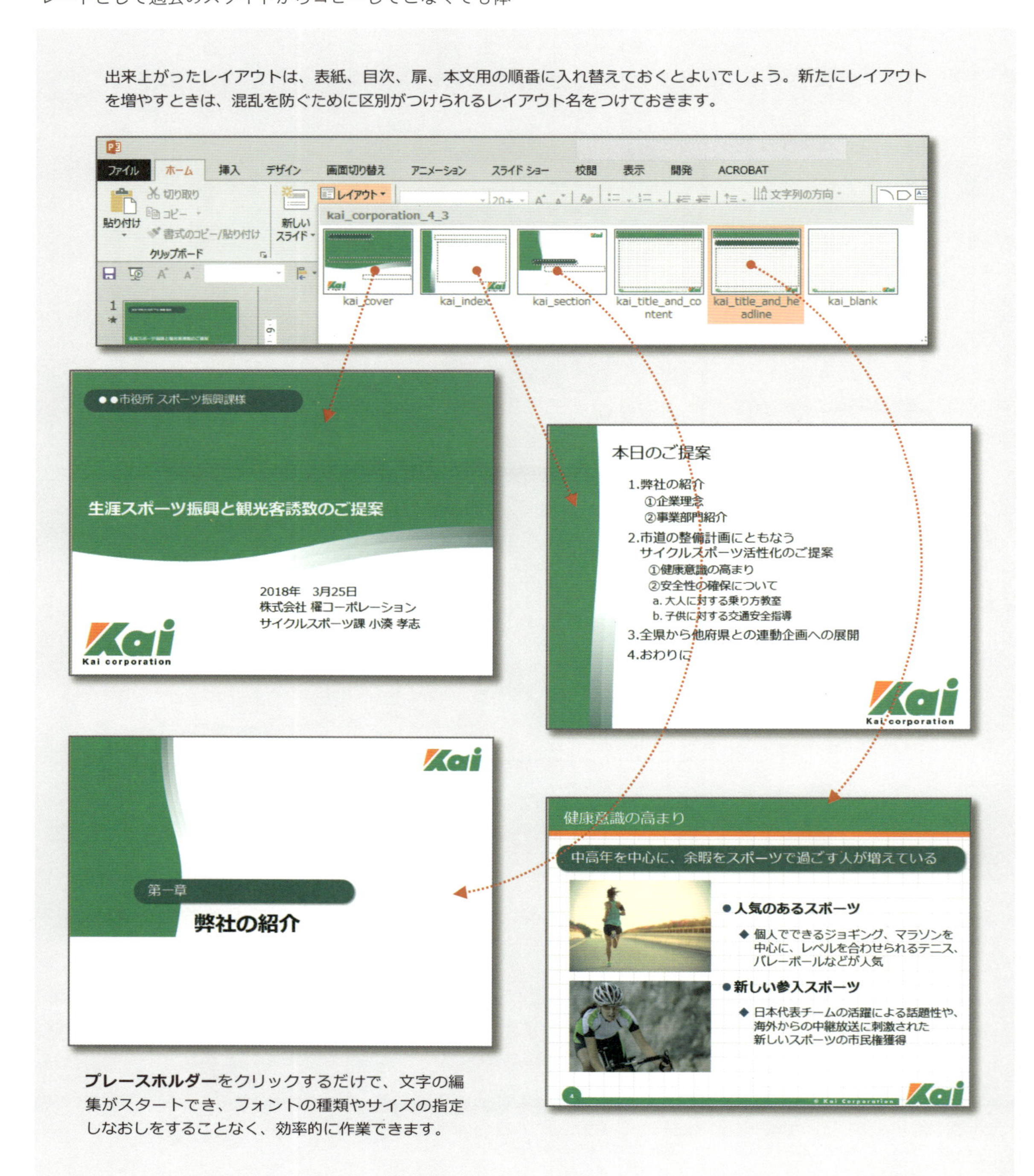


**プレースホルダー**をクリックするだけで、文字の編集がスタートでき、フォントの種類やサイズの指定しなおしをすることなく、効率的に作業できます。

## 臨機応変にレイアウトを追加、カスタマイズする

スライドの全面に敷いた画像を編集のたびに触ってしまうなど、操作の妨げになるオブジェクトはスライドマスター上に配置したり、ある特定のパターンが新たに必要になったりしたときは、作業効率を上げるために、臨機応変にレイアウトを追加、カスタマイズできるようにしましょう。増やしたレイアウトには区別のつく名前をつけておくことも忘れないでください。

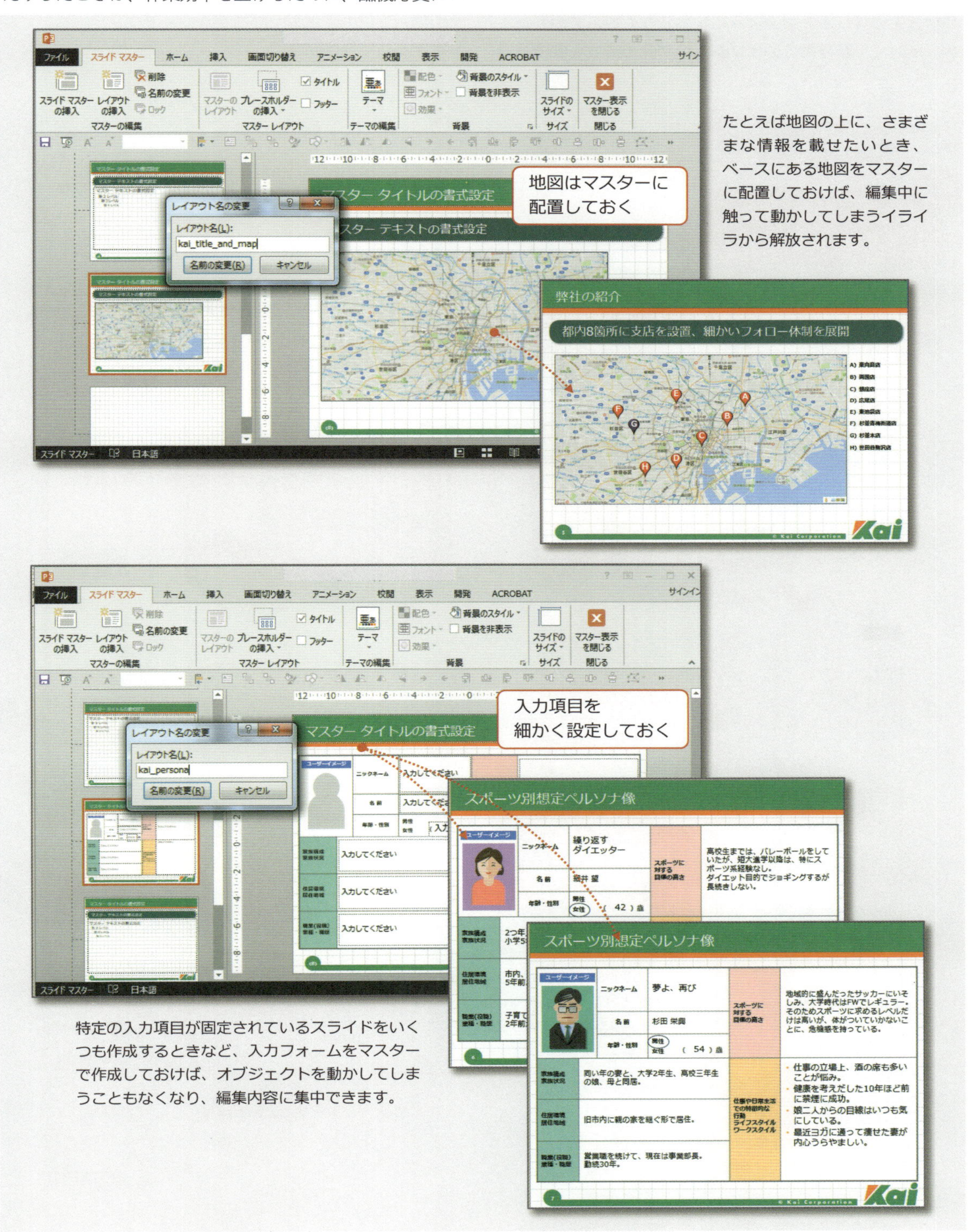

たとえば地図の上に、さまざまな情報を載せたいとき、ベースにある地図をマスターに配置しておけば、編集中に触って動かしてしまうイライラから解放されます。

特定の入力項目が固定されているスライドをいくつも作成するときなど、入力フォームをマスターで作成しておけば、オブジェクトを動かしてしまうこともなくなり、編集内容に集中できます。

## スライドをマージするときの注意

企画書などの制作では、ほかの資料からスライドをマージすることもあります。そのとき、自分のファイルのスタイルに合わせたいときは、**貼り付けのオプション**から**貼り付け先のテーマを使用**でマージします。色やフォントが、貼り付け先のスライドマスターに定義したものに変換されます。反対に、**貼り付けのオプション**で**元の書式を保持**を選択してマージすると、元のスライドのデザインを生かしたまま、持ってくることができます。このとき、スライドマスターも一緒にマージしていることになりますが、増えるマスターによっては、ファイルサイズの大きさに影響しますので、下記の要領で、使わないレイアウトは削除しておきます。

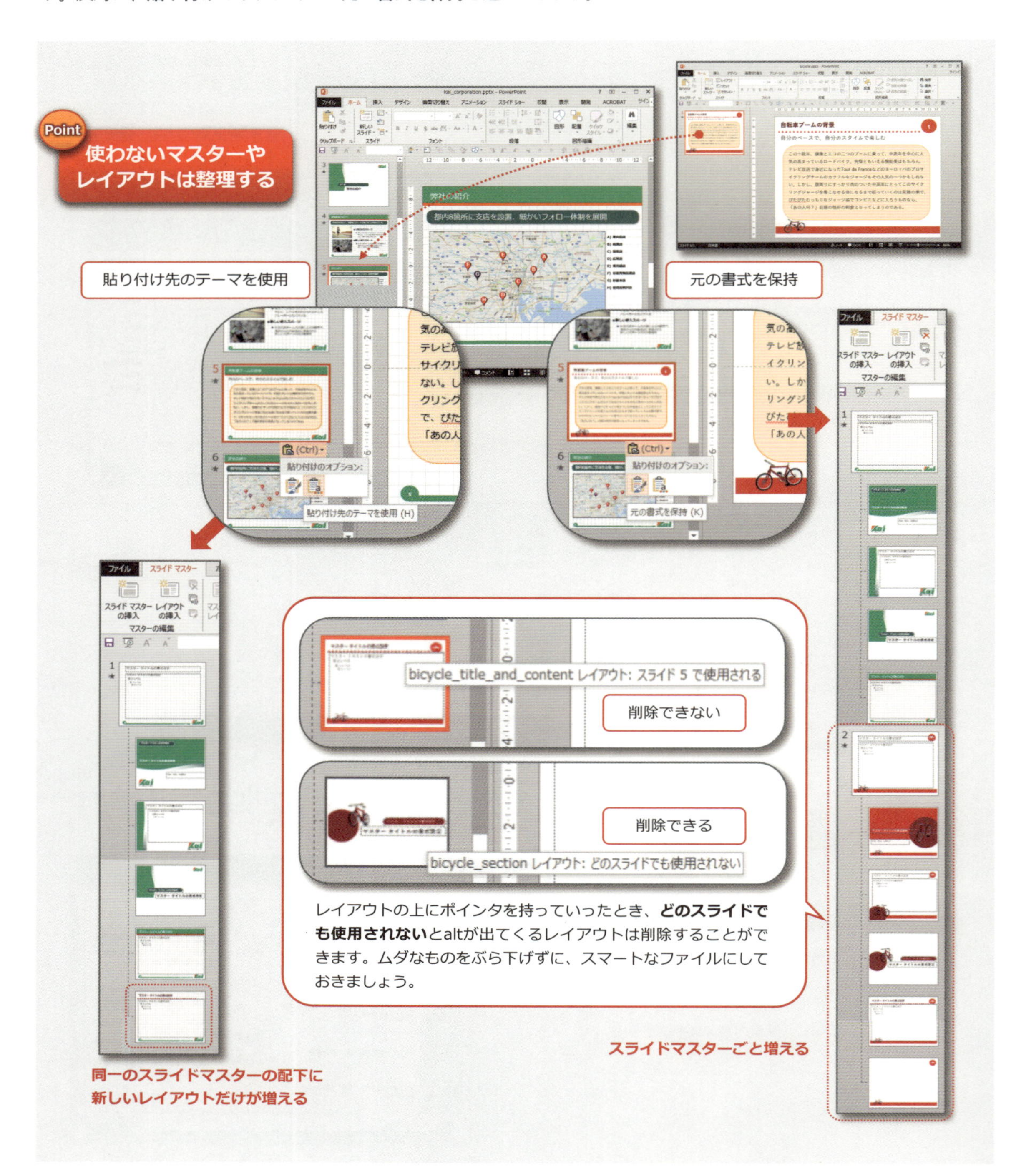


レイアウトの上にポインタを持っていったとき、**どのスライドでも使用されない**とaltが出てくるレイアウトは削除することができます。ムダなものをぶら下げずに、スマートなファイルにしておきましょう。

# 11

# Excelとは違う、表組みのテクニック

表を思い通りに仕上げて、情報を整理する

# 読みやすい表組みなら明確な情報整理ができる。

before

導入までのポイント整理

| 目的 | 実行カテゴリ | ご提案内容 | |
|---|---|---|---|
| 業務の最適化 | 日常業務 | 月次管理業務 | 全体最適化スタンスでの再構築 |
| | | サポート業務 | 顧客指向のサポートパッケージの導入と細かいサポート体制 |
| | システム見直し | 運営管理業務 | パッケージとスクラッチ構築のハイブリッドなシステム |
| | | 顧客サポート | 実績豊富な弊社システムをベースにした御社向けカスタマイズ |
| | | システム改修 | 事業を中断させない運用と冗長化 |
| | データ管理 | 連携強化 | 管理業務とサポート業務のシームレスな連携によるスムーズな運用 |

# Excelとは違う、表組みのテクニック

表を思い通りに仕上げて、情報を整理する

after

導入までのポイント整理

| 目的 | 実行カテゴリ | ご提案内容 | |
|---|---|---|---|
| 業務の最適化 | 日常業務 | 月次管理業務 | ・全体最適化スタンスでの再構築 |
| | | サポート業務 | ・顧客指向のサポートパッケージの導入と細かいサポート体制 |
| | システム見直し | 運営管理業務 | ・パッケージとスクラッチ構築のハイブリッドなシステム |
| | | 顧客サポート | ・実績豊富な弊社システムをベースにした御社向けカスタマイズ |
| | | システム改修 | ・事業を中断させない運用と冗長化 |
| | データ管理 | 連携強化 | ・管理業務とサポート業務のシームレスな連携によるスムーズな運用 |

さまざまな項目をセルに分けて、わかりやすくするのが表組みですが、整理の仕方が悪いと、かえって文字が読みにくく、煩雑なものになってしまいます。文字数が増えてセルに収まらなくなることを懸念して、フォントサイズを小さくしがちなことも原因の一つかもしれません。PowerPointの表組みの大まかなスタイルと色分けは、まずはたくさんのサンプルから選ぶだけ、細かい修正も後から自由にできます。

区別するレベルを考慮した罫線の種類やセルの色分け、セル内での文字の配置・余白、全体の密度のばらつきなどに配慮してフォントサイズを小さくしないことがポイントです。

## 大まかな表のスタイルを決める

表の作成は、**挿入タブ→表**から行います。マス目をドラッグすると、行と列の数が設定できます。セルの色分けや、罫線など、細かい設定は後から編集できるので、項目分けが決まったら、まず大まかな列と行で表を作成します。

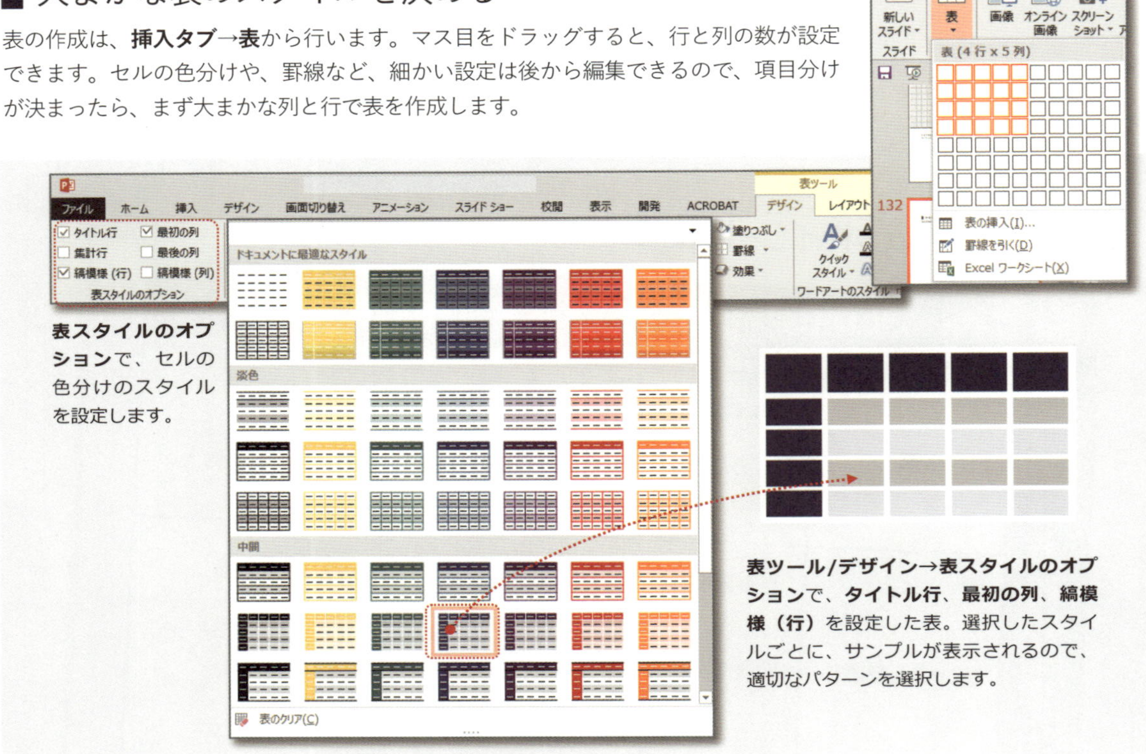


**表スタイルのオプション**で、セルの色分けのスタイルを設定します。

**表ツール/デザイン→表スタイルのオプション**で、**タイトル行**、**最初の列**、**縞模様（行）**を設定した表。選択したスタイルごとに、サンプルが表示されるので、適切なパターンを選択します。

## 選択領域ごとに変わるポインタ

表にポインタを近づけると、選択領域によって、それぞれでポインタの形が変わります。編集目的によって使い分けることで、作業が早くなります。

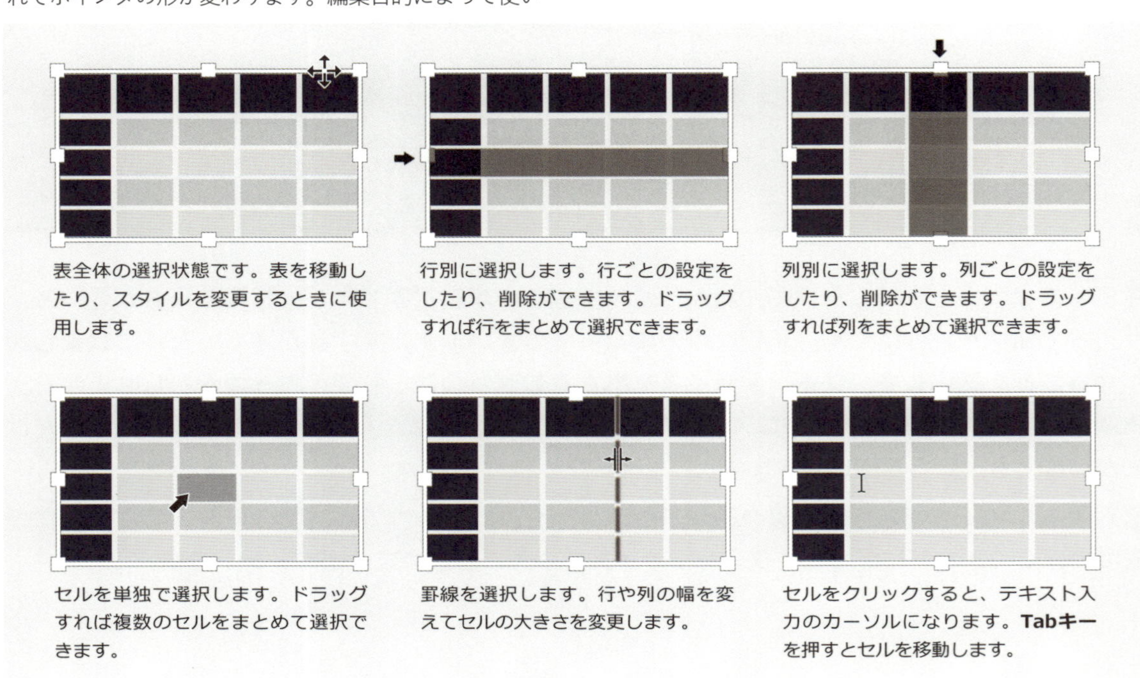

表全体の選択状態です。表を移動したり、スタイルを変更するときに使用します。

行別に選択します。行ごとの設定をしたり、削除ができます。ドラッグすれば行をまとめて選択できます。

列別に選択します。列ごとの設定をしたり、削除ができます。ドラッグすれば列をまとめて選択できます。

セルを単独で選択します。ドラッグすれば複数のセルをまとめて選択できます。

罫線を選択します。行や列の幅を変えてセルの大きさを変更します。

セルをクリックすると、テキスト入力のカーソルになります。**Tabキー**を押すとセルを移動します。

## 表の詳細を設定する

リボンを、**表ツール/レイアウト**に切り替えて、詳細の設定を編集します。文字の羅列ではわかりにくいものをセルで仕切ることで比較しやすくし、理解を促すのが表の利点です。セルのサイズを調整して文字の密度の差を減らして、文字サイズを大きくしたり、余白を適正にとるなどの工夫が、読みやすくするポイントです。

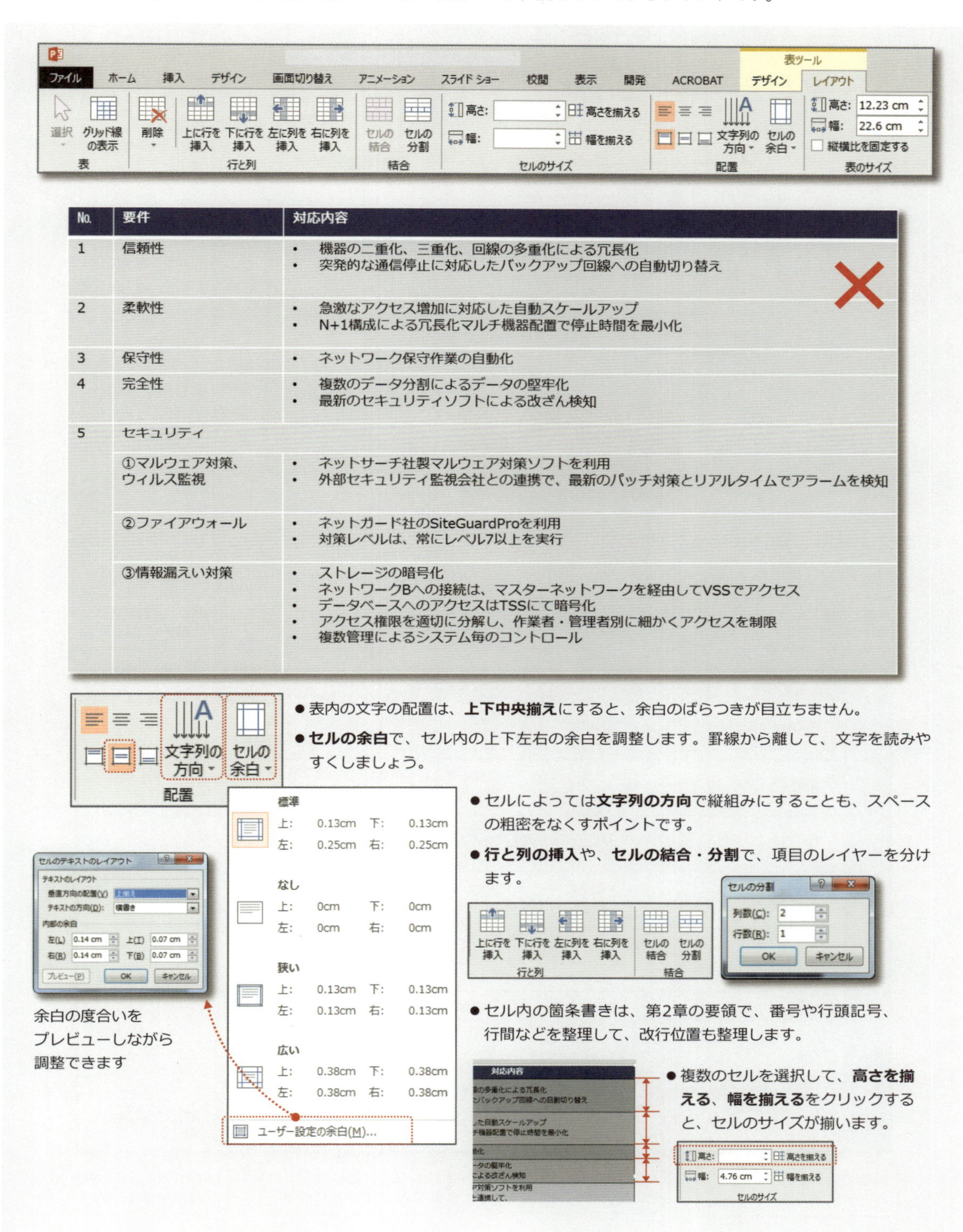

- 表内の文字の配置は、**上下中央揃え**にすると、余白のばらつきが目立ちません。
- **セルの余白**で、セル内の上下左右の余白を調整します。罫線から離して、文字を読みやすくしましょう。
- セルによっては**文字列の方向**で縦組みにすることも、スペースの粗密をなくすポイントです。
- **行と列の挿入**や、**セルの結合・分割**で、項目のレイヤーを分けます。
- セル内の箇条書きは、第2章の要領で、番号や行頭記号、行間などを整理して、改行位置も整理します。
- 複数のセルを選択して、**高さを揃える**、**幅を揃える**をクリックすると、セルのサイズが揃います。

余白の度合いをプレビューしながら調整できます

133

## 罫線を整える

表の罫線は、**罫線**からのプルダウンでExcelと同じ要領で、太さなどを設定することができますが、**罫線を引く**、**罫線の削除**を使えば、直接書き込む感覚で罫線を変更したり、削除したりできます。またセルの対角線に罫線を引いたり、セルの分割、結合も直感的にできます。

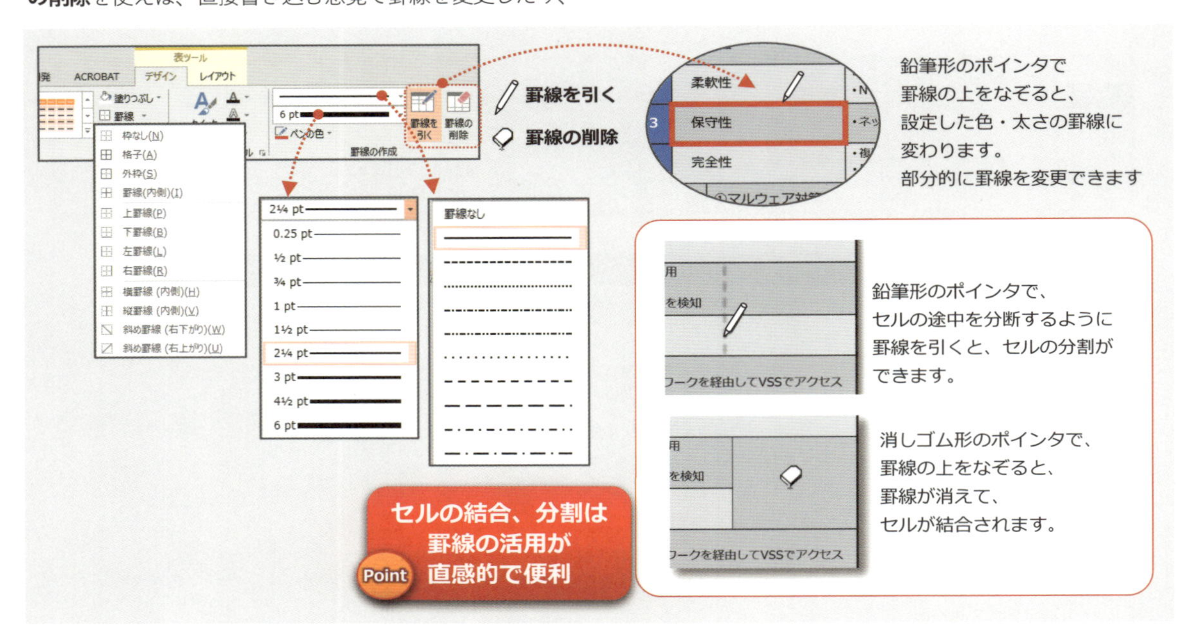


調整をした結果、表組みのサイズは変えずに、フォントのサイズを大きくすることができ、読みやすくなりました。

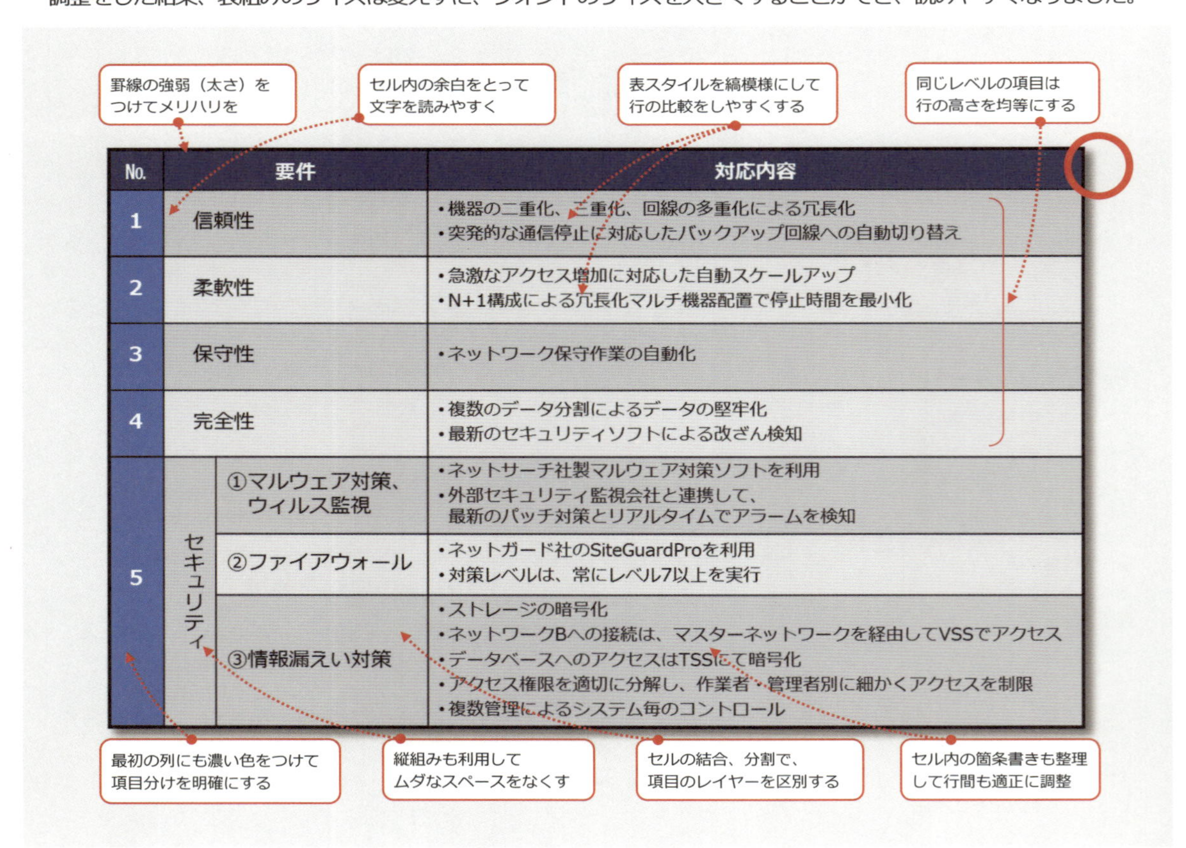


| No. | 要件 | | 対応内容 |
|---|---|---|---|
| 1 | 信頼性 | | •機器の二重化、二重化、回線の多重化による冗長化<br>•突発的な通信停止に対応したバックアップ回線への自動切り替え |
| 2 | 柔軟性 | | •急激なアクセス増加に対応した自動スケールアップ<br>•N+1構成による冗長化マルチ機器配置で停止時間を最小化 |
| 3 | 保守性 | | •ネットワーク保守作業の自動化 |
| 4 | 完全性 | | •複数のデータ分割によるデータの堅牢化<br>•最新のセキュリティソフトによる改ざん検知 |
| 5 | セキュリティ | ①マルウェア対策、ウィルス監視 | •ネットサーチ社製マルウェア対策ソフトを利用<br>•外部セキュリティ監視会社と連携して、最新のパッチ対策とリアルタイムでアラームを検知 |
| | | ②ファイアウォール | •ネットガード社のSiteGuardProを利用<br>•対策レベルは、常にレベル7以上を実行 |
| | | ③情報漏えい対策 | •ストレージの暗号化<br>•ネットワークBへの接続は、マスターネットワークを経由してVSSでアクセス<br>•データベースへのアクセスはTSSにて暗号化<br>•アクセス権限を適切に分解し、作業者・管理者別に細かくアクセスを制限<br>•複数管理によるシステム毎のコントロール |

# 12 PowerPoint で絵が描ける！ 結合の使い方

思い通りに図形を描く、図形の結合機能を学ぶ

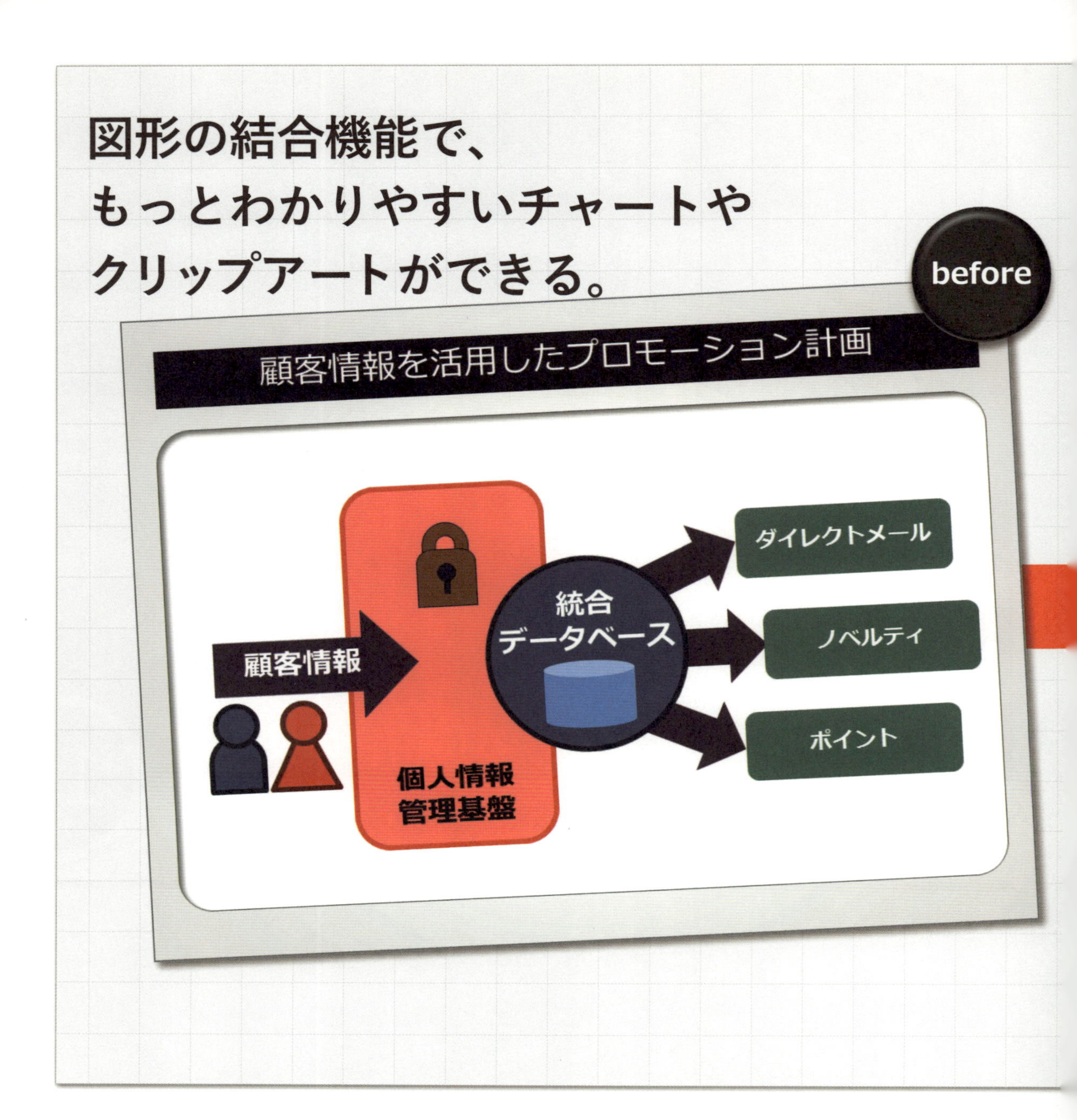


# PowerPointで絵が描ける！ 結合の使い方

思い通りに図形を描く、図形の結合機能を学ぶ

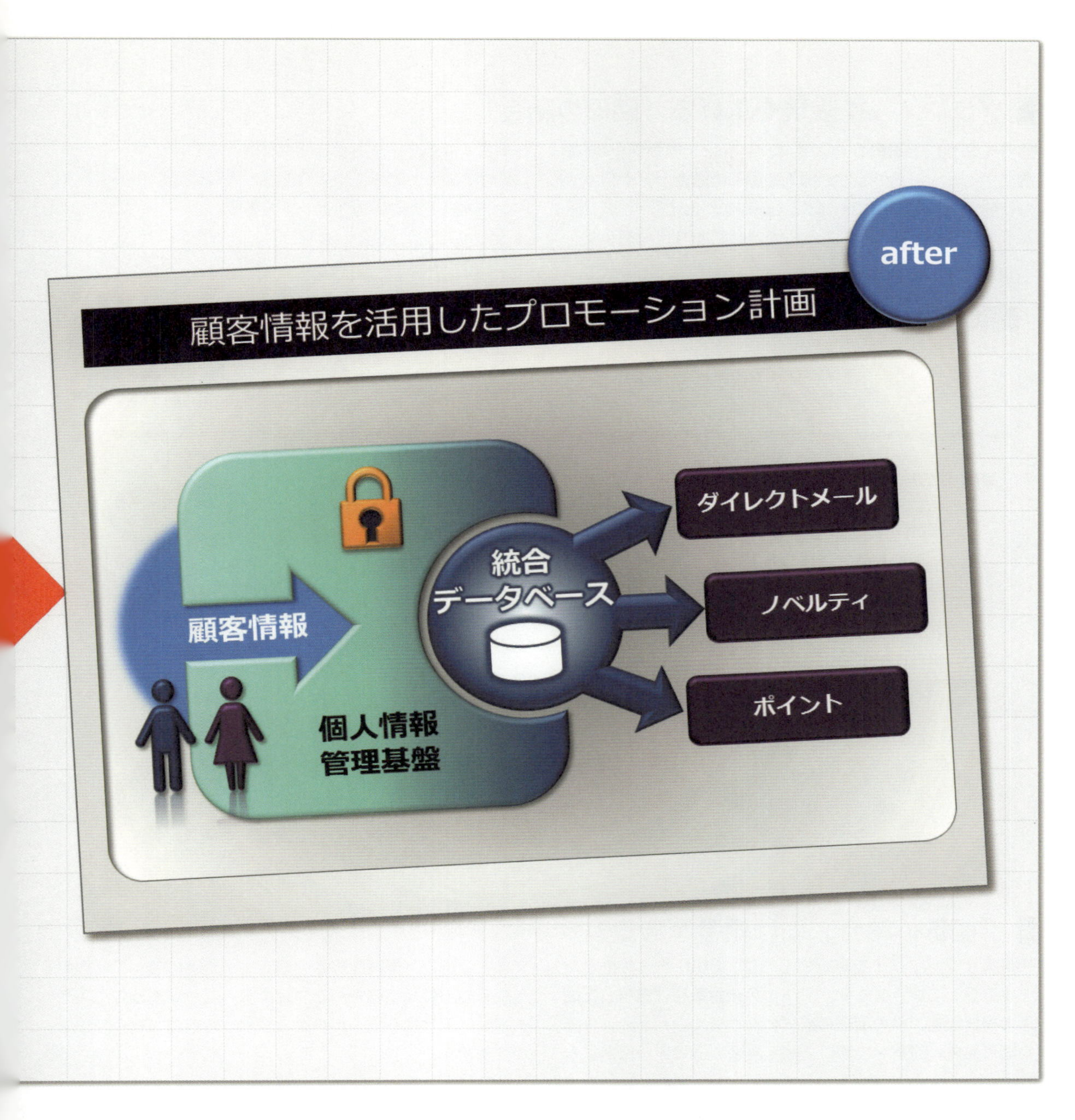


第5章で、PowerPointのさまざまな図形の特性について解説しました。さらにPowerPoint 2013からデフォルトの機能になった「図形の結合」（PowerPoint 2010では、「クイックアクセスツールバー」の「リボンにないコマンド」から呼び出します：74ページ）を応用すれば、描ける形は、際限なく広がります。「グループ化」ではなく、「結合」することで一つのオブジェクトになるので、塗りつぶしや枠線の設定も単純です。ダイレクトに文字が編集できたり、簡単なピクトグラムを作ってクリップアートとして使ったりもできます。チャート図を作るときの図形のバリエーションも増えるので、よりわかりやすい構造化を可能にします。

## グラフィック表現を広げる「図形の結合」

図形を**二つ以上選択**した状態で、リボンを**描画ツール/書式**にすると、左側の**図形の挿入**の**図形の結合**がアクティブな状態になります。これはPowerPoint 2013からデフォルトになった機能で、図形同士を合体したり、分割して、さまざまな形を作り出せる便利な機能です。グループ化では限界のあった図形表現の可能性が大幅に広がり、イラストやチャートの説得力がアップします。

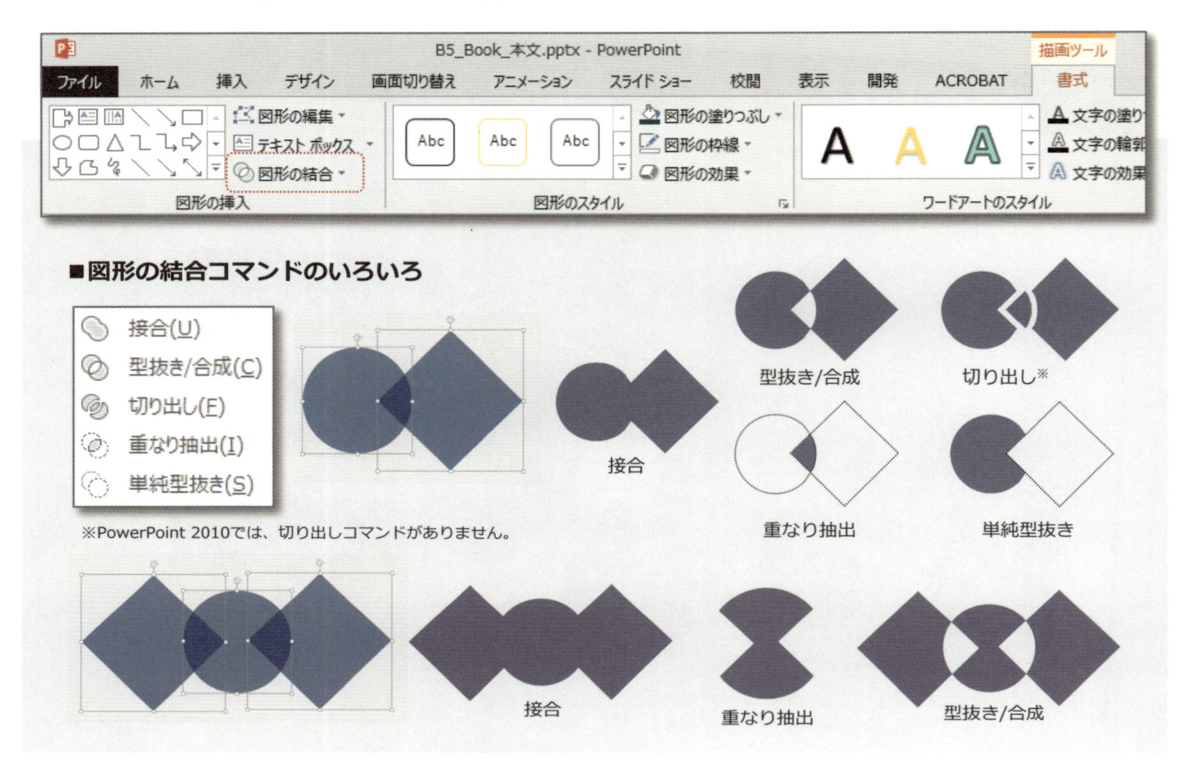


## 「図形の結合」には順番がある

複数のオブジェクトを選択するには、**Shiftキー**を押したまま選択していきますが、このとき**一番最初に選択した図形の書式が加工後の図形の書式に**なります。たとえば、赤い図形を先に選択して青い図形と接合すると赤い図形になります。特に、**単純型抜き**の場合は、最初に選んだ図形側が残る図形になるので気をつけます。斜めに回転した図形を最初に選択すると、加工後の図形も斜めになるので注意が必要です。

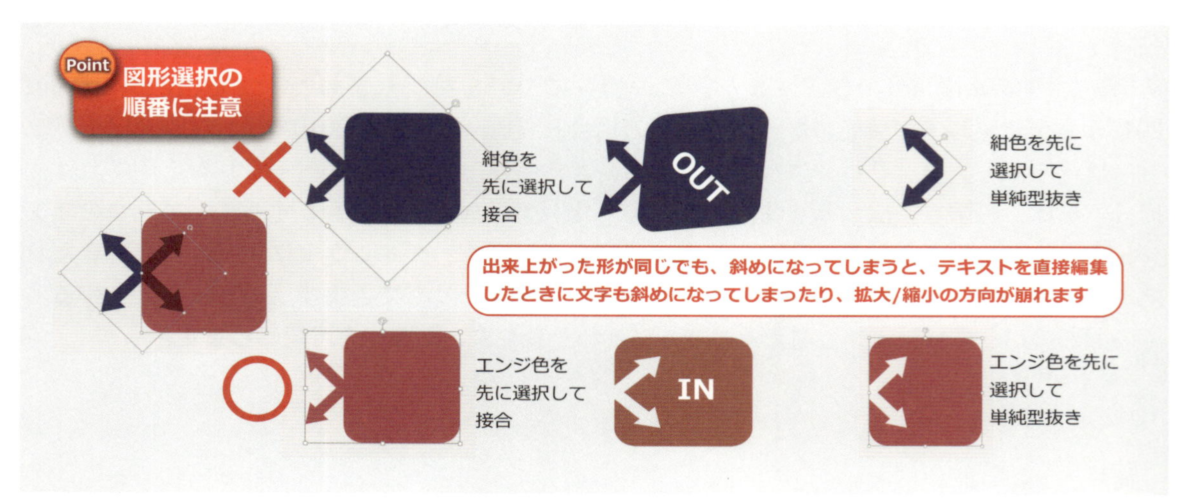

## 図形の向きを垂直に補正する

図形が斜めになっていると、オブジェクトの配置コマンドの**上下左右に揃える**、が正しく機能せず、新たな結合や、レイアウトがうまくいきません。再度垂直方向の図形と接合すれば、補正することができます。

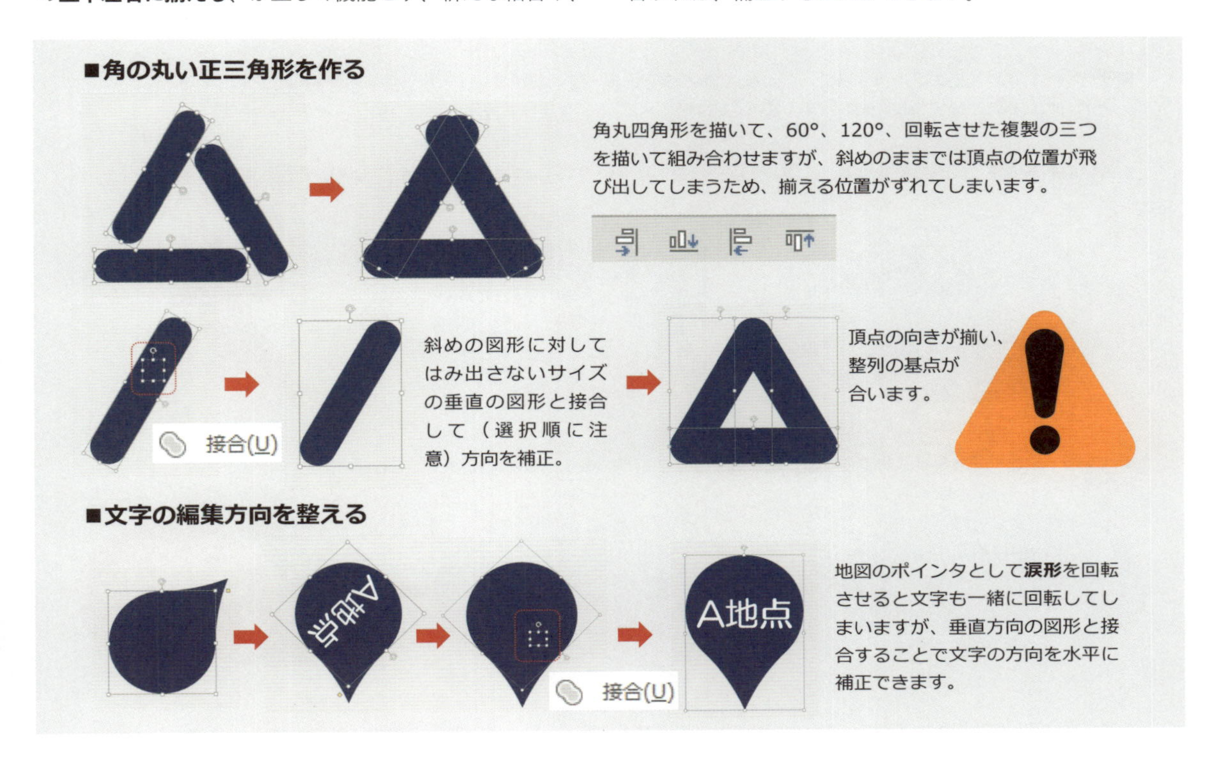


## グループ化との違い

フラットな配色と、図形の効果などを施していないときには、グループ化した図形も、結合した図形も特に見た目は変わりません。しかし、輪郭をつけたり、効果をつけると、グループ化の場合、個別のオブジェクトに設定されてしまいます。結合した図形では、一つのオブジェクトとして扱えるため、編集が簡単になります。

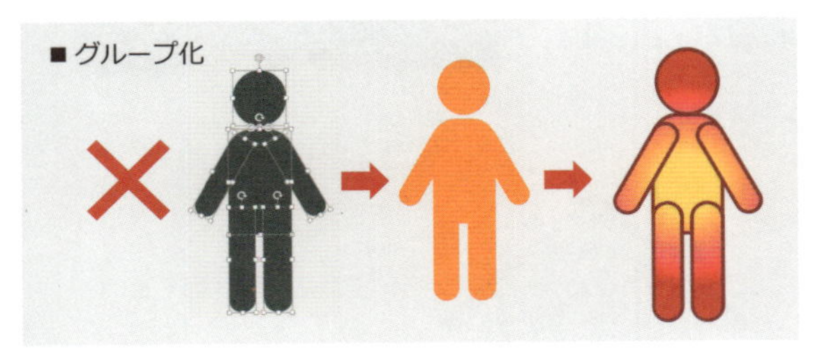


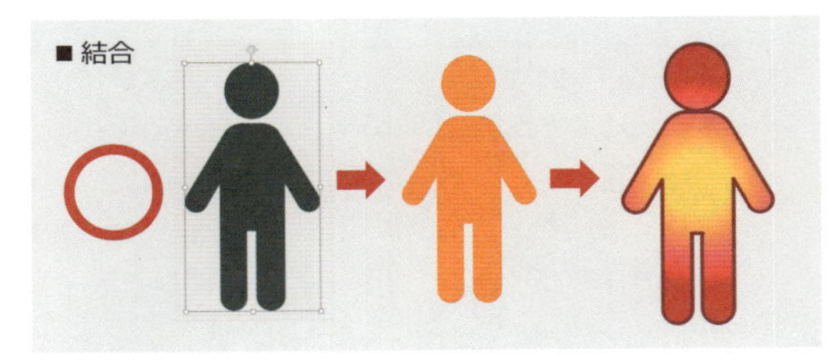


## 結合時の注意点

**接合**や**型抜き**などの加工をする図形が小さいと、曲線にガタツキが生じることがあります。なるべく大きな図形同士で加工するようにしましょう。

Point
**加工する図形は大きく描いておくと位置合わせの誤差も少ない**

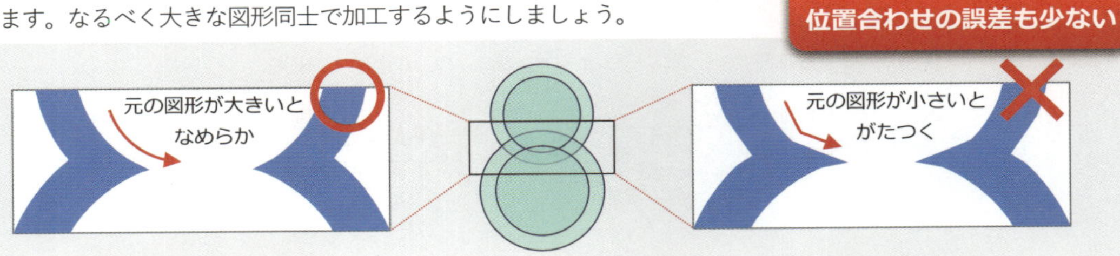

## チャートへの応用

図形の組み合わせ方次第で、さまざまな図形が描けます。太さの幅の違う勢いのある矢印や、集合のベン図も重なり部分を切り出せば、自由に配色ができます。スライドの見出しなどに、アイコン的な表現もできます。

**■チャートのアイテム例**　元の図形はすべて、PowerPointの描画図形です。わかりやすく半透明にして枠線をつけています。いくつかの例を提示しますので参考にして、絵を作ってみましょう（番号は選択する順番）。

● **勢いのある矢印**：楕円の重なりで、矢印の曲線を調整します。クセのない、ダイナミックな矢印を作れます。

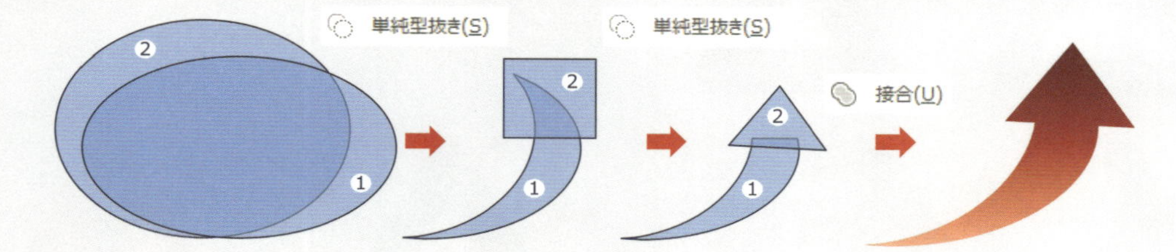


● **ベン図**：重なり部分を半透明で表すと、色が弱くなってしまいます。個別に切り出しておけば配色は自由です。

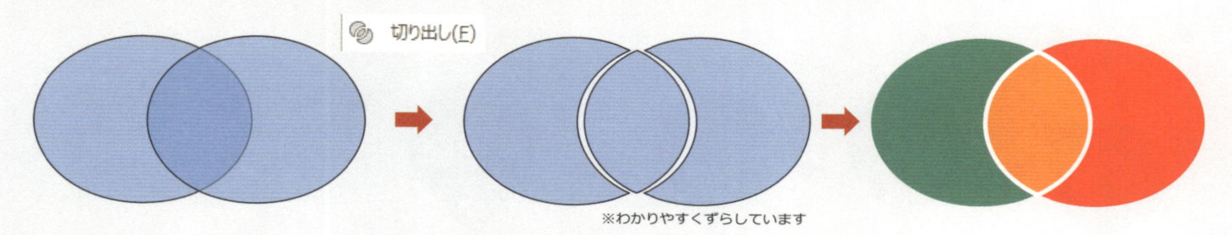


● **サーチライト**：型抜きを使って、注目ポイントなどを、サーチライトのように強調（ぼかし効果を追加）します。

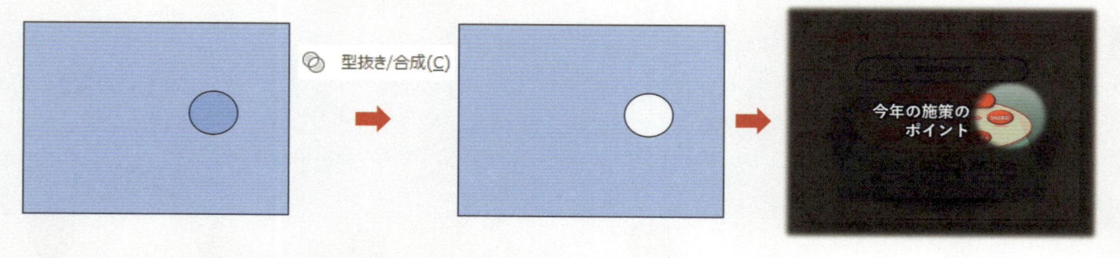


● **アイコンとしての見出し**：具体的な図形を見出しのアクセントにします。

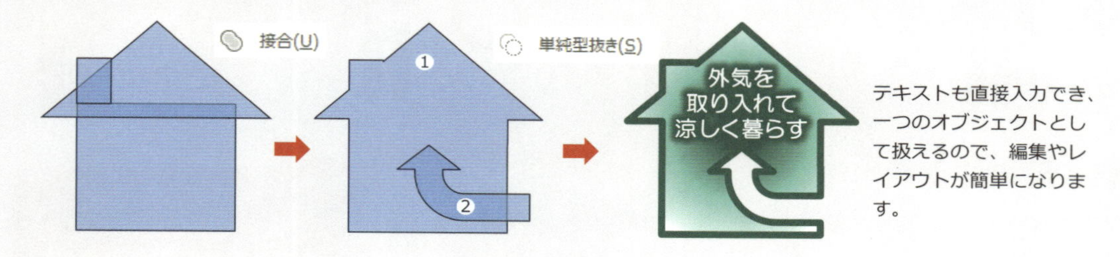


テキストも直接入力でき、一つのオブジェクトとして扱えるので、編集やレイアウトが簡単になります。

● **離れた図を一つにする**：接合することで、一つのオブジェクトになり、扱いが楽になります。

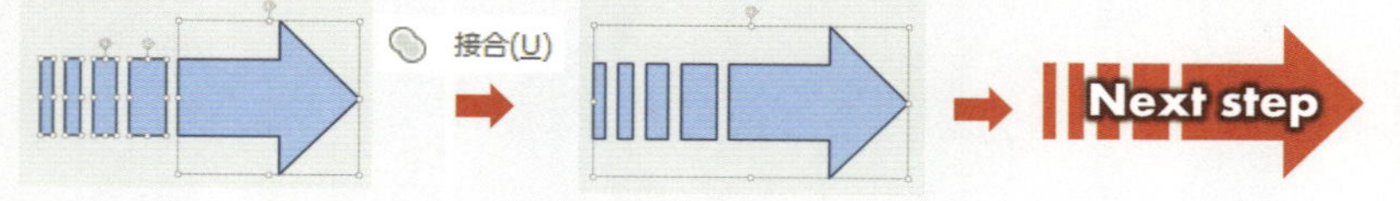


図形の選択が簡単になり、テキスト入力もしやすくなります。

## ピクトグラムのクリップアートをオリジナルで作る

情報やデータを視覚的に表現したいとき、ごちゃごちゃしているものをシンプルでわかりやすく、伝えやすくまとめる「インフォグラフィック」という手法があります。この表現の中心となるピクトグラムをこの**結合**コマンドで作ります。PowerPointのクリップアートは、別のアプリケーションで描いたものをJPEGやPNGなどのラスターデータで挿入することがほとんどですが、拡大すると粗くなってしまったり、色の変更が簡単にできなかったり、数が増えるとそのままファイルサイズが大きくなったりという難点があります。**図形の結合**で作成したクリップアートはベクターデータなので、拡大/縮小も配色も自由、いたずらにファイルサイズを大きくすることもありません。
少し難しいと感じるかもしれませんが、組み合わせのコツをつかむと、意外な絵が描けるようになります。ストックすれば自分だけのクリップアートになります。

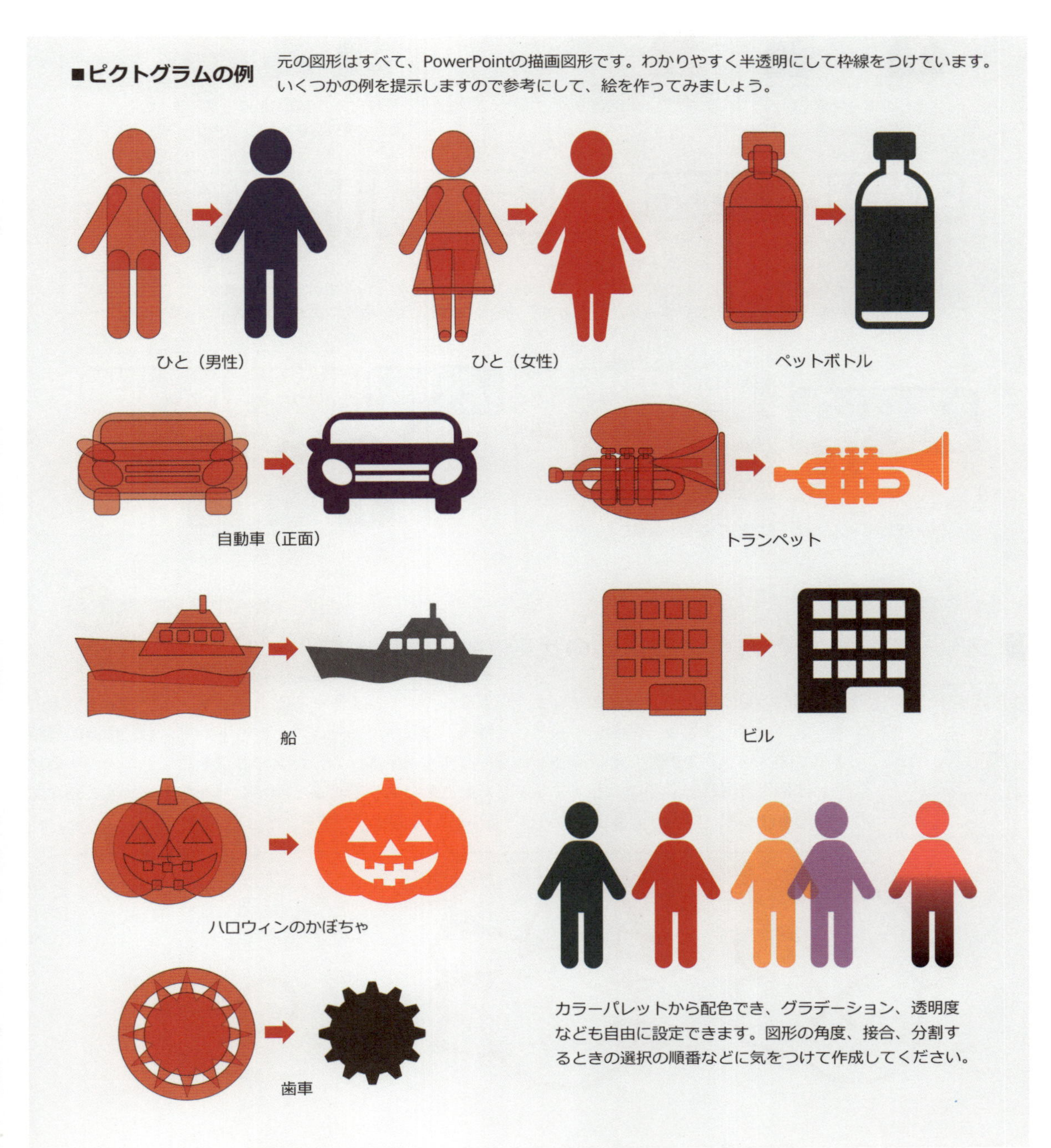

## テキストを編集するときの余白の設定

サイズによって形のバランスが悪くなってしまう**吹き出し**も、**図形の結合：接合**できれいな吹き出しにできます。このとき、デフォルトの吹き出しとは、余白の設定の基準が変わり、接合後の一番外側のラインが基準になります。ほかの図形も考え方は同じなので、覚えておきましょう。

吹き出しの根元が太くなったり、吹き出し先の位置が定まらないので、人物の並びもバラバラ

吹き出し先が三角の角度や位置でずらせるので人物も中央に集めてレイアウト

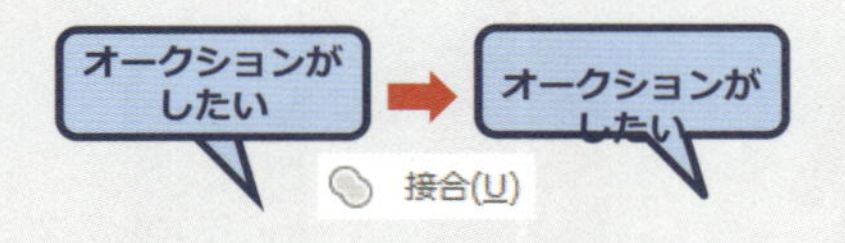


さらに接合して一体化したら、上下中央にレイアウトしていた文字が、下にずれてしまいました。

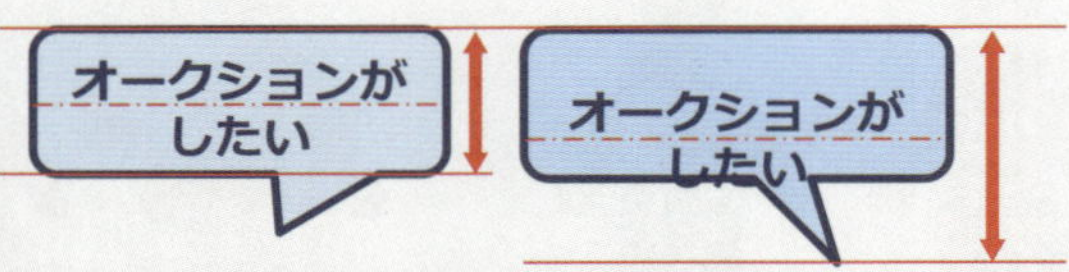


デフォルトの吹き出しでは、余白の設定の基準がフトコロ部分ですが、接合した図形では、全体のサイズが基準になるためです。

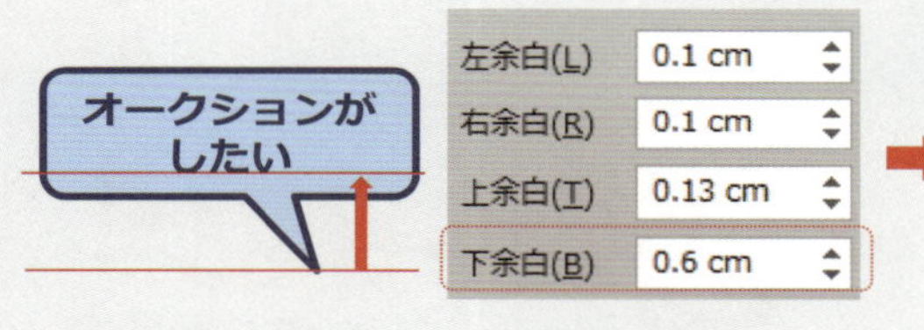


下の余白を多めにして、バランスを取ります。

## フリーフォームと頂点の編集との比較

Point
**フリーフォームはかえって手間がかかる**

**図形**の中に**フリーフォーム**という、頂点を一つずつ描くツールがあります。イラストを描くときに、ベースとなる画像を下絵として挿入、フリーフォームで上からトレースし、**頂点の編集**（90ページ）で調整していく、というやり方もありますが、パスの曲線をコントロールするには相当の慣れが必要なのと、フリーだとどうしてもクセのある線になりがちです。大まかな図形を決めて、接合や型抜きで作るほうがきれいな絵作りができます。

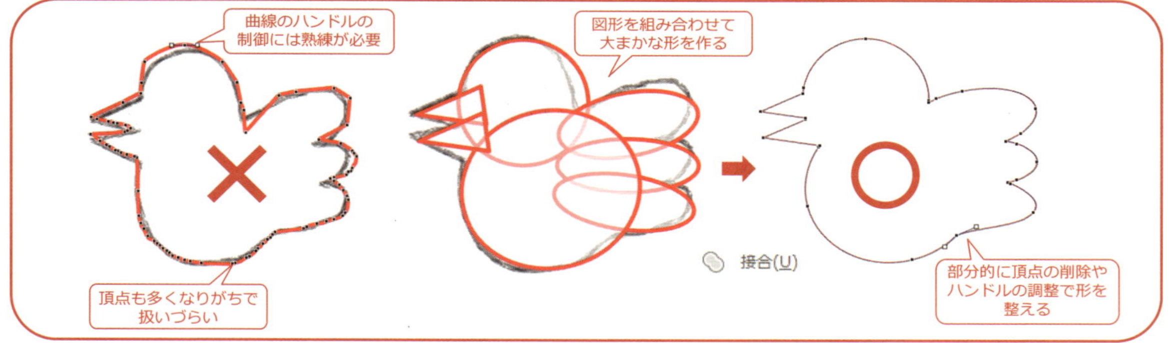

# PowerPointでここまでできる！ 3D画像の作り方

13

立体化でPowerPointの表現力の可能性を広げる

# PowerPointでここまでできる！3D画像の作り方

立体化でPowerPointの表現力の可能性を広げる

PowerPointの表現は、平面にとどまりません。「図形の結合」でさまざまな図形を描けることを説明しましたが、さらに「図形の効果」の「3-D回転」、「3-D書式：面取り」を応用すれば、PowerPointで描いたとは思えないような立体のチャートやイラストが作れます。平面のレイアウトでは説明に限界のあるチャートでも、立体的に構造化することで、より理解を深められます。また、クリップアートのイラストを立体化すれば、ビジュアルの存在感が倍増し、印象深いスライドになります。一度作成した3-Dデータは、角度を変えられるので、さまざまなバリエーションへ展開できるのもメリットです。

## 「3-D書式」を理解する

**図形の効果**の中の**面取り**のふくらみ具合は、**3-D書式**による数値の入力にもとづいています。デフォルトの効果設定では、幅6pt、高さ6ptのふくらみを持たせていますが、**図形の書式設定：図形のオプション**で数値を変更して、立体感を増したり、**面取り**のスタイルを変えてさまざまな図形に形を変えたり、**質感**や**光源の角度**を調整できます。

**Point** 効果の設定数値は「cm」でも入力できる

**3-D書式**では、図形のサイズに対して幅と高さの関係は、横から見ると図のようなイメージになっています。

「pt」まで選択して「cm」までキー入力すると、自動的にptに換算します

直径2cmの正円に対して、幅、高さともに「1cm」を入力すると、きれいな半球になります。さらに**面取り：下**にも同じく1cm（28.4pt）ずつ入力すれば、きれいな球になります。

**奥行き**に数値を入れると、面取りの上下の間が伸びて奥行きが生まれます。

奥行き部分だけ、色を変えることもできます。

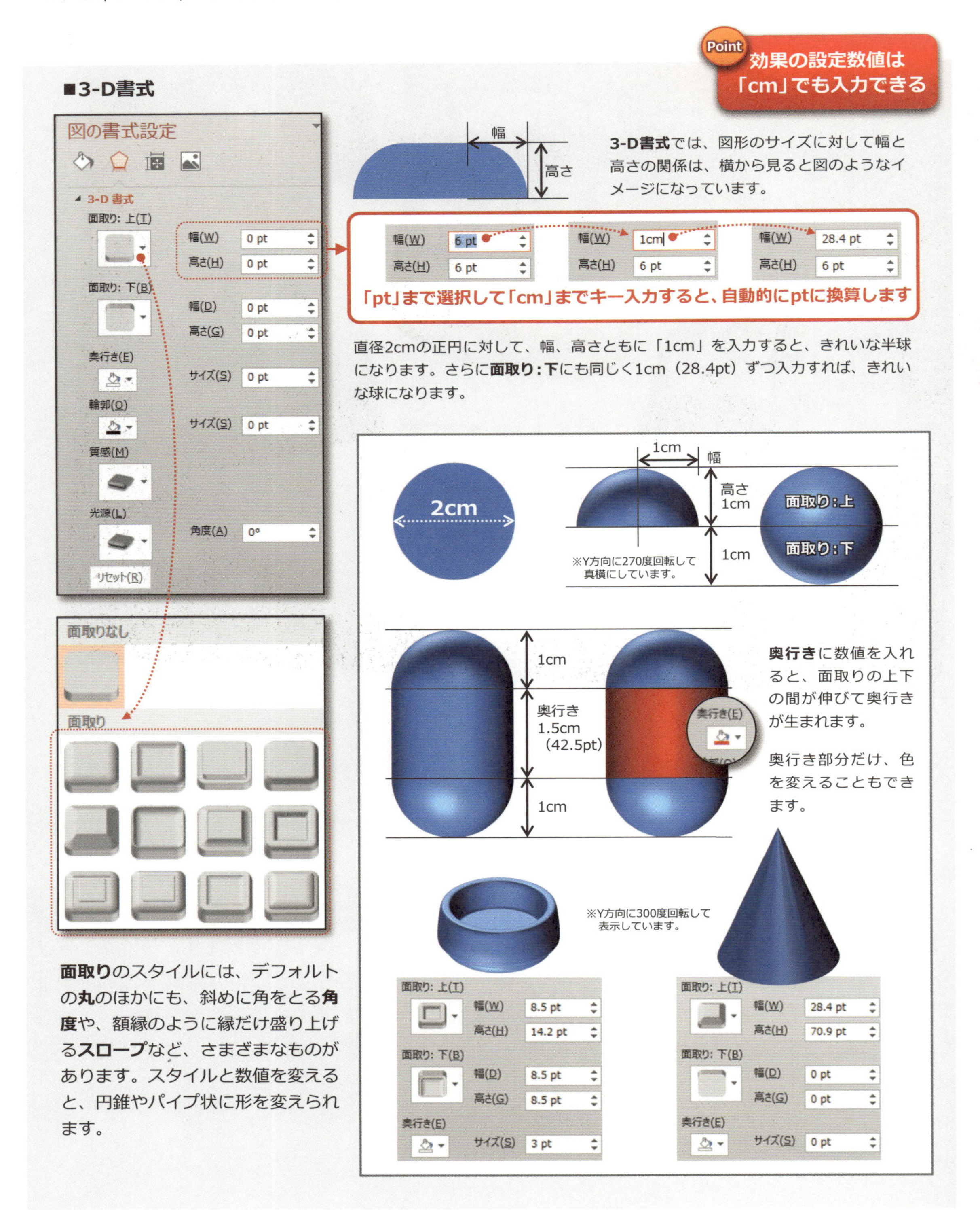


**面取り**のスタイルには、デフォルトの**丸**のほかにも、斜めに角をとる**角度**や、額縁のように縁だけ盛り上げる**スロープ**など、さまざまなものがあります。スタイルと数値を変えると、円錐やパイプ状に形を変えられます。

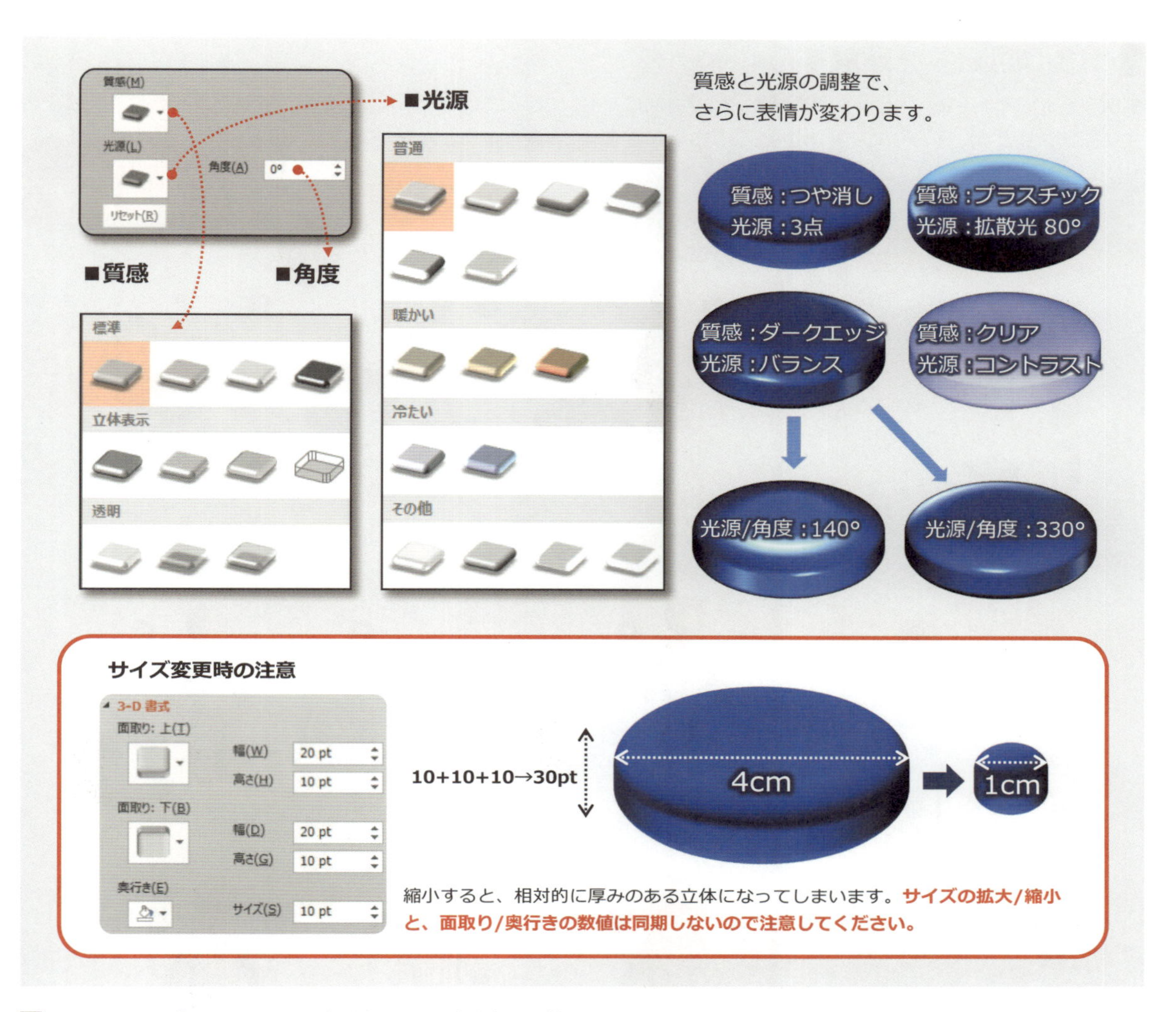


## クリップアートも立体化で表情を豊かに

**図形の結合**機能で作成したクリップアートも、**3-D書式**で立体化すれば、表情や存在感が増し、スライド内のメインビジュアルとして訴求力が上がります。グラデーションをつけたり、テクスチャーや画像で塗りつぶしをするとさらに表情豊かになります。

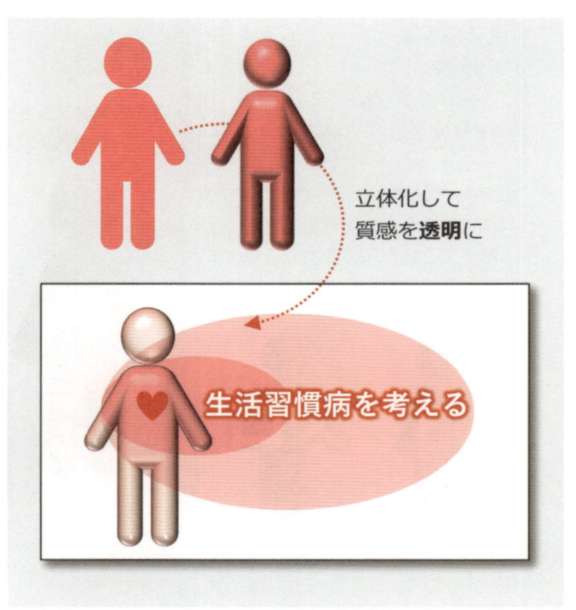

## 「3-D回転」を理解する

**3-D回転**は、文字通り、オブジェクトをX、Y、Z方向に自由に回転させます。平面的な文字や図形も当然回転できますが、ここでは立体化したピクトグラムでその効果を見てみましょう。

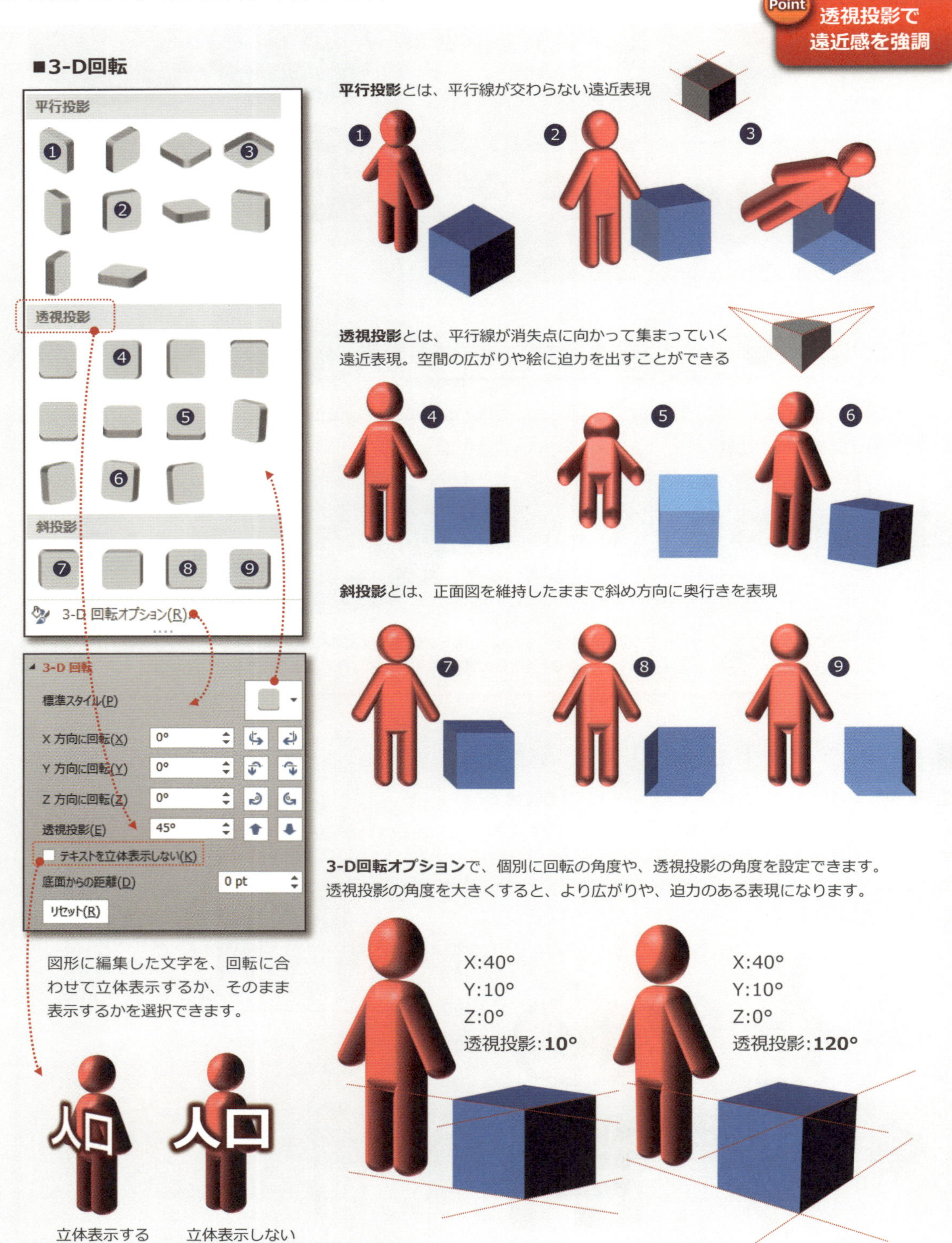

## 複数の図形をグループ化して立体化する

グループ化した複数の図形に対して、個別に数値や質感を設定することで、より複雑な立体が描けます。描いた図形と、それを面取りや奥行きをつける方向を考えて組み合わせてみましょう。「お茶のペットボトル」をモチーフに手順を解説します。

それぞれの部分に分けて、部品を描きます。

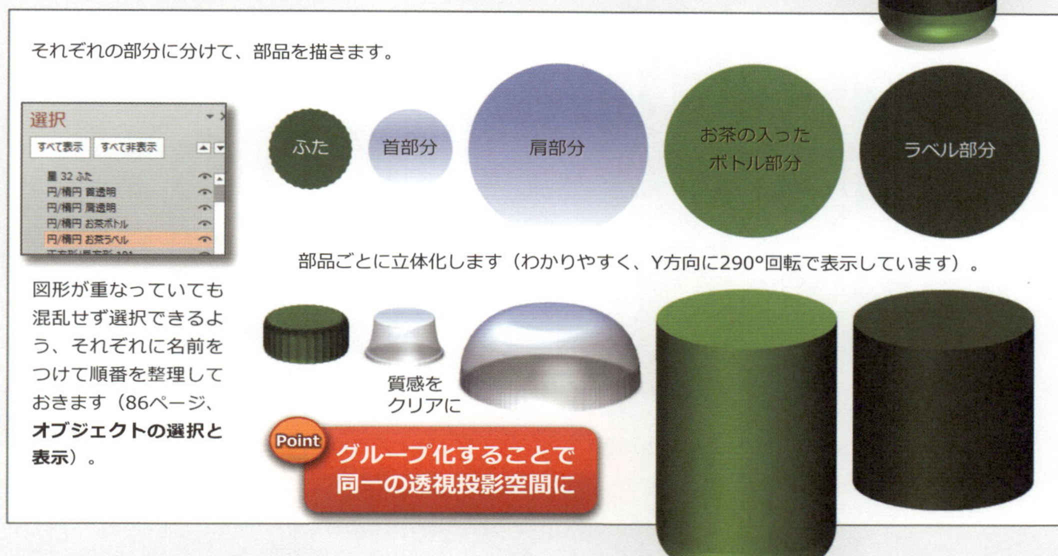


部品ごとに立体化します（わかりやすく、Y方向に290°回転で表示しています）。

図形が重なっていても混乱せず選択できるよう、それぞれに名前をつけて順番を整理しておきます（86ページ、**オブジェクトの選択と表示**）。

**Point グループ化することで同一の透視投影空間に**

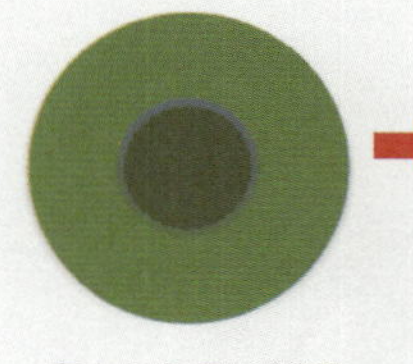

真上から見た状態

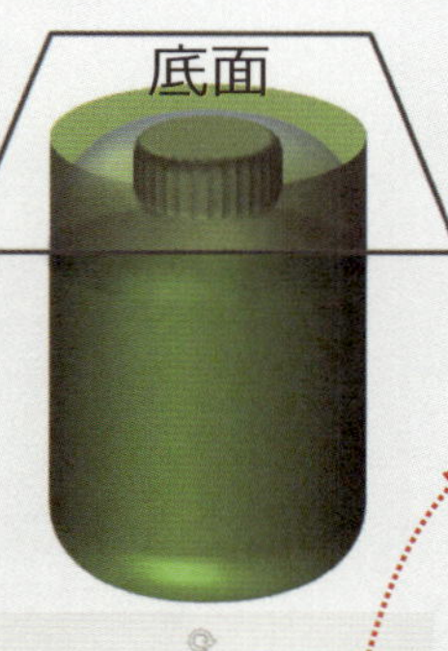


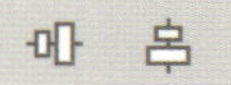

ペットボトルの立体の場合、ふたを中心に同心円を描くので上下左右に中心に整列して、**グループ化**します。

面取りや奥行きは、底面（元の図形を描いた面）を基準に、奥に向かって立体化されています。

**Point 底面からの距離で高さの関係付けを**

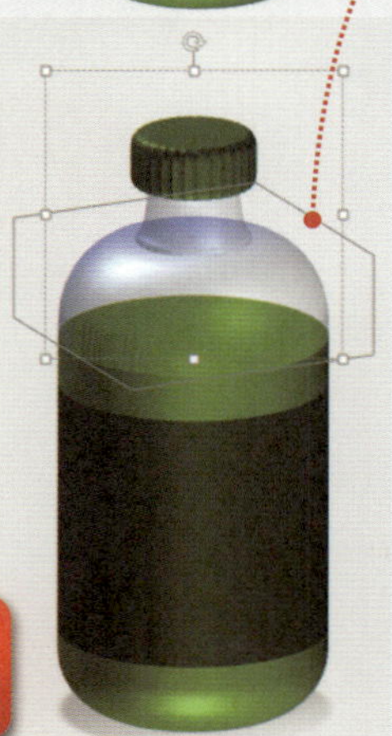

Y方向に270°回転表示すれば、真横からプレビューしながら、位置関係を調整できます。

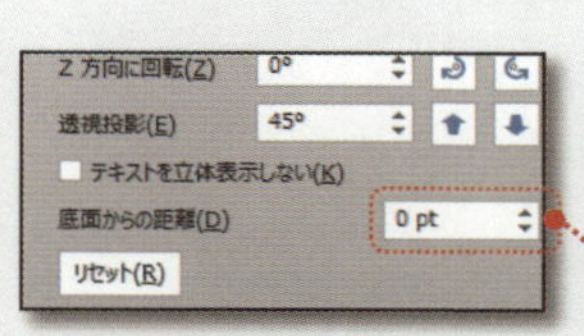


グループ化されていても、もう一度クリックすると、個別のオブジェクトが選択できます。この状態で、色や質感などの書式や、**底面からの距離**などが設定できます。

**底面からの距離を設定**

出来上がったオブジェクトは**3-D回転**で自由に向きが変えられます。

## チャート図に応用する

二次元の丸や四角も、立体化することで、位置関係を三次元の空間で表現できます。**図形の結合**で作ったオリジナルの図形を使って立体化すれば、ビジュアル的な注目度も上がり、訴求力のある表現ができます。

**■四つの業務を統合して連携するイメージ**

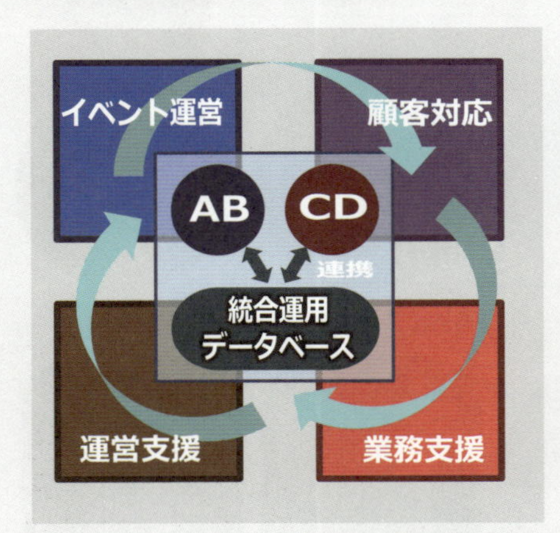


デフォルトの図形で組み合わせて作成する表現では限界があります。

**図形の結合**機能を使って、より一体感のあるイメージに構成しなおしました。

個別の要素の質感や、上下関係が変わることでよりわかりやすく相関関係を表したり、ビジュアルとしての存在感がアップします。

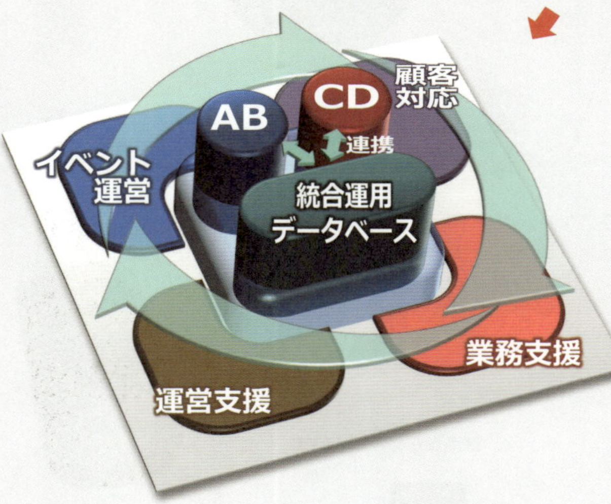

Point
グループ化しないと
個別の透視投影になり
バラバラに

完成後も、角度はもちろん、部分的に色を変えたり、質感を変えることも可能です。

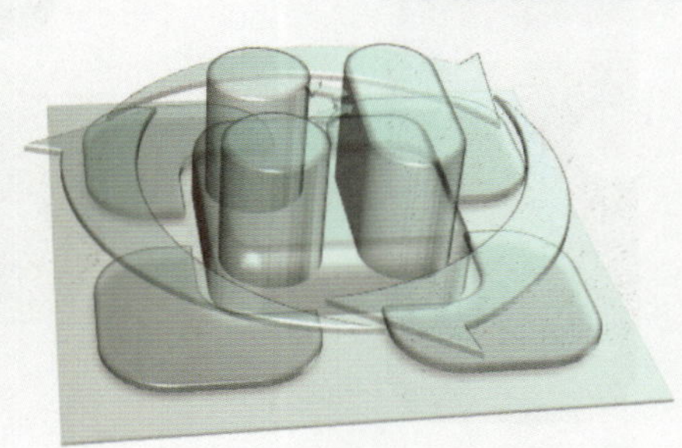

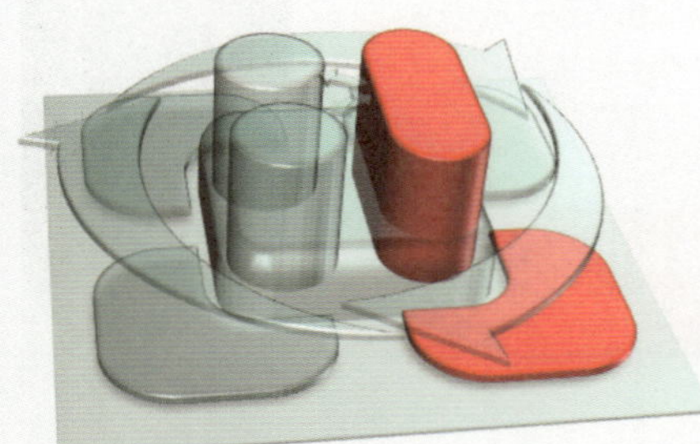

## イラストを3-Dで表現する

このように、**3-D書式**と**3-D回転**を応用すると、組み合わせ次第でさまざまなイラストが描けます。奥行きの方向が一方向に制限はされますが、描く立体の形状を考慮して、立体化した後にどのような形になるか、元になる図形を**図形の結合**で工夫することもポイントです。いくつかのイラストを、元の部品の図形とその立体化したものをサンプルとして紹介します。

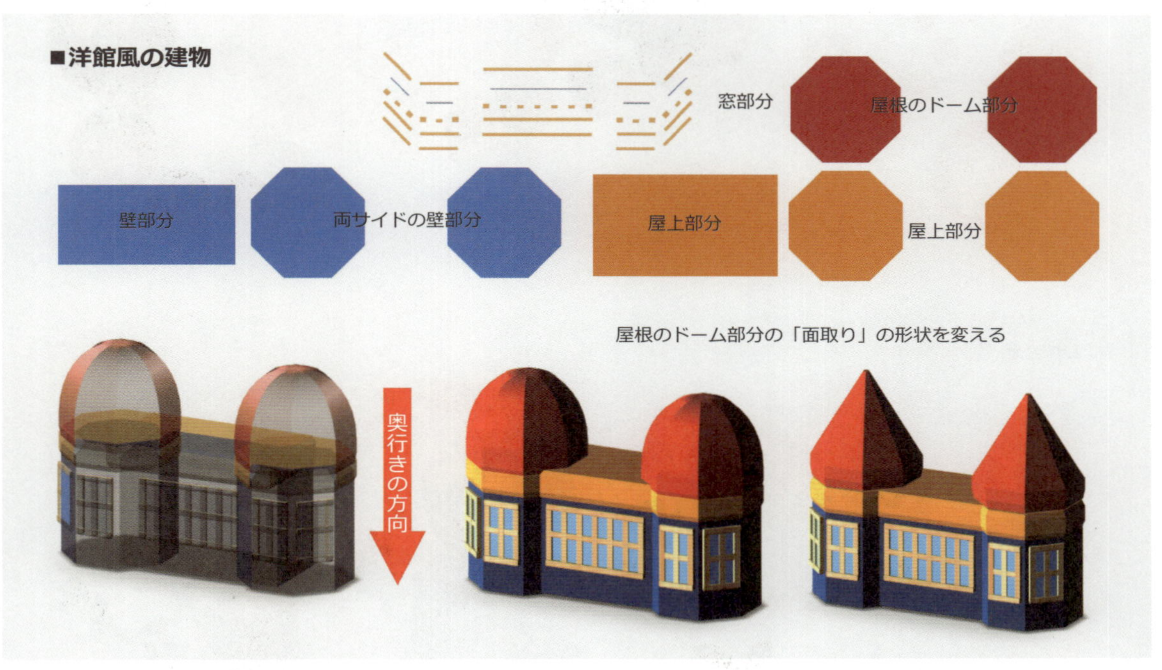

■自転車
奥行きの方向
ハンドルのグリップなど、二つずつある部品に気をつけましょう


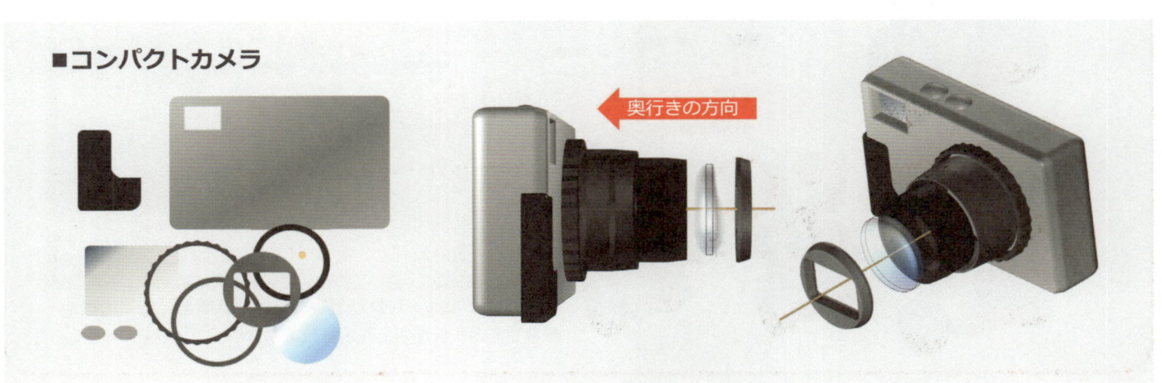

## ■らせん状に並んだ球

渦巻き状に並べた円をそれぞれ球に立体化して**底面からの距離**を階段状に上下して配置。**図形の効果**で、影をつけることで、底面を意識させてらせん状に上昇していく球の表現になります。真上から俯瞰しても、距離感を出せます。

## ■ロボット

オブジェクトが重なる部分はそのまま埋まるように表現されます。

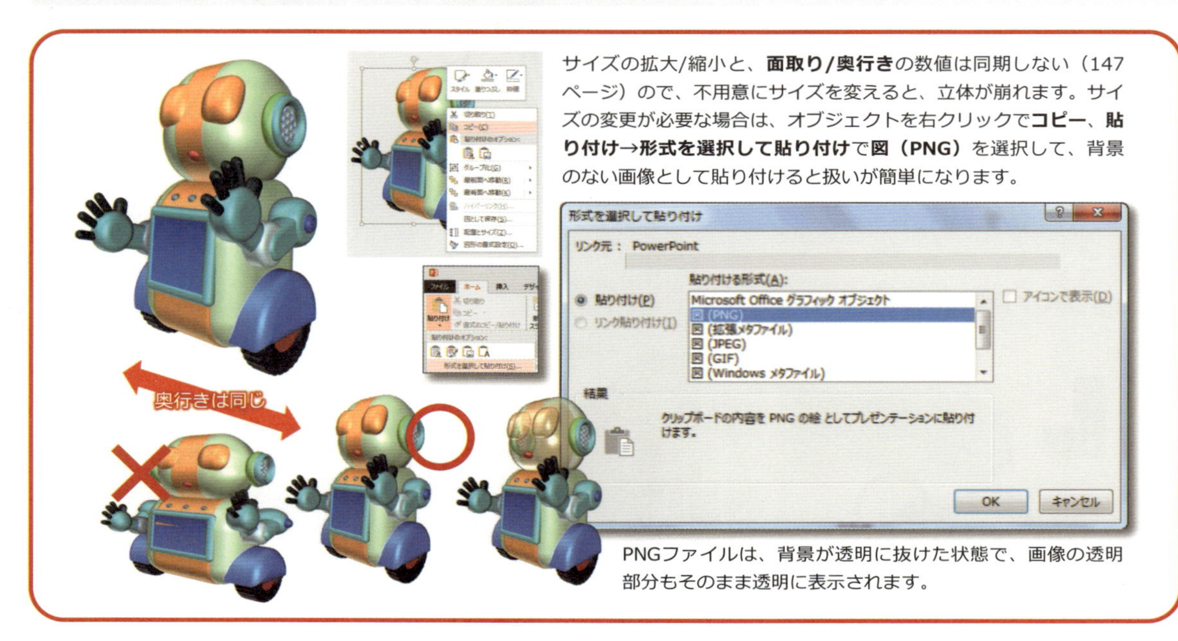


サイズの拡大/縮小と、**面取り/奥行き**の数値は同期しない（147ページ）ので、不用意にサイズを変えると、立体が崩れます。サイズの変更が必要な場合は、オブジェクトを右クリックで**コピー**、**貼り付け→形式を選択して貼り付け**で**図（PNG）**を選択して、背景のない画像として貼り付けると扱いが簡単になります。

PNGファイルは、背景が透明に抜けた状態で、画像の透明部分もそのまま透明に表示されます。

# 14 資料を外に出す前の最終チェック

手作業に頼らない校正・校閲と、さまざまな保存形式を学ぶ

# 資料を外に出す前の最終チェック

## 手作業に頼らない校正・校閲と、さまざまな保存形式を学ぶ

せっかくきれいに仕上げた企画書も、誤植一つで台無しになることも。必ず校閲をかけて、スペルチェックと文章校正をして恥ずかしくない資料にしましょう。

また出来上がったファイルは、PowerPointスライドとしてだけでなく、さまざまなファイル形式へ書き出せます。JPEG画像で保存して、Web掲載の図にするなど、マルチに展開すれば、業務全体の効率化とイメージの統一を図れます。

## オートコレクト機能の設定を確認する

**オートコレクト**機能とは、スペルミスの単語を自動的に見つけて修正したり、「®」などの商標記号やその他の記号を簡単に入力したりすることができる機能です。たとえば、「teh」と入力してスペースを入力すると、間違った単語と判断して「the」に置き換えます。「yuo」は「you」に、また「(c)」と入力すると、著作権記号「©」に自動的に変換されます。欧文だけでなく、「こんにちわ」を「こんにちは」に変換したり、和文にも適用されます。デフォルトのオートコレクト項目に必要な単語を追加することもできます。非常に便利な機能ですが、場合によっては変換されたくない単語や略称もあるので（たとえばテヘラン：Tehranの略称は「TEH」）、設定を確認しておきましょう。**ファイルタブ→オプション→文章校正**を開くと**オートコレクト**機能の設定画面が表示されます。

**■オートコレクトの設定画面：** ファイルタブ→オプション→文章校正→オートコレクト

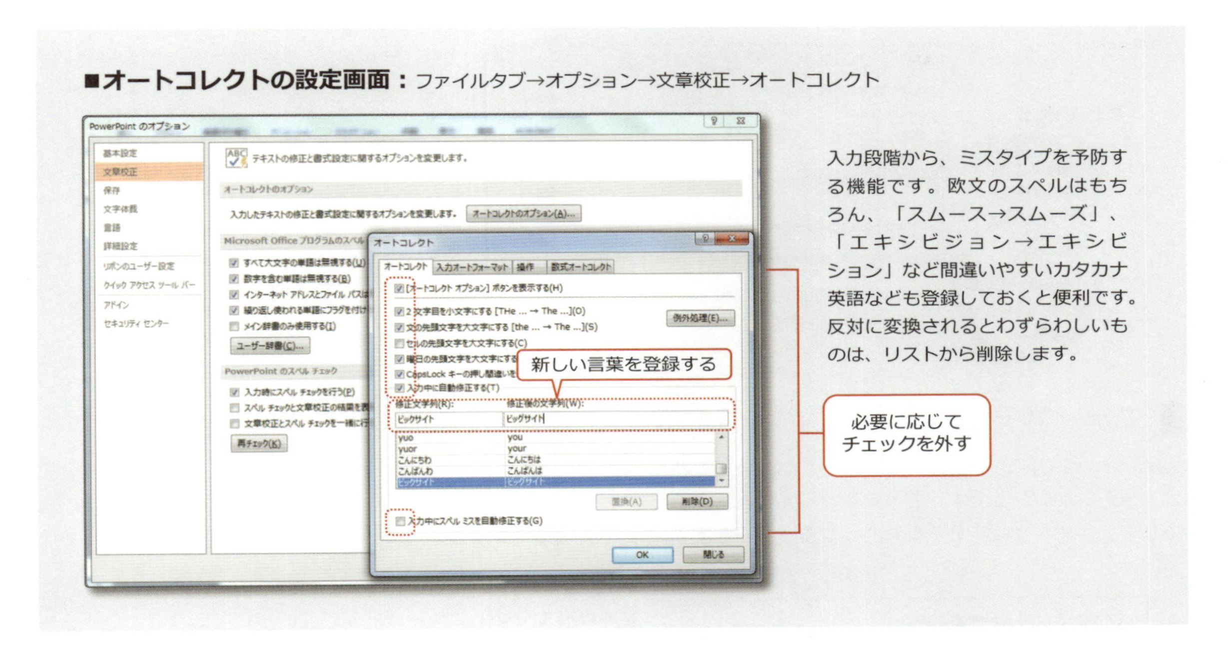

新しい言葉を登録する
入力段階から、ミスタイプを予防する機能です。欧文のスペルはもちろん、「スムース→スムーズ」、「エキシビジョン→エキシビション」など間違いやすいカタカナ英語なども登録しておくと便利です。反対に変換されるとわずらわしいものは、リストから削除します。
必要に応じてチェックを外す


## ファイル全体のスペルチェックをする

リボンを**校閲タブ**にして、一番左にある**スペルチェックと文章校正**をクリックします。

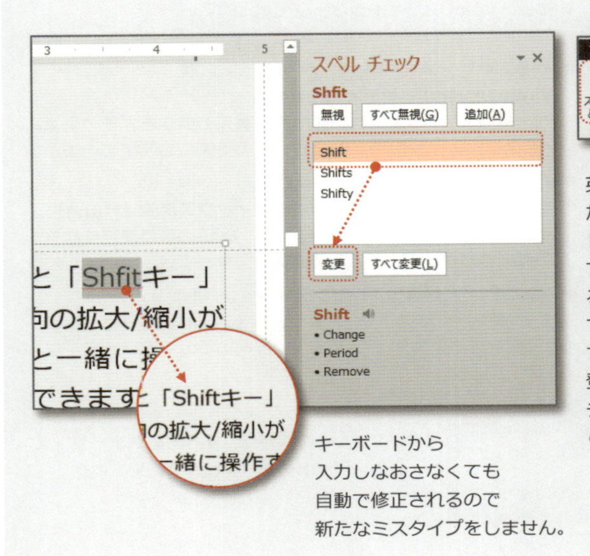


キーボードから
入力しなおさなくても
自動で修正されるので
新たなミスタイプをしません。

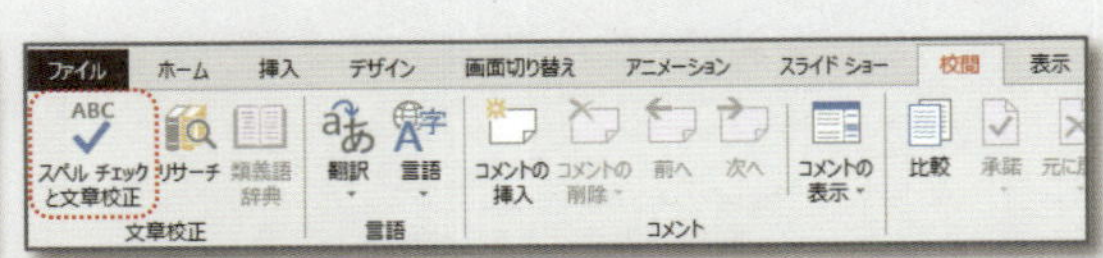


英文のスペルミスはもちろん、和文でも語句のミスと判断した部分を順番に右側のボックスに表示していきます。スライド内のミス部分は、グレーに選択された状態で表示されるので、前後の文脈なども含めて、修正するか、そのまま無視するかを判断します。英文のスペルミスの場合、修正候補が出てくるので、正しいものを判断して選択して**変更**をクリックすると、スライド上の該当部分が修正されます。語句として登録しておきたい場合は**追加**を選択しておくと次回からチェックされなくなります。

●**F7キー**でも**スペルチェックと文章校正**を呼び出せます。

## 特定の言葉を見つけ出して修正する

社名や製品名などの固有名詞の単語は、本来の欧文としてのスペルミスでないため、間違っていてもチェックにかかりません。また、企画書の中に多用していた言葉が急に変更になったなどの場合、該当箇所を目視で探していては、時間もかかり、漏れがあっては困ります。リボンの**ホーム**の右端にある**検索・置換**機能を使えば、漏らすことなく、自動で置き換えが可能です。

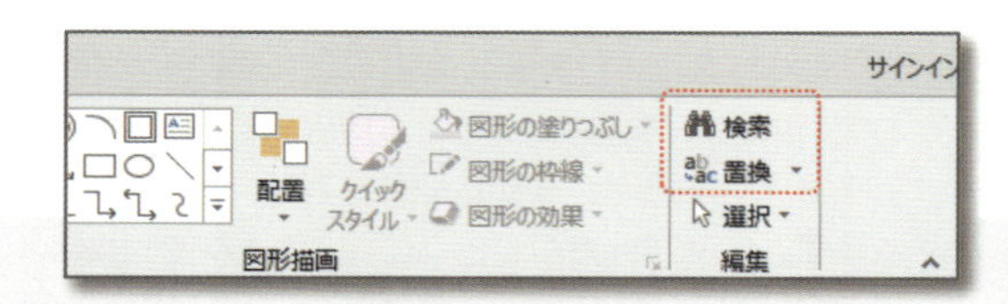


■**検索・置換**

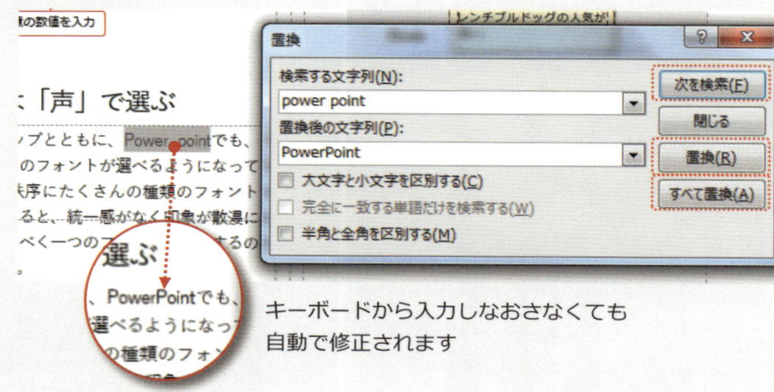


キーボードから入力しなおさなくても自動で修正されます

「PowerPoint」を「power point」と入力しても、英単語としてのスペルミスではありませんが、商標としては間違いです。検索の入力ウィンドウを開いて、上に**検索する文字列**を入力、**置換後の文字列**を下に入力しておけば**置換**をクリックするだけで、自動で文字が置き換えられます。**次を検索**で、自動で同じ言葉を順に表示してくれるので、置き換えるべきか判断します。ほかにも、名前の漢字が違っていた（「長井」→「永井」）などの急な修正に対しても漏らすことなく対応できます。まとめて修正したいときは**すべて置換**をクリックします。

## ファイル形式を変更して保存する

PowerPointで作成したファイルをそのままにしておくのはもったいないことです。配布資料としてのPDF変換だけでなく、さまざまなファイル形式への変換ができます。画像や動画に変換すれば、手をかけずに多メディアに展開することができ、企画書、提案書を中心にした業務全体の効率化が図れます。

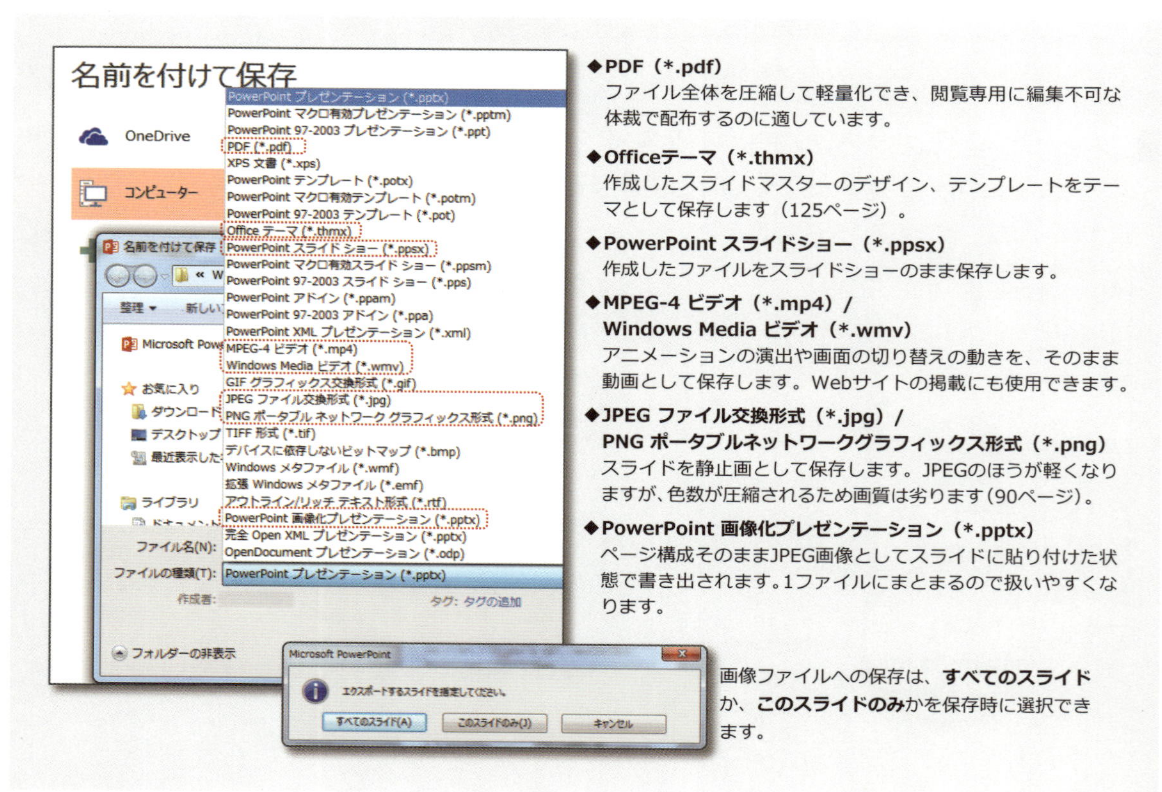


◆**PDF（*.pdf）**
ファイル全体を圧縮して軽量化でき、閲覧専用に編集不可な体裁で配布するのに適しています。

◆**Officeテーマ（*.thmx）**
作成したスライドマスターのデザイン、テンプレートをテーマとして保存します（125ページ）。

◆**PowerPoint スライドショー（*.ppsx）**
作成したファイルをスライドショーのまま保存します。

◆**MPEG-4 ビデオ（*.mp4）/ Windows Media ビデオ（*.wmv）**
アニメーションの演出や画面の切り替えの動きを、そのまま動画として保存します。Webサイトの掲載にも使用できます。

◆**JPEG ファイル交換形式（*.jpg）/ PNG ポータブルネットワークグラフィックス形式（*.png）**
スライドを静止画として保存します。JPEGのほうが軽くなりますが、色数が圧縮されるため画質は劣ります（90ページ）。

◆**PowerPoint 画像化プレゼンテーション（*.pptx）**
ページ構成そのままJPEG画像としてスライドに貼り付けた状態で書き出されます。1ファイルにまとまるので扱いやすくなります。

画像ファイルへの保存は、**すべてのスライド**か、**このスライドのみ**かを保存時に選択できます。

## PDF変換のバリエーション

PowerPointからPDFへの変換には、スライドをそのまま出力するほかにも、さまざまなバリエーションがあります。配布する目的に応じて、使い分けましょう。

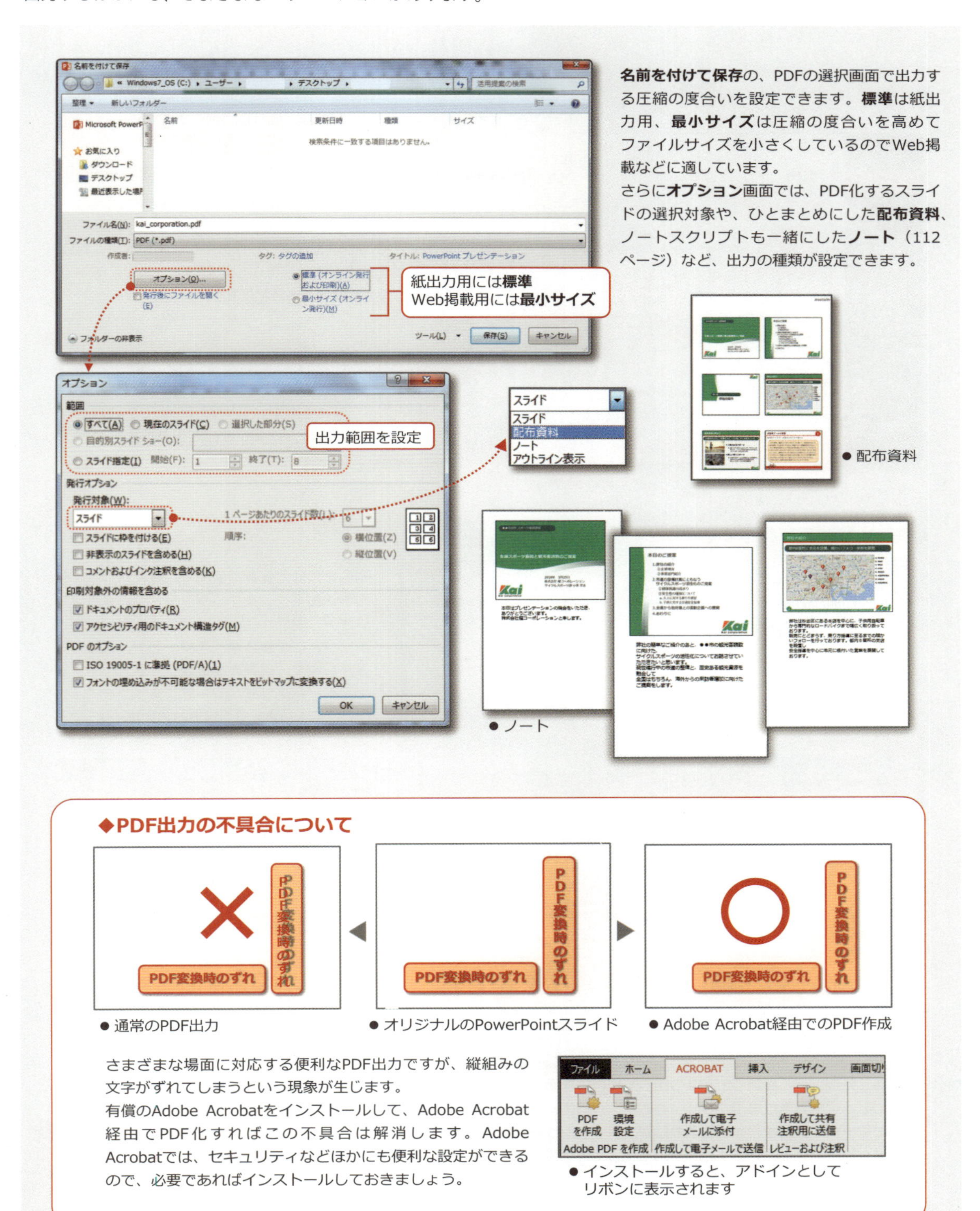

名前を付けて保存の、PDFの選択画面で出力する圧縮の度合いを設定できます。標準は紙出力用、最小サイズは圧縮の度合いを高めてファイルサイズを小さくしているのでWeb掲載などに適しています。
さらにオプション画面では、PDF化するスライドの選択対象や、ひとまとめにした配布資料、ノートスクリプトも一緒にしたノート（112ページ）など、出力の種類が設定できます。
紙出力用には標準
Web掲載用には最小サイズ
出力範囲を設定
スライド
スライド
配布資料
ノート
アウトライン表示
● 配布資料
● ノート
◆PDF出力の不具合について
PDF変換時のずれ
● 通常のPDF出力
● オリジナルのPowerPointスライド
● Adobe Acrobat経由でのPDF作成
さまざまな場面に対応する便利なPDF出力ですが、縦組みの文字がずれてしまうという現象が生じます。
有償のAdobe Acrobatをインストールして、Adobe Acrobat経由でPDF化すればこの不具合は解消します。Adobe Acrobatでは、セキュリティなどほかにも便利な設定ができるので、必要であればインストールしておきましょう。
ファイル
ホーム
ACROBAT
挿入
デザイン
PDFを作成
環境設定
作成して電子メールに添付
作成して共有注釈用に送信
Adobe PDF を作成
作成して電子メールで送信
レビューおよび注釈
● インストールすると、アドインとしてリボンに表示されます

## ■ PowerPoint形式のまま、セキュリティをかける

第三者にファイルを開かれないように、**パスワードを使用して暗号化**する方法がありますが、相手にパスワードを伝える必要もあり、開いた相手が編集することができます。

PowerPointのまま閲覧できて、かつ編集はできない、読み取り専用で開ける保存方法を紹介します。
相手にパスワードを教える必要もありません。

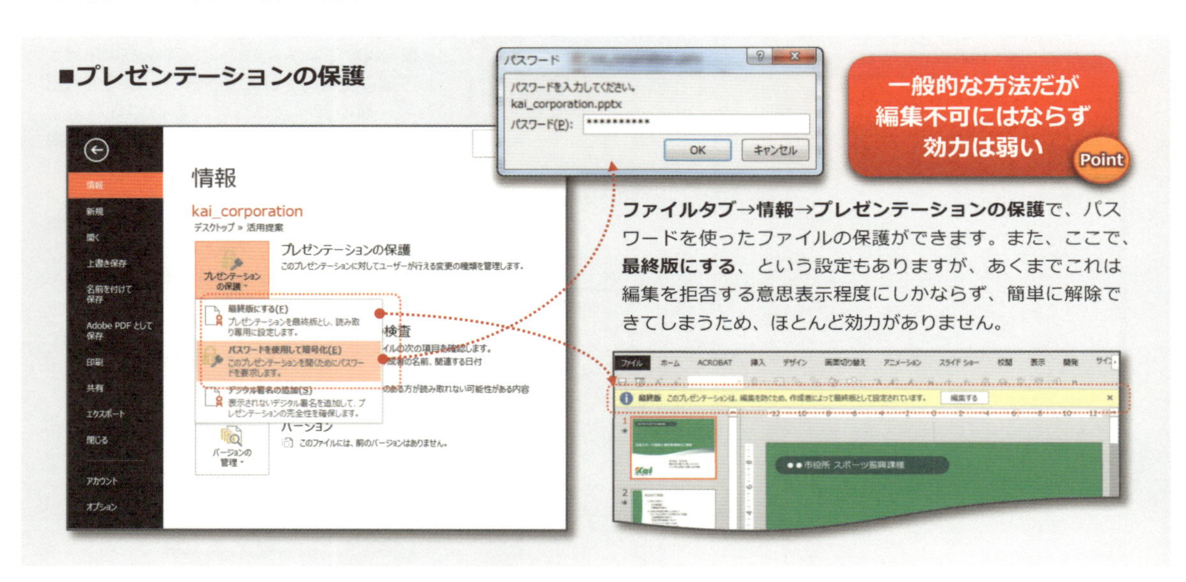

■プレゼンテーションの保護
一般的な方法だが
編集不可にはならず
効力は弱い
Point
ファイルタブ→情報→プレゼンテーションの保護で、パスワードを使ったファイルの保護ができます。また、ここで、最終版にする、という設定もありますが、あくまでこれは編集を拒否する意思表示程度にしかならず、簡単に解除できてしまうため、ほとんど効力がありません。
パスワード
パスワードを入力してください。
kai_corporation.pptx
パスワード(P):
OK
キャンセル
情報
kai_corporation
プレゼンテーションの保護
最終版にする(E)
パスワードを使用して暗号化(E)
デジタル署名の追加(S)


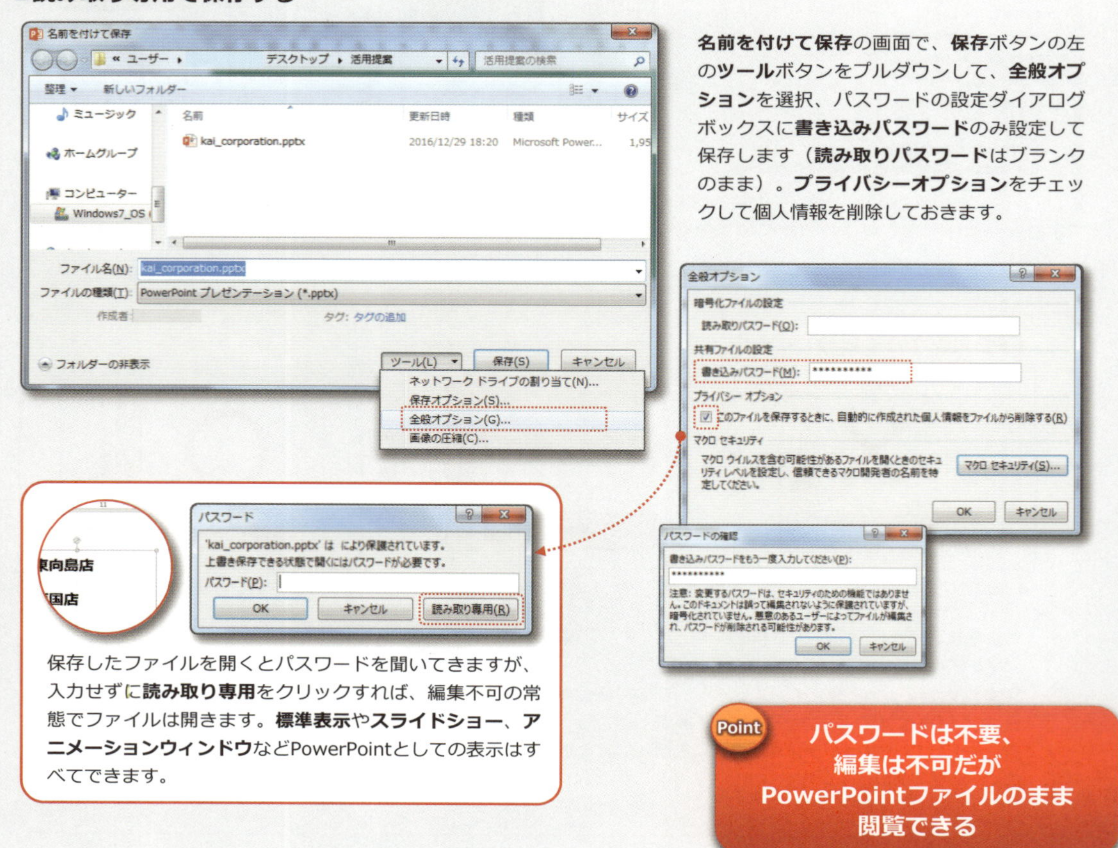

## スライド内のオブジェクトを書き出す

98ページでも説明しましたが、スライド全体だけでなく、個別のオブジェクトもさまざまなファイル形式に書き出しが可能です。**図形の結合**で作成したクリップアートは、そのままIllustratorに共有したり、**アート効果**で加工した画像をWebのビジュアルに流用することもできます。自分が作った企画書のイメージから、ビジュアルの統一ができると、企画全体のコンセプトもより明確になるかもしれません。

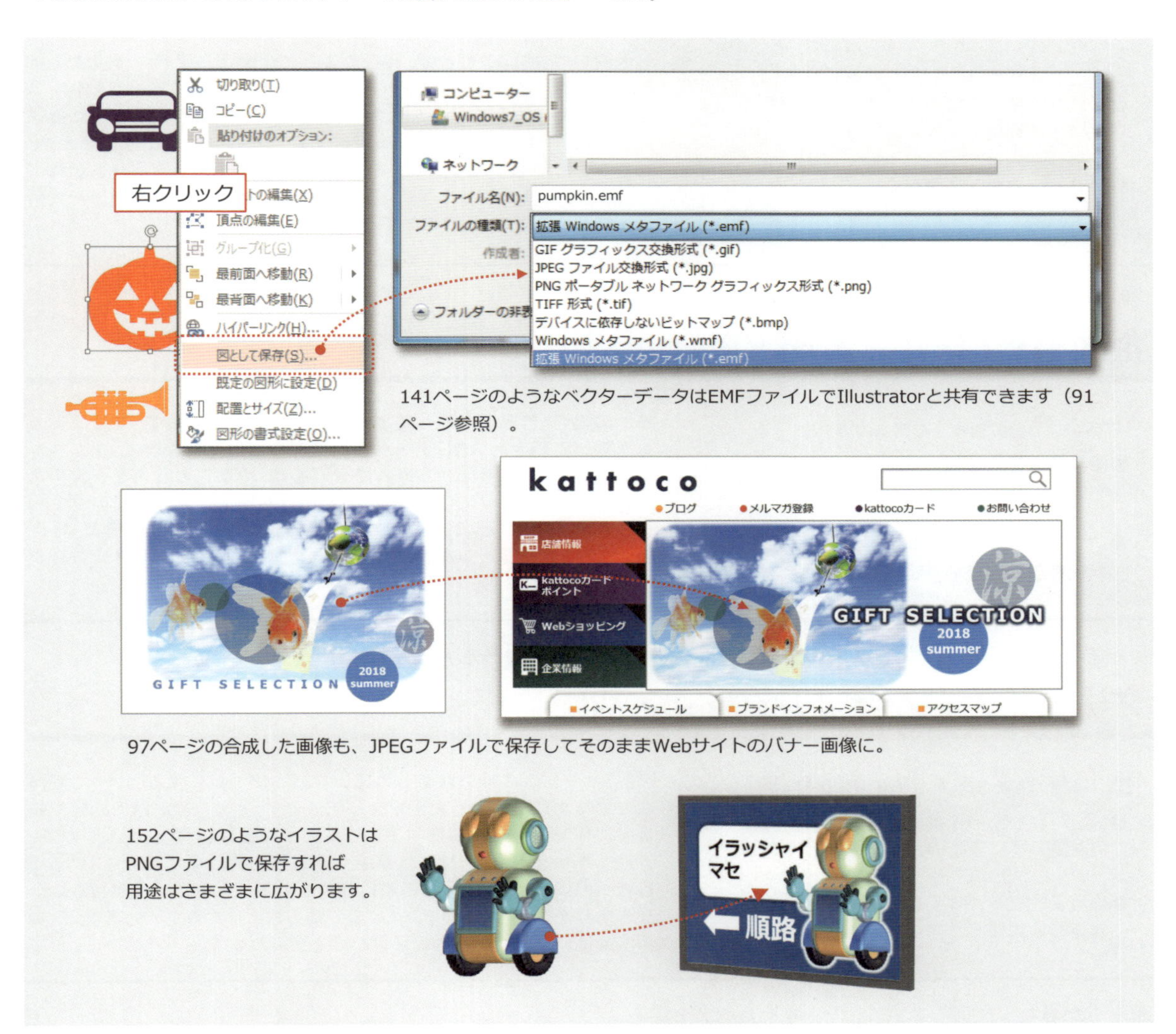


141ページのようなベクターデータはEMFファイルでIllustratorと共有できます（91ページ参照）。

97ページの合成した画像も、JPEGファイルで保存してそのままWebサイトのバナー画像に。

152ページのようなイラストはPNGファイルで保存すれば用途はさまざまに広がります。

### ◆作業環境をかっこよく、やさしくする

**ファイルタブ→オプション→基本設定**で、**Officeテーマ**を、**濃い灰色**に設定すると、作業スライド画面の余白の灰色が濃くなり、デザインツールのような引き締まった環境で作業できます。長時間の作業でも目にもやさしい表示です。

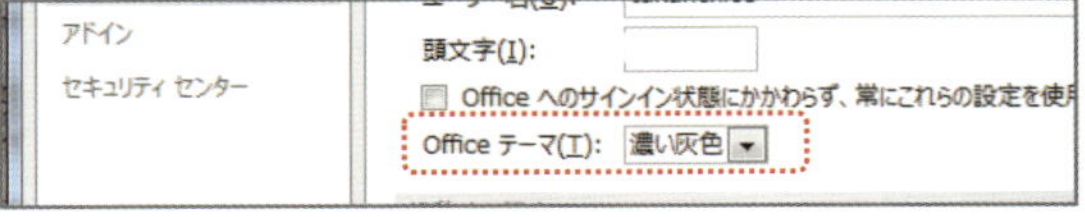


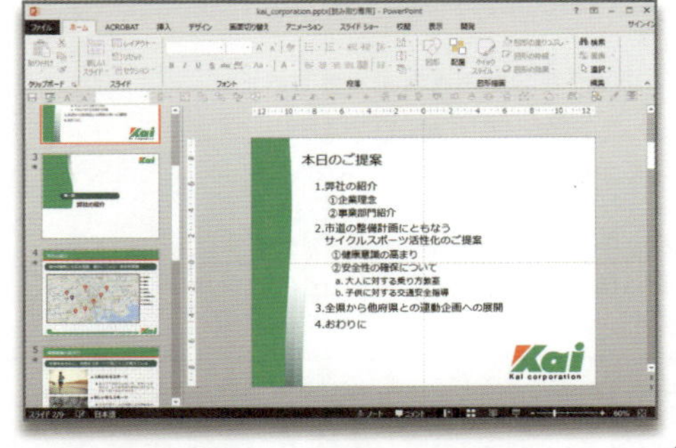

# [宣伝会議からのご案内]

## 実務に活きるスキル・ノウハウを学びたい方のための教育講座

毎日資料を作成しているけれど、見よう見まねでソフトを使っている方のための

### 一段上のセンス・デザインに仕上がるPowerPointデザイン基礎講座

【以下のようなお悩みをお持ちの方へ】

●ついつい情報を詰め込みすぎて、見づらい資料になってしまう。

●デザインのセンスがなく、レイアウトや配色にいつも悩んでしまう。

社内向け、社外向け問わず、毎日のように企画書や資料を作成する担当者も、ほとんどの場合はデザインやソフトの特別なスキルを学んできたわけではありません。しかし、精度とともに速さも求められる状況で、1枚1枚に趣向を凝らし、時間をかけるわけにはいきません。それでも少しでもクオリティを高め、相手が興味を持つ確率が上がれば…。本講座ではそのような担当者のために、PowerPointを使った資料作成の基本を学び、仕事の効率を大幅に高めます。

「決定権者」のインサイトに響けば、必ず通る

### 企画書・プレゼン講座

【以下のようなお悩みをお持ちの方へ】

●手を離れて「一人歩き」しても伝わる、レベルの高い企画書が作りたい。

●いつものフォーマットに落とし込んだ、教科書通りの企画書になっている。

多くの場合、自己流で取り組まれることの多い企画書ですが、プレゼンを受ける相手も人間、データのゴリ押しでは通りません。またプレゼンを行った後、手元から離れた企画書は、提案先の社内を一人歩きします。口頭でのフォローなしで、とんとん拍子で決まっていく企画書の作り方は、自己流ではなかなか身に付きません。本講座では、度胸・センスを前提としない企画書・プレゼンのセオリーを身に付けます。

デザイン・コピーライティングの専門職ではないけれど、制作に関わる方のための

### クリエイティブ・ディレクション基礎講座

【以下のようなお悩みをお持ちの方へ】

●「売り」にしたいことや苦労話でなく、何が読み手に響くのかを導き出したい。

●感覚で注文をつけてくる現場を、論理的に説得したい。

商品・サービスの質で競合との違いを打ち出しにくくなった今、制作物が果たす役割はより大きくなっています。そのため前例の踏襲や競合の真似で制作した制作物ではとても十分とはいえません。しかし、外注する場合でも、一緒に仕事をした経験を持つデザイナーでない、自社への理解が浅いなど、外部に頼れるものがないという担当者は少なくありません。本講座では、今まで誰も教えてくれなかった発注・判断する側に向けた制作物のノウハウを習得します。

読み手が思わず反応し、「動く」クリエイティブを学ぶ

### 販促物のレスポンスを獲得するための1日集中セミナー

【以下のようなお悩みをお持ちの方へ】

●かつて反響があったDMでも、反応が得られなくなってきている。

●読み手に響く文章やコンテンツを、思い通りにすらすら書くことができない。

レスポンス広告は、コストや完成した物のクオリティ、成果について厳しく問われます。そのため制作担当者は、それがなぜ効果があるのかという根拠を社内に説明しなければなりません。しかし、多くの担当者は体系だった手法を学んだことがありません。なぜこのコピーなのか、ビジュアルなのか、手法なのか。発注先、社内に成果に基づいて説明できるスキルが必要とされています。本講座では、レスポンス広告の制作ディレクションのノウハウを学びます。

詳しい内容についてはホームページをご覧ください ➡ www.sendenkaigi.com

株式会社宣伝会議　東京・札幌・仙台・金沢・名古屋・大阪・広島・福岡

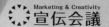

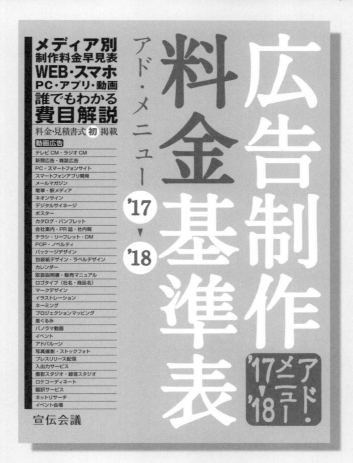

■著者：小湊 孝志（こみなとたかし）

1966年山口県下関市生まれ。東京学芸大学教育学部特別教科教員養成課程美術科美術選修卒業。インハウスのグラフィックデザイナーとして新聞・雑誌広告、Webサイトやカタログ、ロゴのデザインを行いながら、企業の提案資料や、講演資料の制作も手掛け、PowerPointに取り組む。2015年より、宣伝会議主催の「一段上のセンス・デザインに仕上がるPowerPointデザイン基礎講座」のテクニックパートの講師を務める。機能紹介にとどまらないわかりやすい解説と、現役のデザイナーの目を通した解釈は、PowerPointの今までにない表現力を引き出している。

**半分の時間で**
**3倍の説得力に仕上げる**
**PowerPoint活用**
**企画書作成術**

2017年3月1日　初版

著　者：小湊 孝志

発行者：東 英弥

発行所：株式会社宣伝会議
〒107-8550　東京都港区南青山3-11-13
tel.03-3475-3010（代表）
http://www.sendenkaigi.com/

装丁・本文デザイン・レイアウト：小湊 孝志

印刷・製本：株式会社暁印刷

ISBN978-4-88335-389-7 C3055